中等职业学校教学用书（计算机应用专业）

数据库应用技术

——Access 2007

魏茂林 主 编

電子工業出版社
Publishing House of Electronics Industry
北京 • BEIJING

内 容 简 介

本书是中等职业教育国家规划教材的配套教学用书，主要讲授 Microsoft Access 2007 数据库基础知识、表的操作和数据库应用，从而提高学生对 Access 数据库的操作技能和应用能力。

全书共分 8 章，主要内容包括创建数据库、数据表操作、查询操作、创建窗体、创建报表、宏的应用、数据库维护与管理、数据库应用实例。第 8 章是对前面章节的内容的整合和提高，形成一个完整的 Access 2007 数据库应用管理系统。每个章节给出了课堂练习，章后给出了大量的习题和上机操作题，有利于初学者比较系统地学习 Access 2007 数据库知识，提高数据库的应用能力。

本书为中等职业学校计算机及应用等专业的教材，也可作为计算机应用培训班的培训教材或自学者学习用书。

图书在版编目（CIP）数据

数据库应用技术：Access 2007 / 魏茂林主编. —北京：电子工业出版社，2013.9
中等职业学校教学用书. 计算机应用专业

ISBN 978-7-121-20622-1

Ⅰ. ①数… Ⅱ. ①魏… Ⅲ. ①关系数据库系统—中等专业学校—教材 Ⅳ. ①TP311.138

中国版本图书馆 CIP 数据核字（2013）第 120147 号

策划编辑：关雅莉
责任编辑：肖博爱
印　　刷：北京京华虎彩印刷有限公司
装　　订：北京京华虎彩印刷有限公司
出版发行：电子工业出版社
　　　　　北京市海淀区万寿路 173 信箱　邮编　100036
开　　本：787×1 092　1/16　印张：16.5　字数：422.4 千字
版　　次：2013 年 9 月第 1 版
印　　次：2018 年 1 月第 2 次印刷
定　　价：32.00 元

凡所购买电子工业出版社图书有缺损问题，请向购买书店调换。若书店售缺，请与本社发行部联系，联系及邮购电话：（010）88254888，88258888。

质量投诉请发邮件至 zlts@phei.com.cn，盗版侵权举报请发邮件至 dbqq@phei.com.cn。

本书咨询联系方式：（010）88254617，luomn@phei.com.cn。

前　言

本书是中等职业教育国家规划教材的配套教学用书，主要讲授 Microsoft Access 2007 数据库基础知识、表的操作和数据库应用，从而提高学生对 Access 数据库的操作技能和应用能力。

Access 2007 是微软公司在办公自动化领域发布的 Office 2007 组件之一，是一个基于关系型的数据库管理系统，适合用来作为中、小规模数据量应用软件的底层数据库。它具有功能强大、可靠、高效的管理方式，能很好支持面向对象技术，简单易学，便于开发等特点，已经得到了比较广泛的应用。

全书共分 8 章，主要内容包括创建数据库、数据表操作、查询操作、创建窗体、创建报表、宏的应用、数据库维护与管理、数据库应用实例。本书章节内容安排循序渐进，始终围绕着学生成绩管理这个典型的事例，进行了详细地讲解，实例要求明确，分析简明扼要，操作步骤具体翔实。第 8 章是对前面章节内容的整合和提高，形成了一个完整的 Access 2007 数据库应用管理系统。本书在编写过程中考虑到中等职业学校学生的实际，即在学习本课程时大部分学生没有 Visual Basic 编程语言基础，因此，对于 Access 模块内容本书没有介绍，因而降低了学习的难度，但并不影响 Access 数据库的学习。

本书在编写过程中始终围绕学生成绩管理这个典型的事例进行讲解，每章以任务的方式列举操作实例，并对实例进行简要分析，抓住重点，给出具体的操作步骤，降低了数据库理论知识的讲解难度。在列举实例时，尽可能列举易于理解、可操作性的实例。对于完成同一操作中的多种方法、操作技巧或注意事项等，给出了必要的“提示”；与本节内容相关的知识，给出了“相关知识”，便于学生自学或在教师引领下学习，以拓展知识，培养兴趣。每节后给出了与本节内容相关的“课堂练习”，进一步巩固本节所学的内容；每章给出了大量的练习题，便于学生巩固所学的知识，其中操作题围绕图书订购数据库进行操作，操作要求明确，操作内容具体，并避免了与教材实例的重复，有利于初学者比较系统地学习 Access 2007 数据库知识，提高数据库的应用能力。

本书教学课时分配表如下：

章节 \ 课时	讲授	上机操作	合计
第 1 章 创建数据库	2	4	6
第 2 章 数据表操作	4	8	12
第 3 章 查询操作	4	6	10
第 4 章 创建窗体	4	10	14
第 5 章 创建报表	2	6	8
第 6 章 宏的应用	2	6	8
第 7 章 数据库维护与管理	2	2	4
第 8 章 数据库应用实例	2	6	8
机动		2	2
合计	22	50	72

本书由魏茂林主编，在编写过程中得到了高丙云、顾巍、王彬、张飙、侯衍铭、王斌、李国静等老师的大力支持。由于编者水平有限，错误之处在所难免，望广大师生提出宝贵意见。

编　者

2013 年 5 月

目　　录

创建数据库

数据库技术诞生于20世纪60年代，广泛应用于数据存储和管理数据。随着技术的发展进步，数据库也得到了很大的发展，数据管理不再仅仅是存储和管理数据，而转变成用户所需要的各种数据管理的方式。数据库有很多种类型，从最简单的存储有各种数据的表格到能够进行海量数据存储的大型数据库系统都在各个方面得到了广泛的应用。通过本章学习，你将能够：

- 了解数据库的基本概念
- 了解数据库系统的特点
- 了解二维表的基本特点
- 了解 Access 2007 数据库对象
- 了解规划创建数据库的方法
- 创建 Access 2007 数据库
- 创建数据库表

1.1 数据库基础知识

1.1.1 数据库基本概念

数据、数据库、数据库管理系统和数据库系统是数据库的基本概念，下面就来介绍这些概念的含义。

1. 数据

数据是数据库中存储的基本对象。数据在人们头脑中的第一个反应就是数字。其实数字只是最简单的一种数据，是数据的一种传统和狭义的理解。广义的理解，数据的种类有很多，文字、图形、图像、声音、学生成绩、商品营销情况等，这些都是数据。

信息是以数据为载体的对客观世界实际存在的事物、事件和概念的抽象反映。具体说是一种被加工为特定形式的数据，是通过人的感官或各种仪器仪表和传感器等感知出来并经过加工而形成的反映现实世界中事物的数据。

数据处理是指对各种类型的数据进行收集、存储、分类、计算、加工、检索和传输的过程。数据处理的目的就是根据人们的需要，从大量的数据中抽取出对于特定的人们来说是有意义、有价值的数据，借以作为决策和行动的依据。数据处理通常也称为信息处理。数据、数据处理、信息的关系如图 1-1 所示。

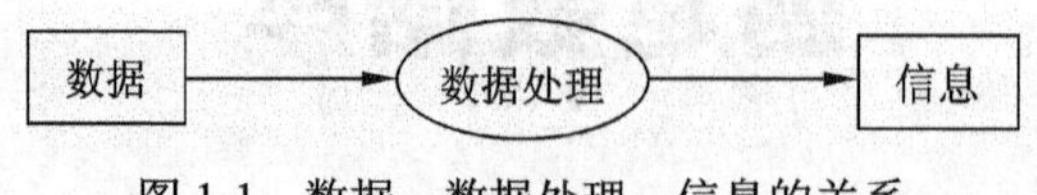

图 1-1　数据、数据处理、信息的关系

2．数据库

数据库（DataBase，DB）是指长期储存在计算机内的、有组织的、可共享的数据集合。数据库中的数据按一定的数据模型组织、描述和储存，具有较小的冗余度、较高的数据独立性和易扩展性，并可以为各种用户共享。

数据库是依照某种数据模型组织起来并存放于二级存储器中的数据集合。这种数据集合具有如下特点：尽可能不重复，以最优方式为某个特定组织的多种应用服务，其数据结构独立于使用它的应用程序，对数据的增加、删除、修改和检索由统一软件进行管理和控制。

在 Access 数据库系统中，数据以表的形式保存。一个实际应用的数据库不但包含数据，还常包含其他的对象，这些对象通常由数据表派生而出，表现为数据检索的规则、数据排列的方式、数据表之间的关系以及数据库应用程序等，Access 的数据库中就存在着查询、报表、窗体等对象。

3．数据库管理系统

数据库管理系统（DataBase Management System，DBMS）是一种操纵和管理数据库的软件系统，用于建立、使用和维护数据库。它对数据库进行统一的管理和控制，以保证数据库的安全性和完整性。用户通过 DBMS 访问数据库中的数据，数据库管理员也通过 DBMS 进行数据库的维护工作。它提供多种功能，可使多个应用程序和用户用不同的方法在同时或不同时刻去建立，修改和询问数据库。它主要包括以下几方面的功能。

- 数据定义功能

DBMS 提供数据定义语言（Data Definition Language，DDL），通过它可以方便地对数据库中的数据对象进行定义。

- 数据操纵功能

DBMS 还提供数据操纵语言（Data Manipulation Language，DML），可以使用 DML 操纵数据实现对数据库的基本操作，如查询、插入、删除和修改等。

- 数据库运行管理功能

数据库在建立、运用和维护时由数据库管理系统统一管理、统一控制，以保证数据的安全性、完整性、多用户对数据的并发使用及发生故障后的系统恢复。

● 数据库的建立和维护功能

它包括数据库初始数据的输入、转换功能，数据库的转储、恢复功能，数据库的管理重组织功能和性能监视、分析功能等。这些功能通常是由一些实用程序完成的。

数据库管理系统是对数据进行管理的系统软件，用户在数据库系统中做的一切操作，包括数据定义、查询、更新及各种控制，都是通过 DBMS 进行的，常见的 Oracle、Sybase、SQL Server、FoxPro、Access 等软件都属于 DBMS 的范畴。

4. 数据库系统

数据库系统（DataBase System，DBS）是指引进数据库技术后的计算机系统。一般由数据库、支持数据库系统的操作系统环境、数据库管理系统及其开发工具、数据库应用软件、数据管理员和用户组成，它们之间的关系如图 1-2 所示。应当指出的是，数据库的建立、使用和维护等工作只靠一个 DBMS 远远不够，还要有专门的人员来完成，这些人被称为数据库管理员（DataBase Administrator，DBA）。

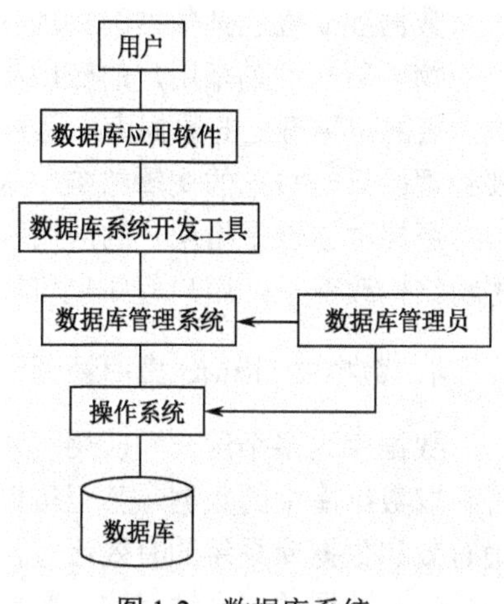

图 1-2 数据库系统

近年来在数据库技术方面形成了下面 4 个主攻方向：分布式数据库系统、面向对象的数据库管理系统、多媒体数据库、专用数据库系统。正是计算机科学、数据库技术、网络、人工智能、多媒体技术等的发展和彼此渗透结合，不断扩展数据库新的研究和应用领域。上述的 4 个主攻方向不是孤立的，它们彼此促进，互相渗透。人们期待着 21 世纪在信息处理技术上新的重大突破，数据管理技术的第三次飞跃即将到来。

1.1.2 数据库系统特点

数据库技术的发展先后经历了人工管理、文件管理、数据库系统等阶段。目前，世界上已有许多大型数据库系统在运行，其应用已深入到各个领域，并在计算机网络的基础上，建立了许多国际性的联机检索系统。由于传统的数据库系统已无法满足各种应用的需求，因此，从 20 世纪 80 年代开始数据库研究出现了许多新的领域，相继研究出了分布式数据库系统、面向对象的数据库系统和网络数据库系统。数据库系统与人工管理、文件系统相比，主要有以下特点：

1. 数据结构化

数据结构化是数据库与文件系统的根本区别。在数据库系统中的数据彼此不是孤立的，数据与数据之间相互关联，在数据库中不仅要能够表示数据本身，还要能够表示数据与数据之间的联系，这就要求按照某种数据模型，将各种数据组织到一个结构化的数据库中。例如，一个学生基本信息都包含在如图 1-3 所示的记录格式中。

学号	姓名	性别	出生日期	团员	身高	专业	家庭住址	奖惩情况

图 1-3 学生记录格式

2. 数据共享性高，冗余度低

数据共享是数据库的一个重要特性。一个数据库不仅可以被一个用户使用，同时也可以被多个用户使用，同样多个用户也可以使用多个数据库，从而实现了数据的共享。数据共享可以大大减少数据冗余，节约存储空间。由于在数据库系统中实现了数据共享，可以避免数据库中数据的重复出现，使数据冗余性大大降低。

3. 数据独立性高

数据独立性包括数据的物理独立性和逻辑独立性。

物理独立性是指用户的应用程序与存储在磁盘上数据库中的数据是相互独立的。也就是说，数据在磁盘上的数据库中怎样存储是由 DBMS 管理的，用户程序不需要了解，应用程序要处理的只是数据的逻辑结构，这样当数据的物理存储改变了，应用程序并不用改变。

逻辑独立性是指用户的应用程序与数据库的逻辑结构是相互独立的，也就是说，数据的逻辑结构改变了，用户程序也可以不变。

4. 数据由 DBMS 集中管理

数据库为多个用户和应用程序所共享，对数据地存取往往是并发的，即多个用户可以同时存取数据库中的数据，甚至可以同时存取数据库中的同一个数据，为确保数据库数据的正确有效和数据库系统的有效运行，数据库管理系统提供以下几方面的数据控制功能。

（1）数据的安全性保护。数据的安全性是指保护数据以防止不合法的使用所造成的数据泄密和破坏。使每个用户只能按规定，对某些数据以某些方式进行使用和处理。

（2）数据的完整性检查。数据的完整性指数据的正确性、有效性和相容性。完整性检查将数据控制在有效的范围内，或保证数据之间满足一定的关系。

（3）并发控制。当多个用户的并发进程同时存取、修改数据库时，可能会发生相互干扰而得到错误的结果或使得数据库的完整性遭到破坏，因此必须对多用户的并发操作加以控制和协调。

（4）数据库恢复。计算机系统的硬件故障、软件故障、操作员的失误以及故意地破坏也会影响数据库中数据的正确性，甚至造成数据库部分或全部数据的丢失。DBMS 必须具有将数据库从错误状态恢复到某一已知的正确状态（也称为完整状态或一致状态）的功能，这就是数据库的恢复功能。

数据库是长期存储在计算机内有组织的大量的共享的数据集合。它可以供各种用户共享，具有最小冗余度和较高的数据独立性。DBMS 在数据库建立、运用和维护时对数据库进行统一控制，以保证数据的完整性、安全性，并在多用户同时使用数据库时进行并发控制，在发生故障后对系统进行恢复。

相关知识

数据模型

在数据库中，用数据模型这个工具来对现实世界进行抽象，数据模型是数据库系统中用于提供信息表示和操作手段的形式构架。在数据库系统中针对不同的使用对象和应用目的，采用不同的数据模型。不同的数据模型是提供给我们模型化数据和信息的不同工具。数据模型是直接面向计算机的，是按计算机系统的观点对数据进行建模，主要用于DBMS的实现，常称为“基本数据模型或数据模型”，数据库中常见的基本数据模型有层次模型、网状模型、关系模型。

1. 层次模型

层次模型用树形结构来表示各类实体以及实体间的联系。现实世界中许多实体之间的联系本来就呈现出一种很自然的层次关系，如行政机构、家族关系等。

层次数据模型本身比较简单。对于实体间联系是固定的，且预先定义好的应用系统，采用层次模型来实现，其性能优于关系模型，不低于网状模型。

现实世界中很多联系是非层次性的，如多对多联系、一个结点具有多个双亲等，层次模型表示这类联系的方法很笨拙，只能通过引入冗余数据（易产生不一致性）或创建非自然的数据组织（引入虚拟结点）来解决。

2. 网状模型

与层次模型一样，网状模型中每个结点表示一个记录类型（实体），每个记录类型可包含若干个字段（实体的属性），结点间的连线表示记录类型（实体）之间一对多的父子联系。

网状数据模型能够更为直接地描述现实世界，如一个结点可以有多个双亲。具有良好的性能，存取效率较高。而层次模型实际上是网状模型的一个特例。

网状数据模型的缺点主要是结构比较复杂，而且随着应用环境的扩大，数据库的结构就变得越来越复杂，不利于最终用户掌握。其数据定义语言（DDL），数据操纵语言（DML）复杂，用户不容易使用。

由于记录之间联系是通过存取路径实现的，应用程序在访问数据时必须选择适当的存取路径，因此，用户必须了解系统结构的细节，加重了编写应用程序的负担。

3. 关系模型

关系数据库系统是支持关系数据模型的数据库系统，现在普遍使用的数据库管理系统都是关系数据库管理系统。

关系模型是当前最重要的一种数据模型。从用户的角度看，关系模型的数据结构是一个二维表，它使用表格描述实体间的关系，由行和列组成。一个关系就是通常所说的一张二维表，如图1-4所示的“订单”表。

订单号	订单日期	销售人员	客户	发货日期	运费	总价
30	2006/1/15	张 雪眉	文成	2006/1/22	200.00	1705.00
31	2006/1/20	李 芳	国顶有限公司	2006/1/22	5.00	870.00
32	2006/1/22	郑 建杰	威航货运有限公司	2006/1/22	5.00	1195.00
33	2006/1/30	孙 林	迈多贸易	2006/1/31	50.00	326.00
34	2006/2/6	张 雪眉	国顶有限公司	2006/2/7	4.00	188.00
35	2006/2/10	李 芳	东旗	2006/2/12	7.00	134.50
36	2006/2/23	李 芳	坦森行贸易	2006/2/25	7.00	1937.00
37	2006/3/6	刘 英玫	森通	2006/3/9	12.00	692.00

图1-4 “订单”表

表中的一行就是一条记录，又称为一个元组。表中的一列即为一个属性（字段），每个属性有一个名称即属性名（字段名）。例如，在图1-4所示的“订单”表有7列，对应的属性分别是：订单号、订单日期、销售人员、客户、发货日期、运费和总价。

关系数据模型具有下列优点：

- 关系模型与非关系模型不同，它是建立在严格的数学概念基础上的。
- 关系模型的概念单一，无论实体还是实体之间的联系都用关系表示。对数据的检索结果也是关系（即表）。所以其数据结构简单、清晰，用户易懂易用。
- 关系模型的存取路径对用户透明（用户无需关心数据存放路径），从而具有更高的数据独立性、更好的安全保密性，也简化了程序员的工作和数据库开发建立的工作。

所以，关系数据模型诞生以后发展迅速，深受用户的喜爱。

随着数据库技术的应用和发展，面向对象数据模型和多媒体数据模型得到了广泛的重视，因此，它已成为目前数据库技术中最有前途和生命力的发展方向。

课堂练习

1. 数据库、数据库管理系统和数据库系统有什么区别？
2. 数据库系统有哪些主要特点？
3. 常见的数据模型有哪些？

1.2 Access 2007 简介

Access 是微软公司推出的基于 Windows 的桌面关系数据库管理系统（Relational DataBase Management System，RDBMS），是 Microsoft Office 办公软件的组件之一。它提供了表、查询、窗体、报表、宏、模块等用来建立数据库系统的对象；提供了多种向导、生成器、模板，把数据存储、数据查询、界面设计、报表生成等操作规范化；为建立功能完善的数据库管理系统提供了方便，也使得普通用户不必编写代码，就可以完成大部分数据管理的任务。

Access 能够存取其他 Access 数据库、Excel 电子表格、Windows SharePoint Services 网站、ODBC 数据源、Microsoft SQL Server 数据库和其他数据源中的表链接到用户数据库，因而得到了广泛使用，例如小型企业、大公司的部门和编程开发人员专门利用它来制作处理数据的桌面系统，它也常被用来开发简单的 Web 应用程序。

Access 2007 是继 Access 2003 后又一新版的桌面数据库管理系统，在以前版本的基础上，增加了一些新功能，并简化了界面。

（1）Access 2007 简化其窗口管理界面。Access 以前的版本使用户一次处理多个浮动窗口。Access 2007 将这些杂质全都去除了，并将窗口组织成整齐划一的选项卡。在窗口左侧的导航面板使用户可以选择要处理的目标数据库。

（2）将文件放在数据库中。Access2007 提供了附件（Attachment）数据类型，使用户可以将整个文件嵌入到数据库当中。这是将图片、文档和其他文件及与之相关的记录存储在一起的重要方式。但是这个程序限制了数据库的大小（最大为 2GB）。

（3）简单的安全模式。以前版本的 Access 通过弹出一连串的警告信息来处理有错误的代码，用户每次打开一个数据库都必须将这些警告信息逐个点击过去。Access 2007 则采用了一种更简单的方法。当打开一个数据库，程序会悄然停止运行所有具有潜在不安全因素的宏和代码，然后，在窗口的顶部会出现一条安全信息，提示数据库受到了限制，根据提示可以重新运行代码。

（4）易于设计的窗体和报表。Access 2007 提供了一个新的所见即所得的窗体设计界面功能，通过一个称为布局（layouts）视图，可以将信息一起保存在整齐划一的字段或表中。通过使用这些工具，可以轻松设置格式，并能够马上看到结果。这个特性正是以前 Access 版本所缺乏的。

Access 2007 还有其他一些特性，在后续的学习过程中将逐渐体会到。

1.2.1 认识 Access 2007 界面

在使用 Access 2007 设计数据库之前，首先了解 Access 2007 的界面。

1. 启动 Access 2007

当计算机安装 Microsoft Office 2007 的 Access 2007 组件后，启动 Access 2007 的方法很多，常用的方法是单击“开始”→“所有程序”→“Microsoft Office”→“Microsoft Office Access 2007”选项，启动 Access 2007，出现“开始使用 Microsoft Office Access”页面。此页面显示了开始使用 Office Access 2007 的操作选项，如图 1-5 所示。

图 1-5　Access 2007 启动界面

例如，这时可以创建一个新的空白数据库、通过模板创建数据库或者打开最近的数据库（如果之前已经打开某些数据库）。还可以直接转到 Microsoft Office Online，以了解有关 2007 Microsoft Office system 和 Office Access 2007 的详细信息，也可以单击“Office 按钮”，使用菜单打开现有数据库。

2. Access 2007 界面组成

要创建一个新的数据库，单击“空白数据库”图标，在“空白数据库”窗格中单击“创建”按钮，出现 Access 2007 的主界面，如图 1-6 所示。

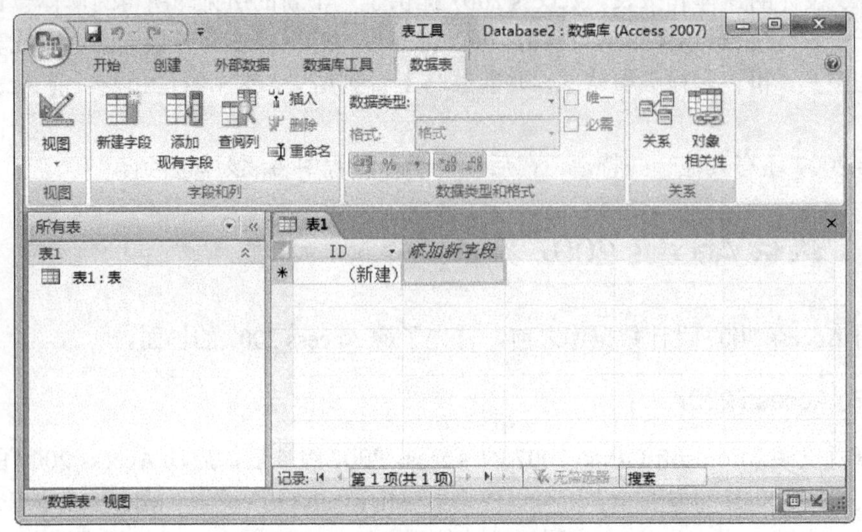

图 1-6 Access 2007 主界面

Office Access 2007 的用户界面由多个元素构成，这些元素定义了用户与系统的交互方式，其中最重要的界面元素称为功能区，它是一个横跨程序窗口顶部的条形带，其中包含多组命令，同时也是菜单和工具栏的主要替代部分。功能区中有多个选项卡，这些选项卡按照合理的方式将命令组合在一起。

在 Access 2007 中，主要的功能区选项卡包括“开始”、“创建”、“外部数据”和“数据库工具”。每个选项卡都包含多组相关命令，这些命令组展现了其他一些新的用户界面元素（如样式库，它是一种新的控件类型，能够以可视方式呈现选择）。

● “开始”选项卡

包括视图、剪贴板、字体、格式文本、记录、排序和筛选、查找、中文简繁转换 8 个分组，可以在“开始”选项卡中对 Access 2007 进行诸如复制/粘贴数据、修改字体和字号、排序数据的操作，如图 1-7 所示。

图 1-7 “开始”选项卡

● “创建”选项卡

包括表、窗体、报表、其他和特殊符号 5 个分组，该选项卡包含的命令主要用于创建 Access 2007 的各种元素，如图 1-8 所示。

图 1-8 “创建”选项卡

- “外部数据”选项卡

包括导入、导出、收集数据、SharePoint 列表 4 个分组，主要对 Access 2007 以外的数据进行相关处理，如图 1-9 所示。

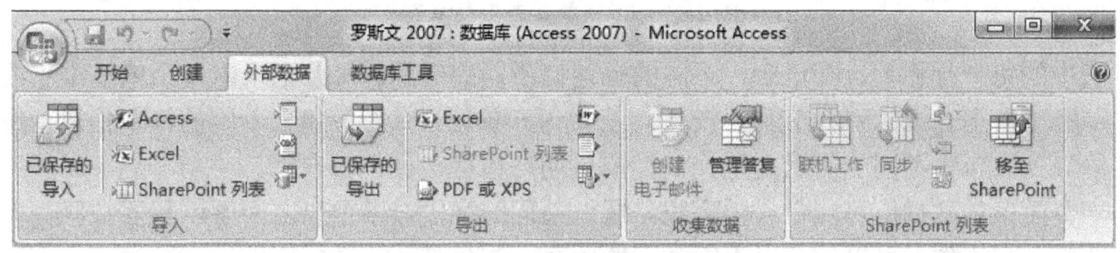

图 1-9 “外部数据”选项卡

- “数据库工具”选项卡

包括宏、显示/隐藏、分析、移动数据、数据库工具 5 个分组，主要针对 Access 2007 数据库进行比较高级的操作，如图 1-10 所示。

图 1-10 “数据库工具”选项卡

除了上述 4 种选项卡之外，还有一些隐藏的选项卡默认没有显示。只有在进行特定操作时，相关的选项卡才会显示出来。例如，在执行创建表操作时，会自动打开“数据表”选项卡。

1.2.2 Access 2007 数据库对象

Access 2007 数据库是一个包含众多对象的容器，包括表、查询、窗体、报表、宏、模块等对象。这些对象的有机结合就构成了一个完整的数据库应用程序。

1. 表

表是 Access 2007 数据库最基本的对象，它用来存储数据。数据库中的表从外观上看类似于 Excel 工作表，它们都是以行和列的形式存储数据，如图 1-11 所示。

订单列表

#	订单日期	状态	销售人员	客户	发货日期	正在发货	税款
81	2006/4/25	新增	王 伟	坦森行贸易		¥0.00	¥0.00
80	2006/4/25	新增	王 伟	国顶有限公司		¥0.00	¥0.00
79	2006/6/23	已关闭	王 伟	森通	2006/6/23	¥0.00	¥0.00
78	2006/6/5	已关闭	张 颖	东旗	2006/6/5	¥200.00	¥0.00
77	2006/6/5	已关闭	张 雪眉	国银贸易	2006/6/5	¥60.00	¥0.00
76	2006/6/5	已关闭	张 雪眉	友恒信托	2006/6/5	¥5.00	¥0.00
75	2006/6/5	已关闭	郑 建杰	迈多贸易	2006/6/5	¥50.00	¥0.00
74	2006/6/8	已关闭	孙 林	森通	2006/6/8	¥300.00	¥0.00
73	2006/6/5	已关闭	金 士鹏	祥通	2006/6/5	¥100.00	¥0.00
72	2006/6/7	已关闭	张 颖	康浦	2006/6/7	¥40.00	¥0.00
71	2006/5/24	新增	张 颖	三川实业有限公司		¥0.00	¥0.00
70	2006/5/24	新增	张 颖	光明杂志		¥0.00	¥0.00
69	2006/5/24	新增	张 颖	广通		¥0.00	¥0.00
68	2006/5/24	新增	张 颖	国皓		¥0.00	¥0.00
67	2006/5/24	已关闭	郑 建杰	广通	2006/5/24	¥9.00	¥0.00
66	2006/5/24	新增	李 芳	迈多贸易	2006/5/24	¥5.00	¥0.00
65	2006/5/11	新增	张 雪眉	康浦	2006/5/11	¥10.00	¥0.00

记录: 第 48 项(共 48 项) 无筛选器 搜索

图 1-11 “订单列表”数据表

表中的每一行称为一条记录，不同的行存储不同的信息。每条记录由一个或多个字段组成，字段相当于表中的列。在图 1-11 中，表中每一条记录（行）包含不同的订单信息，每一个字段（列）包含不同的信息类型，如订单日期、销售人员、客户等。

一个复杂的数据库可能包含很多表，通过共同的字段，多个表之间可以相互关联。多个关联的表一起工作，可以创造出不同类型的关系。这也是关系数据库的一个特征。

2. 查询

查询是数据库的重要功能之一。Access 2007 提供了非常强大的查询功能，可以从一个或多个表中抽取所需的数据。所需的数据存储于多个表中，通过查询操作，可以将这些数据从多个表中检索出来，并集合到一个数据库中，再提交给用户。

查询结果是一个动态集合，因为查询结果是从一个或多个表中检索数据，所以查询的过程是一个动态的过程。查看查询结果的方法很多，例如，可以在屏幕上浏览，可以打印出来，可以将查询结果复制到剪贴板上，还可以将查询结果作为窗体或报表的数据源。

3. 窗体

窗体对象通常以数据输入界面的形式出现，它是用户与数据交互的接口。窗体通常包括输入框和命令两个要素，可以方便快捷地输入数据并进行各种操作，如图 1-12 所示。

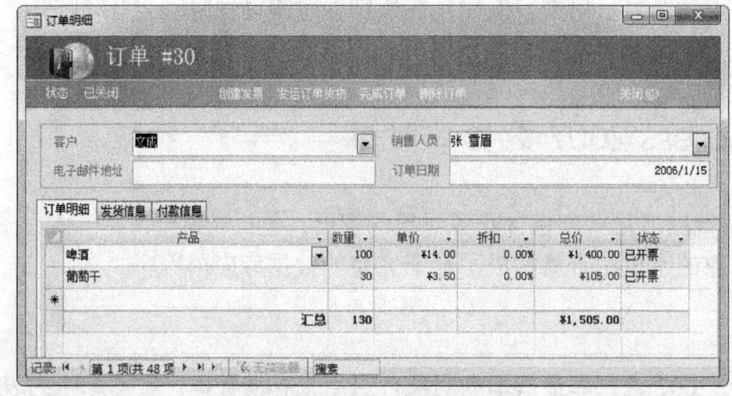

图 1-12 “订单明细”窗体

窗体可以控制用户与数据之间的交互。例如，可以建立一个窗体，窗体上只显示特定的字段，并且只允许特定的操作，这有助于保护数据、确保有效数据被准确地输入，并能保护数据库中数据的完整性。

4．报表

报表用于把数据库中的记录内容打印出来。它既可以用简单的表格、图表打印或预览数据，也可以进行特殊用途的设计。例如，发票格式、信函格式等，如图 1-13 所示。

年度销售报表

年度销售报表　　2012年2月1日　　10:54:0

类别	第一季度	第二季度	第三季度	第四季度	总计
饮料	¥16,988.00	¥5,648.00	¥0.00	¥0.00	¥22,636.00
果酱	¥250.00	¥5,490.00	¥0.00	¥0.00	¥5,740.00
调味品	¥900.00	¥3,613.75	¥0.00	¥0.00	¥4,513.75
干果和坚果	¥970.00	¥2,742.50	¥0.00	¥0.00	¥3,712.50
奶制品	¥0.00	¥3,132.00	¥0.00	¥0.00	¥3,132.00
汤	¥1,930.00	¥868.50	¥0.00	¥0.00	¥2,798.50
点心	¥1,402.50	¥1,147.50	¥0.00	¥0.00	¥2,550.00
肉罐头	¥0.00	¥2,208.00	¥0.00	¥0.00	¥2,208.00
意大利面食	¥0.00	¥1,950.00	¥0.00	¥0.00	¥1,950.00
水果和蔬菜罐头	¥0.00	¥1,560.00	¥0.00	¥0.00	¥1,560.00
焙烤食品	¥552.00	¥430.00	¥0.00	¥0.00	¥982.00
谷类/麦片	¥0.00	¥280.00	¥0.00	¥0.00	¥280.00
	¥22,992.50	¥29,070.25	¥0.00	¥0.00	¥52,062.75

图 1-13　年度销售报表

无论何时运行报表，报表总能反映出当时数据库中数据的情况。用户可以把报表打印出来，同样可以预览报表，还可以把报表输出到另一个应用程序，或者将报表通过电子邮件进行发送。

5．模块

模块可以增强数据库的功能。可以用 VBA（Visual Basic Applications）语言来编写模块，通过编写模块，可以创建程序，从而对数据库进行复杂、有效地自动操作。

本书主要面向 Access 2007 初学者，模块内容在本书中不做详细讲解。

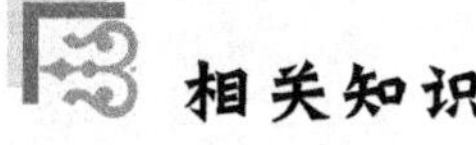

相关知识

关系数据库

基于关系数据模型的数据库系统称关系型数据库系统，所有的数据分散保存在若干个独立存储的表中，表与表之间通过公共属性实现松散的联系，当部分表的存储位置、数据内容发生变化时，表间的关系并不改变。这种联系方式可以将数据冗余（即数据的重复）降到最低。目前流行的关系数据库 DBMS 产品包括 Access、SQL Server、FoxPro、Oracle 等。

1. 关系

关系就是一张二维表，而关系模型就是用若干个二维表来表示实体及其联系的，这是关系模型的本质。在关系型数据库中，数据以二维表的形式保存，如图 1-14 所示。

订单号	订单日期	发货日期	总价
30	2006/1/15	2006/1/22	1705.00
31	2006/1/20	2006/1/22	870.00
32	2006/1/22	2006/1/22	1195.00
33	2006/1/30	2006/1/31	326.00
34	2006/2/6	2006/2/7	188.00
35	2006/2/10	2006/2/12	134.50
36	2006/2/23	2006/2/25	1937.00
37	2006/3/6	2006/3/9	692.00

图 1-14 二维表

在 Access 中，表示表的结构如下：

表名（字段名 1，字段名 2，…，字段名 n）

二维表有以下的特点：

- 表由行、列组成，表中的一行数据称为记录，一列数据称为字段。
- 每一列都有一个字段名。
- 每个字段只能取一个值，不得存放两个或两个以上的数据。例如，“订单”表中的“销售人员”字段只能放入一个人名，不应该同时放入曾用名，在确实需要使用曾用名的场合，可以添置一个“曾用名”字段。
- 表中行的上下顺序、列的左右顺序是任意的。
- 表中任意两行记录的内容不应相同。
- 表中字段的取值范围称为域。同一字段的域是相同的，不同字段的域也有可能相同。例如，“订单”表中的“运费”字段的取值范围都可以是 5000 以内的数值。

2. 关系操作

关系型数据库管理系统不但提供了数据库管理系统的一般功能，还提供了选择、投影和连接三种关系操作。

- **选择操作**

选择是从表中查找符合指定条件行的操作。以逻辑表达式为选择条件，将筛选满足表达式的所有记录。选择操作的结果构成表的一个子集，是表中的部分行，其关系模式不变。选择操作是从二维表中选择若干行的操作。

例如，将“订单”表中的记录按照“销售人员”字段进行选择查询。例如，选择销售人员为“李芳”的记录，如图 1-15 所示。

订单号	订单日期	销售人员	客户	发货日期	运费	总价
30	2006/1/15	张 雪眉	文成	2006/1/22	200.00	1705.00
31	2006/1/20	李 芳	国顶有限公司	2006/1/22	5.00	870.00
32	2006/1/22	郑 建杰	威航货运有限公司	2006/1/22	5.00	1195.00
33	2006/1/30	孙 林	迈多贸易	2006/1/31	50.00	326.00
34	2006/2/6	张 雪眉	国顶有限公司	2006/2/7	4.00	188.00
35	2006/2/10	李 芳	东旗	2006/2/12	7.00	134.50
36	2006/2/23	李 芳	坦森行贸易	2006/2/25	7.00	1937.00
37	2006/3/6	刘 英玫	森通	2006/3/9	12.00	692.00

订单号	订单日期	销售人员	客户	发货日期	运费	总价
31	2006/1/20	李 芳	国顶有限公司	2006/1/22	5.00	870.00
35	2006/2/10	李 芳	东旗	2006/2/12	7.00	134.50
36	2006/2/23	李 芳	坦森行贸易	2006/2/25	7.00	1937.00

图 1-15 选择操作

● **投影操作**

投影是从关系数据表中选取多个字段的操作。所选择的字段将形成一个新的关系数据表，其字段的个数由用户来确定，或者排列顺序不同，也可能减少某些记录行。因为排除了一些字段后，特别是排除了关系中关键字段后，所选字段可能有相同值，出现了相同的记录，而关系中必须排除相同记录，从而有可能减少某些记录。

例如，在单个关系数据表“订单”表中查看订单号、订单日期、发货日期和总价等字段内容，如图1-16所示。

订单号	订单日期	销售人员	客户	发货日期	运费	总价
30	2006/1/15	张 雪眉	文成	2006/1/22	200.00	1705.00
31	2006/1/20	李 芳	国顶有限公司	2006/1/22	5.00	870.00
32	2006/1/22	郑 建杰	威航货运有限公司	2006/1/22	5.00	1195.00
33	2006/1/30	孙 林	迈多贸易	2006/1/31	50.00	326.00
34	2006/2/6	张 雪眉	国顶有限公司	2006/2/7	4.00	188.00
35	2006/2/10	李 芳	东旗	2006/2/12	7.00	134.50
36	2006/2/23	李 芳	坦森行贸易	2006/2/25	7.00	1937.00
37	2006/3/6	刘 英玫	森通	2006/3/9	12.00	692.00

订单号	订单日期	发货日期	总价
30	2006/1/15	2006/1/22	1705.00
31	2006/1/20	2006/1/22	870.00
32	2006/1/22	2006/1/22	1195.00
33	2006/1/30	2006/1/31	326.00
34	2006/2/6	2006/2/7	188.00
35	2006/2/10	2006/2/12	134.50
36	2006/2/23	2006/2/25	1937.00
37	2006/3/6	2006/3/9	692.00

图1-16　投影操作

● **连接操作**

连接是将两个或者两个以上的关系数据表的多个字段拼接成一个新的关系数据表的操作。对应的新关系中包含满足连接条件的所有行。连接过程是通过连接条件来控制的，连接条件中将出现两个关系数据表中的公共字段名，或者具有相同语义、可比的字段。

例如，根据“订单”表和“订单明细”表中的“订单号”字段，连接生成一个新的关系表，生成的表中包含两个表中的订单号、销售人员、产品、数量、单价和金额字段，如图1-17所示。

订单号	订单日期	销售人员	客户	发货日期	运费	总价
30	2006/1/15	张 雪眉	文成	2006/1/22	200.00	1705.00
31	2006/1/20	李 芳	国顶有限公司	2006/1/22	5.00	870.00
32	2006/1/22	郑 建杰	威航货运有限公司	2006/1/22	5.00	1195.00
33	2006/1/30	孙 林	迈多贸易	2006/1/31	50.00	326.00
34	2006/2/6	张 雪眉	国顶有限公司	2006/2/7	4.00	188.00
35	2006/2/10	李 芳	东旗	2006/2/12	7.00	134.50
36	2006/2/23	李 芳	坦森行贸易	2006/2/25	7.00	1937.00
37	2006/3/6	刘 英玫	森通	2006/3/9	12.00	692.00

订单号	产品	数量	单价	金额
30	啤酒	100.00	14.00	1400.00
30	葡萄干	30.00	3.50	105.00
31	海鲜分	10.00	30.00	300.00
31	猪肉干	10.00	53.00	530.00
31	葡萄干	10.00	3.50	35.00

订单号	销售人员	产品	数量	单价	金额
30	张 雪眉	啤酒	100.00	14.00	1400.00
30	张 雪眉	葡萄干	30.00	3.50	105.00
31	李 芳	海鲜分	10.00	30.00	300.00
31	李 芳	猪肉干	10.00	53.00	530.00
31	李 芳	葡萄干	10.00	3.50	35.00

图1-17　连接操作

课堂练习

1. 启动 Access 2007，熟悉窗口界面。

2. 打开 Access 2007 提供的“罗斯文贸易公司”示例数据库“罗斯文 2007.accdb”，查看其中的表、窗体、报表等对象。

3. 关闭数据库，退出 Access 2007 系统。

1.3 创建数据库

设计合理的数据库可以让用户访问最新的、准确的信息。由于正确的设计对于实现使用数据库的目标非常重要，因此有必要了解良好设计的相关原则。这样，就有可能获得一个既能满足需要又能适应变化的数据库。

1.3.1 设计数据库

一个设计良好的数据库，能够提高数据输入和检索的一致性，减少数据库表中的数据重复现象。在关系数据库中，所有的表一起工作，确保提供的数据是正确的。

Access 2007 可将信息组织到表中，表是由行和列组成的列表。在简单的数据库中，可能仅包含一个表。对于大多数数据库，可能需要多个表。例如，可以在一个表中存储有关学生的基本信息，在另一个表中存储有关课程成绩的信息，再在另一个表中存储有关课程的信息。

设计数据库时，可以遵循以下简单原则：第一，减少重复信息（也称为冗余数据），因为重复信息会浪费空间，并会增加出错和不一致的可能性。第二，信息的正确性和完整性。如果数据库中包含不正确的信息，从数据库中提取的任何信息报表也将包含不正确的信息。因此，基于这些报表所做的任何决策都将提供错误信息。所以，良好的数据库设计应该是：

- 将信息划分到基于主题的表中，以减少冗余数据。
- 向 Access 提供根据需要联接表中信息时所需的信息。
- 可帮助支持和确保信息的准确性和完整性。
- 可满足数据处理和报表需求。

下面以学校“成绩管理”数据库为例，介绍设计一个数据库的基本步骤：

（1）确定数据库的用途。这是创建数据的第一步工作。最好将数据库的用途记录在纸上，包括数据库的用途、预期使用方式及使用者。对于一个小型数据库，可以记录一些信息列表等简单内容。如果数据库比较复杂或者由很多人使用，数据库的用途可以简单地分为一段或多段描述性内容，且应包含每个人将在何时及以何种方式使用数据库。这种做法的目的是为了获得一个良好的任务说明，作为整个设计过程的参考。

（2）查找和组织所需的信息。收集可能希望在数据库中记录的各种信息。例如，通常的做法是学校登记学生个人的基本信息，每个班级每学期开设的课程，每次考试后汇总这次考试各门课程的成绩等。收集这些文档，并列出所显示的每种信息，以及可能希望从数据库生成的报表等。例如，可以按班级来生成班级总成绩表，或按科目来生成课程考试成绩表，或生成每个学生三年的总成绩表等。

（3）将信息划分到表中。将信息项划分到主要的实体或主题中，如“学生”表或“成绩”表。每个主题即构成一个表。数据库有如下典型的组织方式：

- 在一个数据库文件中只有一个表。如果只想记录单一种类的数据，可以用一个单一的表。
- 在一个数据库文件中有多个表。如果数据比较复杂，如学生、成绩、教师、课程等，就可以使用多个表。
- 在多个数据库文件中有多个表。如果想在多个不同的数据库中共享相同的数据，那么可以使用多个数据库文件。例如，在学籍数据库、成绩数据库、图书借阅数据库中用到学生基本信息，可以将基本信息单独存储在一个数据库文件中。

设计数据库时，每个事实应尽可能仅记录一次。如果发现在多个位置出现重复相同的信息（如学生的考试成绩），则请将该信息放入单独的表中。

选择了用表来表示的主题后，该表中的列就应仅存储有关该主题的事实。例如，“学生”表只存储每个学生的基本信息，“成绩”表只存储每个学生的考试成绩，“课程”表只存储每门课程的信息。

（4）确定每个表所需的字段。确定希望在每个表中存储哪些信息，应该创建独立的字段，并作为列显示在表中，方便以后生成报表。例如，“学生”表中包含“学号”、“姓名”、“性别”、“出生日期”等字段。在确定表中字段时，应遵循下列规律：

- 不要包含已计算的数据。大多数情况下，不应在表中存储计算结果。在希望查看相应结果时，可以让 Access 执行计算。例如，如果报表中要显示每门课程的不及格学生的分类汇总名单，可以在每次打印报表时计算相应的分类汇总，而分类汇总本身不应存储在表中。
- 将信息按照其最小的逻辑单元进行存储。如果将一种以上信息存储在一个字段中，则在以后要检索单个事实就会很困难。这时可以将信息拆分为多个逻辑单元。例如，为课程名和教师姓名创建单独的字段。

（5）指定主键。每个表应包含一个列或一组列，用于对存储在该表中的每条记录进行唯一标识，这通常是一个唯一的标识号。例如，“学生”表中的“学号”字段。在数据库术语中，此信息称为表的主键。Access 使用主键字段将多个表中的数据关联起来，从而将数据组合在一起。

如果已经为表指定了唯一标识符，就可以使用该标识符作为表的主键，但仅当此列的值对每条记录而言始终不同时才能如此。主键中不能有重复的值。例如，不要使用人名作为主键，因为姓名不是唯一的，很容易在同一个表中出现两个同名的人。

主键必须始终具有值。如果某列的值可以在某个时间变成未分配或未知（缺少值），则该值不能作为主键的组成部分。应该始终选择其值不会更改的主键。在使用多个表的数据库中，可将一个表的主键作为引用在其他表中使用。如果主键发生更改，还必须将此更改应用到其他任何引用该键的位置。

（6）确定表之间的关系。基于每个表只有一个主题，可以确定各个表中的数据如何进行关联。根据需要，将字段添加到表中或创建新表，以便清楚地表达这些关系。表之间的关系有一对一关系、一对多关系和多对多关系。在关系数据库中最常用的是一对多关系。例如，“学生”表和“成绩”表具有一对多关系，每个学生有多门课程的成绩，而每个成绩仅对应一个学生。

（7）优化设计。分析设计中是否存在错误，创建表并添加几条示例数据记录，确定是否可以从表中获得期望的结果，根据需要对设计进行调整。

确定所需的表、字段和关系后，就应创建表并使用示例数据来填充表，然后尝试通过创建查询、添加新记录等操作来使用这些信息。这些操作可帮助发现潜在的问题。例如，可能需要添加在设计阶段忘记插入的列，或者可能需要将一个表拆分为两个表以消除重复。

确定是否可以使用数据库获得所期望的答案。创建窗体和报表，检查这些窗体和报表是否显示所期望的数据。查找不必要的数据重复，找到后对设计进行更改，以消除这种数据重复。

（8）应用规范化规则。应用数据规范化规则，以确定表的结构是否正确，根据需要对表进行调整。

此外，根据需要是否确定向其他用户共享数据库，以及他们如何访问共享的数据库，是否指定存取权限等。

1.3.2 创建数据库

在 Access 2007 中创建数据库常用的方法有两种：一种是创建空数据库，然后向该数据库添加表、查询、窗体、报表及其他对象。另一种方法是使用模板创建数据库，这种方法可以根据模板快速创建数据库，其中包含执行特定任务时所需的所有表、窗体和报表。通过对模板数据库的修改，可以使其符合用户自身的需要。

1．新建数据库

【例 1】学校为实现对学生学习成绩的信息化管理，要求创建一个名为“成绩管理”的 Access 数据库，用来存储学生的基本信息和考试成绩等。

分析：

要实现对学生成绩的管理，需要先创建数据库，可以使用 Access 数据库模板来创建数据库，如“教育”模板类中的“学生”数据库；另一种方法是先创建一个空数据库，然后再向该数据库中添加所需要的表、查询和窗体等对象。下面介绍创建空白数据库的方法。

步骤：

（1）启动 Access 2007，选择“Office 按钮”中的“新建”命令，或者在“开始使用 Microsoft Office Access”页面中单击“空白数据库”按钮。

（2）在窗口右侧的“空白数据库”窗格的“文件名”框中，输入文件名，如“成绩管理”，如图 1-18 所示。如果没有提供文件名，Access 自动添加扩展名.accdb。文件默认的保存位置是“我的文档”。

（3）如果要更改文件的保存位置，单击“文件名”右侧的“浏览”按钮，选择新的位置，如保存在“D:\Access 2007 实例”文件夹中。

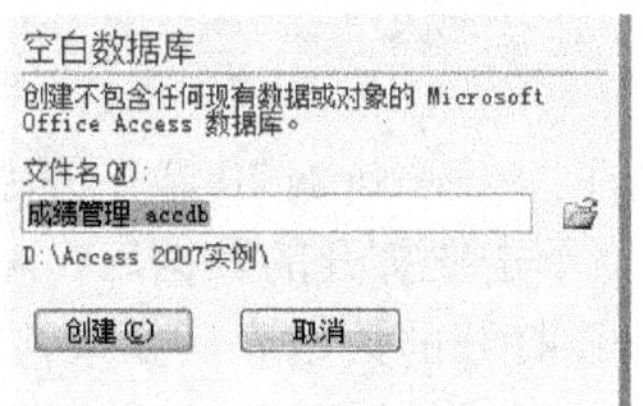

图 1-18　新建空白数据库

（4）单击“创建”按钮，Access 将创建数据库，并在数据表视图中打开一个名为“表 1”的空表，如图 1-19 所示。

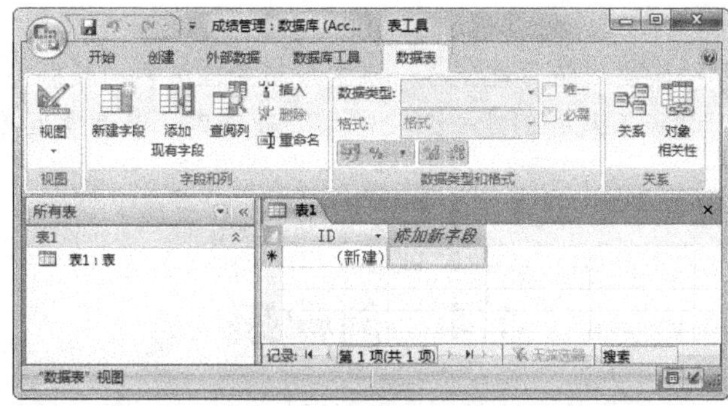

图 1-19　空数据表视图

上述创建的是一个空白数据库“成绩管理”，数据库文件的扩展名为.accdb，该数据库未包含任何对象，用户可根据需要添加表、查询、窗体等对象。

提示：

设置 Access 2007 默认的数据库读取文件夹，单击“自定义快速访问工具栏”下拉菜单中的“其他”命令，打开“Access 选项”对话框，选择“常用”选项，将“默认数据库文件夹”路径更改为“D:\Access 2007 实例”，如图 1-20 所示。

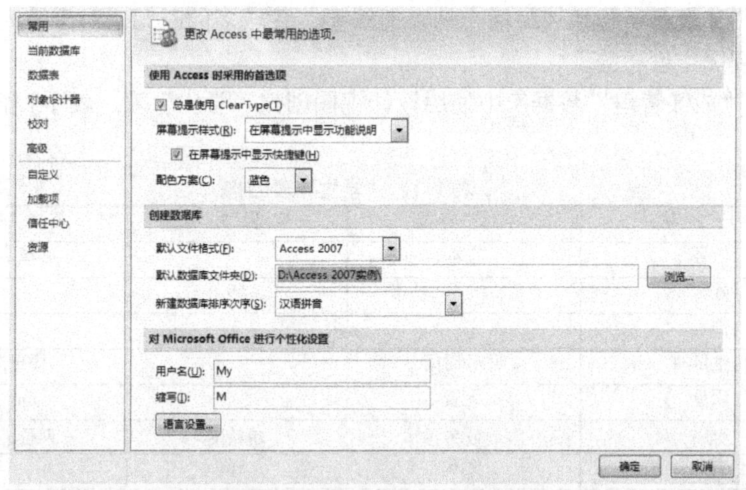

图 1-20　Access 常用选项设置

设置后保存，在创建或打开数据库时，将在设置的默认文件夹中进行操作。

2. 打开数据库

如果要打开最近使用的数据库，在 Access 2007“开始使用 Microsoft Office Access”页面右侧“打开最近的数据库”下，单击要打开的数据库，Access 将打开数据库。另一种方法是单击“Office 按钮”，然后单击要打开的数据库（如果该数据库出现在菜单的右窗格中），或选择“打开”命令，在出现“打开”对话框后，输入数据库文件名，然后单击“打开”按钮即可。

课堂练习

1. 讨论并了解学校学生成绩管理流程，确定成绩管理需要的数据。
2. 使用“教育”模板下载并创建一个“学生”数据库，查看学生常规详细信息所包含的列。

1.4 创建表

要实现对学生成绩进行管理，在建立“成绩管理”数据库后，还要在该数据库中建立表，以便将数据输入到相应的表中。创建表可以通过设计视图、通过表模板、也可以通过直接输入数据来创建。

1.4.1 使用设计视图创建表

在设计视图中创建表，也就是在表对象窗口中指定字段名称、数据类型和字段属性。使用表设计视图创建表是一种比较灵活方法，但需要花费较多的时间。对于较为复杂的表，通常都是在设计视图中创建的。

【例 2】在“成绩管理”数据库中使用设计视图创建“学生”表，表 1-1 给出了“学生”表结构。

表 1-1 “学生”表结构

字 段 名 称	数 据 类 型	字 段 大 小	格式或属性
学号	文本	8	必填字段
姓名	文本	10	
性别	文本	2	
出生日期	日期/时间		短日期
团员	是/否		是/否
身高	数字	单精度	两位小数
专业	文本	16	
家庭住址	文本	30	
照片	OLE 对象	8	
奖惩情况	备注		

分析：

使用设计视图创建表，是最常用的一种方法，需要事先确定表的字段名称、数据类型、字段大小及相关属性等。字段名称要容易记忆，但不能重名；字段大小要适中，应能存放最大的数据。

步骤：

（1）启动 Access 2007，单击“Office 按钮”，然后选择“打开”命令，选择并打开“成绩管理”数据库。

（2）在“创建”选项卡中的“表”选项组中选择“表设计”选项，打开表的设计视图，如图 1-21 所示。

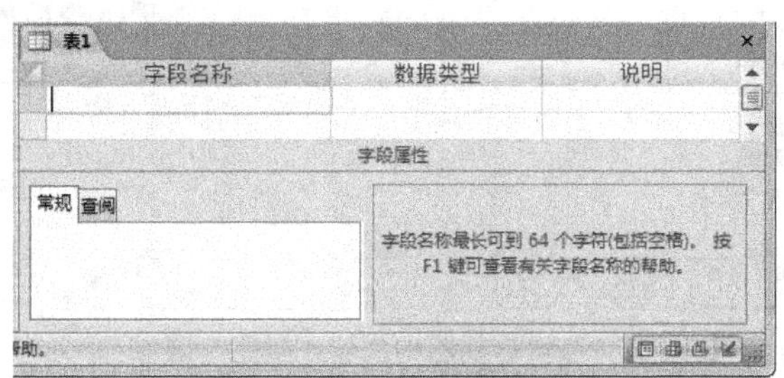

图 1-21 表设计视图

表设计视图分为上下两部分。上半部分从左到右依次为行选定器、“字段名称”列、“数据类型”列和“说明”列，分别用于选定行、指定字段名称、数据类型以及输入必要的字段说明。下半部分是字段属性区，用于设置字段属性。

（3）按照表 1-1 的内容，单击第一行的“字段名称”列，输入第一个字段名称“学号”。单击“数据类型”列右侧向下箭头，从下拉列表框中选择数据类型，如图 1-22 所示，如选择“文本”。Access 2007 提供了 10 种数据类型：文本、备注、数字、日期/时间、货币、自动编号、是/否、OLE 对象、超链接和附件，查阅向导还算不上一种真正的数据类型。在“说明”列中可以给每个字段加上必要的说明信息。例如，“学号”字段的说明信息为“唯一标识每位学生”，说明信息不是必需的，但可以增强表结构的可读性。在“字段属性”区设置“字段大小”为 8，并将“必填字段”属性设置为“是”。

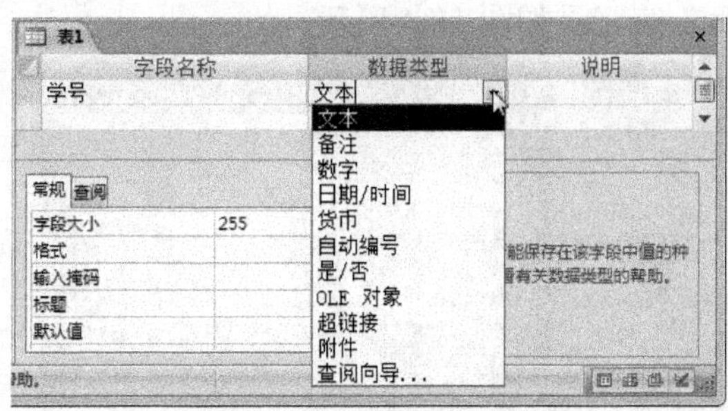

图 1-22 定义字段数据类型

（4）按照上述操作，输入“学生”表的其他字段，选择相应的数据类型，并设置属性，如图 1-23 所示。

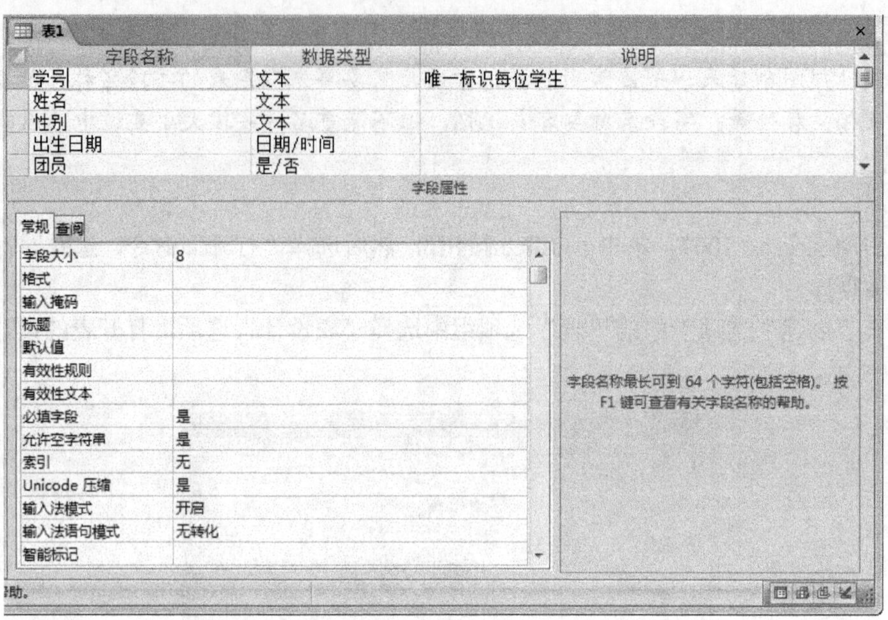

图 1-23　在设计视图中创建"学生"表结构

（5）定义好全部字段后，单击快速访问工具栏上的"保存"按钮，在出现的"另存为"对话框中，输入要保存的表名称为"学生"，单击"确定"按钮。

如果没有定义表的主键，系统会给出提示信息，建议定义主键，本表先不定义主键。

至此，已经建立了"学生"表结构，但该表中还没有输入数据，是一个空表。

1.4.2　输入数据创建表

在 Access 2007 中可以通过在数据表视图中输入数据的方式来创建表，即将数据直接输入到空表中，在保存新的数据表时，由系统分析数据并自动为每一个字段指定适当的数据类型和格式。

【例 3】有一批教师任教课程的数据，通过直接输入数据的方法，在"成绩管理"数据库中创建"教师"表，"教师"表记录如图 1-24 所示。

编号	姓名	任教课程
Y001	王志军	语文
Y002	李伟宏	语文
Y003	王　茜	语文
S001	赵　磊	数学
S002	孙宏凯	数学
S003	李　莉	数学
E001	赵晓燕	英语
E002	孙建国	英语
Z001	王　伟	专业
Z002	刘　谦	专业
Z003	魏紫怡	专业
Z004	李　岩	专业
D001	马莉亚	德育
D002	叶　开	德育

图 1-24　"教师"表记录

分析：

如果不习惯使用表设计视图进行表设计，一般先不用确定表结构或表的结构不确定，可以直接在表中输入数据来创建表。另外，如果已经获取表的数据，需要将数据先保存来，以便后面使用，也可以使用该方法。

步骤：

（1）启动 Access 2007，打开“成绩管理”数据库。

（2）在“创建”选项卡中的“表”选项组中，单击“表”按钮，在数据库中新建一个表，并在数据表视图中打开，如图 1-25 所示。

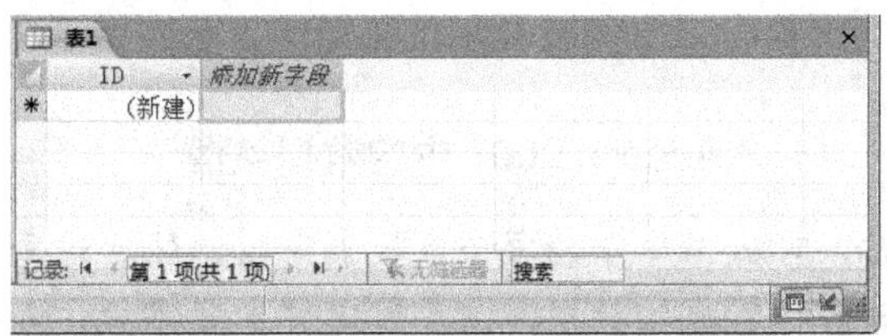

图 1-25　新建表

（3）在“添加新字段”列下面输入第一条记录的教师编号为“Y001”，按 Enter 键、按 Tab 键或者按→键移到下一列，该字段名自动命名为“字段 1”，在右侧的列输入第一条记录的教师姓名“王志军”，再在下一列输入“语文”，如图 1-26 所示。

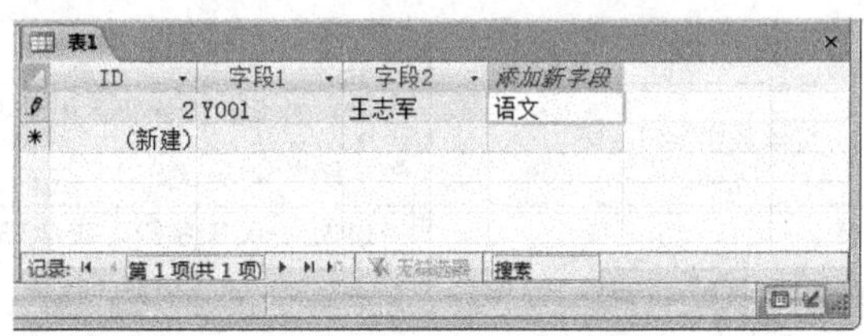

图 1-26　输入第一条记录

（4）单击下一行或按向下方向键移到下一行，依次输入图 1-24 中的其他记录，如图 1-27 所示。

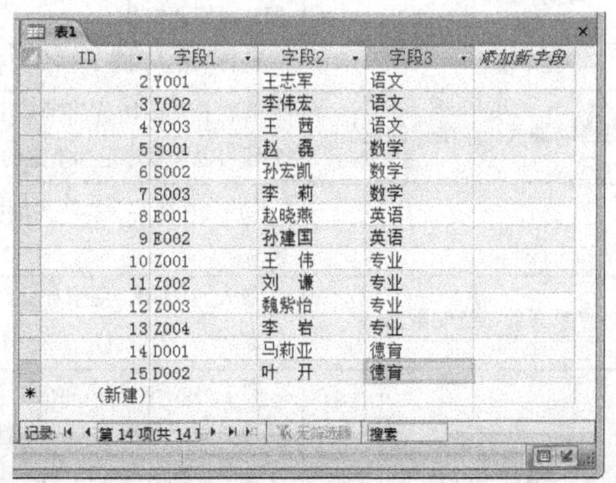

ID	字段1	字段2	字段3	添加新字段
2	Y001	王志军	语文	
3	Y002	李伟宏	语文	
4	Y003	王　茜	语文	
5	S001	赵　磊	数学	
6	S002	孙宏凯	数学	
7	S003	李　莉	数学	
8	E001	赵晓燕	英语	
9	E002	孙建国	英语	
10	Z001	王　伟	专业	
11	Z002	刘　谦	专业	
12	Z003	魏紫怡	专业	
13	Z004	李　岩	专业	
14	D001	马莉亚	德育	
15	D002	叶　开	德育	
(新建)				

记录: 第 14 项(共 14 项)　无筛选器　搜索

图 1-27　输入的记录

（5）双击最左侧的“字段 1”，输入字段名称，如“编号”，按 Enter 键或向右方向键，依次将其他两个字段分别重命名为“姓名”和“任教课程”。

（6）单击快速访问工具栏上的“保存”按钮，在出现的“另存为”对话框中，输入要保存的表名称为“教师”，单击“确定”按钮。

在数据表中输入数据后，Access 将根据输入的数据为每个字段指定适当的数据类型和属性值。如果需要更改数据类型或属性值，可在设计视图中进行修改。

表中的“ID”是系统默认的自动编号类型的字段，用来设置主键，可以在表设计视图中删除“ID”字段。

相关知识

Access 2007 中的数据类型

设计和创建数据库时，对数据库中的每个表规划字段，然后对每个字段设定合适的数据类型。例如，如果想存储名称和地址数据，需要设定文本型字段；如果要存储数值，需要设置数字型字段；如果要存储日期和时间数据，需要设定一个日期和时间的字段。

Access 2007 中字段可用的数据类型有文本、备注、数字、日期/时间、货币、自动编号、是/否、OLE 对象、超链接、附件和查阅向导，如表 1-2 所示。

表 1-2　Access 2007 中字段数据类型

数据类型	存　储	说　明
文本	文本数字字符	最大为 255 个字符。用于不在计算中使用的文本或文本和数字的组合
备注	文本数字字符（长度超过 255 个字符）	最大为 1GB 字符，或 2GB 存储空间。用于长度超过 255 个字符的文本。例如，注释、较长的说明和包含粗体或斜体等格式的段落等经常使用“备注”字段
数字	数值	1、2、4、8 或 16 个字节。用于存储在计算中使用的数字，货币值除外（对货币值数据类型可以使用“货币”）
日期/时间	日期和时间	8 个字节。用于存储日期/时间值，存储的每个值都包括日期和时间两部分
货币	货币值	8 个字节。用于存储货币值
自动编号	添加记录时自动插入一个唯一的数值	4 个字节或 16 个字节。用于生成可用作主键的唯一值。该字段可以按顺序增加指定的增量，也可以随机选择
是/否	布尔值	1 位。用于包含两个可能的值。例如，“是/否”或“真/假”之一
OLE 对象	OLE 对象或其他二进制数据	最大为 1GB。用于存储其他 Windows 应用程序中的 OLE 对象
附件	图片、图像、二进制文件、Office 文件	对于 Access 2007 .accdb 文件来说是一种新的类型。可以将图像、电子表格文件、文档、图表以及其他类型的接受支持文件附加到数据库记录中，就像电子邮件中的附件文件一样。该字段提供了比 OLE 对象字段更高的灵活性，并且能够更有效地使用存储空间

续表

数据类型	存储	说明
超链接	超链接	最多可存储 1 GB 数据。用于存储超链接，以通过 URL（统一资源定位器）对网页进行单击访问，或通过 UNC（通用命名约定）格式的名称对文件进行访问，还可以链接至数据库中存储的 Access 对象
查阅向导	查阅向导	实际上不是数据类型，它调用“查阅向导”，创建一个使用组合框在其他表、查询或值列表中查阅值的字段

对于像学号、电话号码、身份证号、邮政编码和其他不会用于数学计算的数字，应该选择“文本”数据类型，而不是“数字”数据类型。对于“文本”和“数字”数据类型，可通过设置“字段大小”属性框中的值来更加具体地指定字段大小或数据类型。

数据类型只提供了基本形式的数据验证，这是因为它们有助于确保用户在表字段中输入正确类型的数据。例如，不能在设置为只接受数字的字段中输入文本。

课堂练习

1．在“成绩管理”数据库中创建“课程”表结构，表结构如表 1-3 所示。

表 1-3 “课程”表结构

字段名称	数据类型	字段大小
课程号	文本	8
课程名	文本	20
教师编号	文本	4

2．在“成绩管理”数据库中创建“成绩”表结构，表结构如表 1-4 所示。

表 1-4 “成绩”表结构

字段名	数据类型	字段大小
学号	文本	8
课程号	文本	8
成绩	数字	6

习题 1

一、填空题

1．数据库管理系统具有________、________、________和________等主要功能。

2．关系型数据库管理系统不但提供了数据库管理系统的一般功能，还提供了________、________和________3 种基本的关系操作。

3．Access 2007 数据库对象有________、________、________、________、________、________等。

4．表是由一些行和列组成的，表中的一列称为一个________，表中的一行称为________。

5．Access 2007 数据库文件的扩展名是________。

6．Access 2007 提供的数据类型有________、________、________、________、________、________、________、________、________、________及查阅向导。

7．________类型的字段值不需要用户输入，而系统自动给它一个值，该字段常用来设置主键。

8．Access 2007 提供了两种字段数据类型保存文本或文本和数字组合的数据，这两种数据类型分别是________和________。

二、选择题

1．Access 2007 数据库是（ ）。

A．层次数据库　　B．网状数据库

C．关系数据库　　D．面向对象数据库

2．如果在创建表时建立“工作时间”字段，其数据类型应当是（ ）。

A．文本　　B．数字　　C．日期　　D．备注

3．Access 2007 中数据库和表的关系是（ ）。

A．一个数据库可以包含多个表

B．一个表可以单独存在

C．一个表可以包含多个数据库

D．一个数据库只能包含一个表

4．在 Access 2007 数据库系统中，最小的数据访问单位是（ ）。

A．字节　　B．字段　　C．记录　　D．表

5．在 Access 2007 表中，只能从两种结果中选择其一的字段类型是（ ）。

A．是/否　　B．数字　　C．文本　　D．OLE 对象

6．文本数据类型的默认大小为（ ）。

A．64 个字符　　B．127 个字符　　C．255 个字符　　D．65535 个字符

7．Access 2007 数据库中，是其他数据库对象基础的是（ ）。

A．报表　　B．查询　　C．表　　D．模块

8．在 Access 2007 中，空数据库是指（ ）。

A．没有基本表的数据库　　B．没有窗体、报表的数据库

C．没有任何数据库对象的数据库　　D．数据库中数据是空的

9．货币类型是（ ）数据类型的特殊类型。

A．数字　　B．文本　　C．备注　　D．自动编号

10．每个表可包含自动编号字段的个数为（ ）。

A．1 个　　B．2 个　　C．4 个　　D．8 个

三、操作题

1．启动 Microsoft Access 2007。

2．打开“罗斯文 2007”示例数据库，浏览“客户与订单”、“库存与采购”等分类中各表记录。如果没有安装该数据库，先安装数据库，再打开运行。

3．创建一个空白数据库“图书订购.accdb”。

4．在“图书订购”数据库中创建“图书”表结构，其表结构如表 1-5 所示。

表 1-5 “图书”表结构

字段名称	数据类型	字段大小	小数位数
图书 ID	文本	8	
书名	文本	30	
作译者	文本	8	
定价	货币		2
出版社 ID	文本	2	
出版日期	日期/时间		
版次	文本	4	
封面	OLE 对象		
简介	备注		

5．在“图书订购”数据库中创建“订单”表，表结构如表 1-6 所示。

表 1-6 “订单”表结构

字段名称	数据类型	字段大小/格式
订单 ID	文本	8
单位	文本	20
图书 ID	文本	8
册数	数字	整型
订购日期	日期/时间	中日期
发货日期	日期/时间	中日期
联系人	文本	8
电话	文本	20

6．在“图书订购”数据库中通过直接输入数据，创建“出版社”表，如图 1-28 所示。

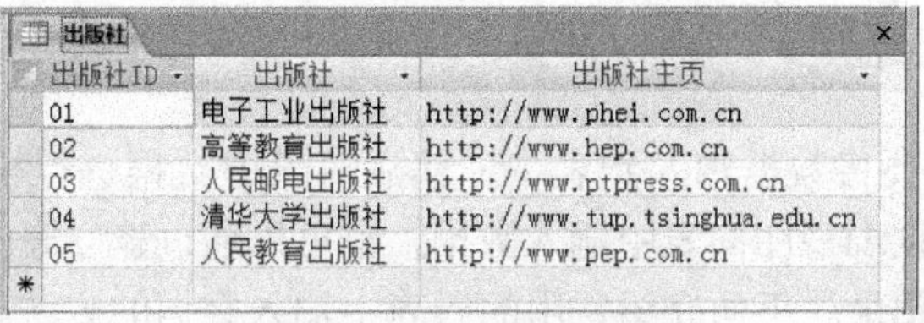
出版社

出版社ID	出版社	出版社主页
01	电子工业出版社	http://www.phei.com.cn
02	高等教育出版社	http://www.hep.com.cn
03	人民邮电出版社	http://www.ptpress.com.cn
04	清华大学出版社	http://www.tup.tsinghua.edu.cn
05	人民教育出版社	http://www.pep.com.cn

图 1-28 “出版社”表

数据表操作

表是 Access 数据库最基本的对象，对表的基本操作包括在表中输入记录、修改表结构、设置字段属性、记录排序、筛选、创建表间关系等。通过本章学习，你将能够：

- 在表中输入数据
- 对表中数据进行编辑
- 学会修改表的结构
- 设置表的主键
- 设置字段属性
- 设置索引
- 设置值列表字段和查阅字段
- 对表记录进行排序
- 按条件筛选记录
- 创建表间关系
- 设置数据表格式

2.1 输入和编辑记录

2.1.1 输入记录

建立表后一般都需要将数据输入到表中，然后对表中数据进行检索、统计等工作。在 Access 中，可以通过数据表视图向表中输入数据，也可以通过建立表的方法输入数据，还可以通过窗体向表中输入记录。下面介绍常用的向表中输入数据的方法。

【例 1】将如图 2-1 所示的一批数据输入到“学生”表中。

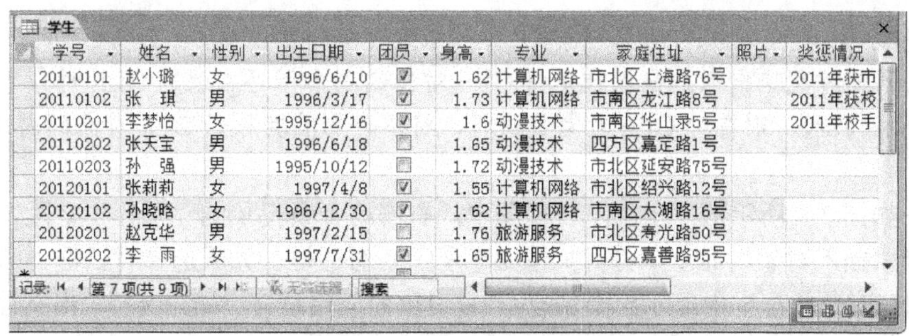

学生

学号	姓名	性别	出生日期	团员	身高	专业	家庭住址	照片	奖惩情况
20110101	赵小璐	女	1996/6/10	☑	1.62	计算机网络	市北区上海路76号		2011年获市
20110102	张　琪	男	1996/3/17	☑	1.73	计算机网络	市南区龙江路8号		2011年获校
20110201	李梦怡	女	1995/12/16	☑	1.6	动漫技术	市南区华山录5号		2011年校手
20110202	张天宝	男	1996/6/18	☐	1.65	动漫技术	四方区嘉定路1号		
20110203	孙　强	男	1995/10/12	☐	1.72	动漫技术	市北区延安路75号		
20120101	张莉莉	女	1997/4/8	☑	1.55	计算机网络	市北区绍兴路12号		
20120102	孙晓晗	女	1996/12/30	☑	1.62	计算机网络	市南区太湖路16号		
20120201	赵克华	男	1997/2/15	☐	1.76	旅游服务	市北区寿光路50号		
20120202	李　雨	女	1997/7/31	☑	1.65	旅游服务	四方区嘉善路95号		

图 2-1　“学生”表记录

分析：

建立表结构后，然后将数据通过数据表视图输入到表中，这是输入记录最常用的方法。在输入数据时，要注意“日期/时间”、“是/否”等类型数据的输入。

步骤：

（1）打开“学生”表。打开“成绩管理”数据库，在窗口右侧“所有表”导航窗格中，双击要打开的“学生”表，即可在数据表视图中打开表。如果表已经在设计视图中打开，单击“开始”选项卡中的“视图”选项组中的“数据表视图”，如图 2-2 所示。由于“学生”表中没有输入记录，这是一个空表。

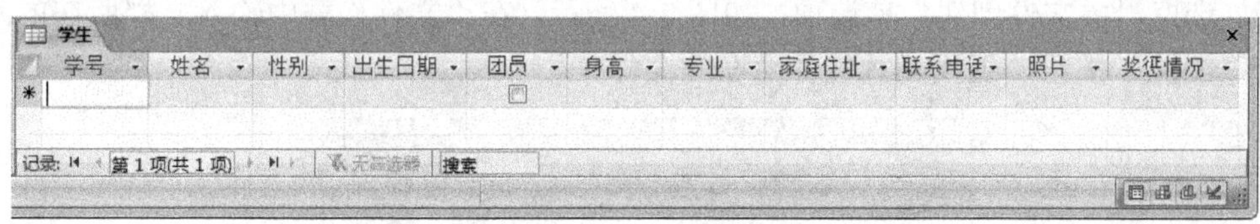

学生

学号	姓名	性别	出生日期	团员	身高	专业	家庭住址	联系电话	照片	奖惩情况
				☐						

图 2-2　空的“学生”表

当在数据表视图中打开表时，在功能区会自动出现“数据表”选项卡，以方便操作。

（2）输入记录。从第一个字段开始输入记录（如果有“自动编号”字段，系统自动给予一个值），如输入学号“20110101”，每输入一个字段的内容，按 Enter 键、→键或 Tab 键，插入点移到下一个字段处，输入下一个字段的内容。其中“出生日期”字段为“日期/时间”类型，通常要按年、月、日来输入，中间用“－”或“/”间隔；“团员”字段为“是/否”类型，单击该字段处，出现“√”表示逻辑值为真，空白为假；在“备注”字段处输入“2011年获市计算机操作比赛一等奖”；“照片”字段内容先不输入。

（3）输入一条记录完毕后，可以继续输入下一条记录。

在输入数据的过程中，如果输入的数据有错误，可以随时修改。每输入一个字段的内容，系统自动检查输入的数据与设置该字段的有效性规则属性是否一致。例如，输入日期/时间型字段的数据应遵循设置日期/时间的格式，日期中的月份应在 1~12 之间等。

（4）全部记录输入完后，单击快速访问工具栏中的“保存”按钮，保存所输入记录。

【例 2】在“学生”表中的第 1 条记录的“照片”字段中存储一张照片。

分析：

“学生”表中的“照片”字段为“OLE 对象”类型，不能直接输入数据。Access 为该字段提供了对象链接和嵌入技术。所谓链接就是将 OLE 对象数据的位置和它的应用程序名保存在 OLE 对象字段中，通过外部程序对 OLE 对象进行编辑修改后，当它在 Access 中显示时，修改后的结果随时反映出来。嵌入就是将 OLE 对象的副本保存在表的 OLE 对象字段中。一旦 OLE 对象被嵌入，则在对 OLE 对象更改时，将不会影响其原始 OLE 对象的内容。

步骤：

（1）在如图 2-1 所示的“学生”表视图中，右击第 1 条记录的“照片”字段处，在快捷菜单中选择“插入对象”命令，打开如图 2-3 所示的对话框。如果选择对话框中的“新建”单选项，则在对象类型框中显示出要创建 OLE 对象的应用程序。如果选择“由文件创建”单选项，可以把已建立的文档插入到 OLE 对象字段中来。

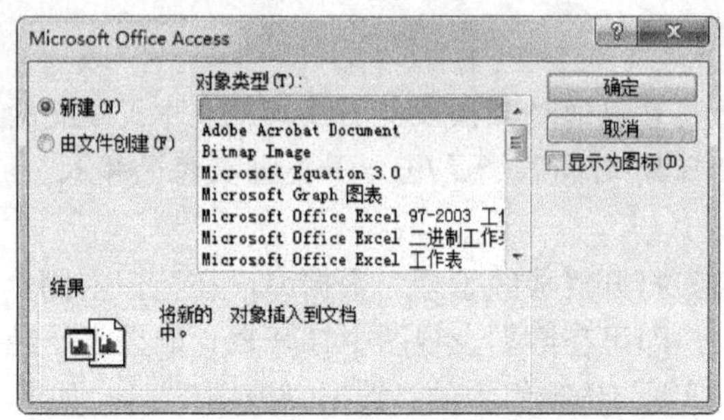

图 2-3　“新建”对象对话框

（2）选取“由文件创建”单选项，如图 2-4 所示，在“文件”框中输入文档所在的路径，或单击“浏览”按钮，查找图片文件所在的文件夹。

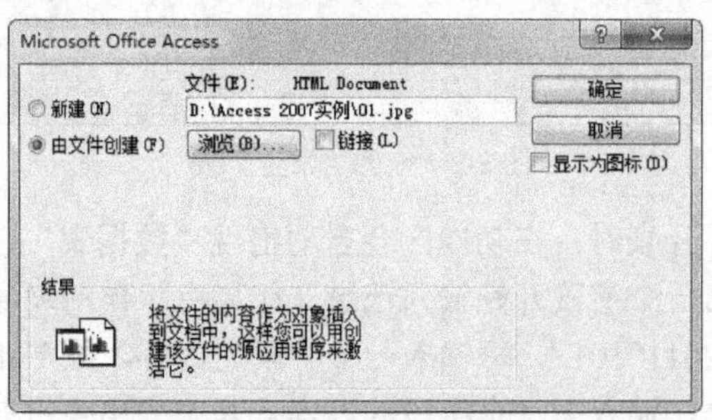

图 2-4　“由文件创建”对象对话框

（3）单击“确定”按钮，将选取的对象插入到“图书”表的第 1 条记录中，并在该字段上显示“程序包”，这表示嵌入或链接信息的图标，如图 2-5 所示。

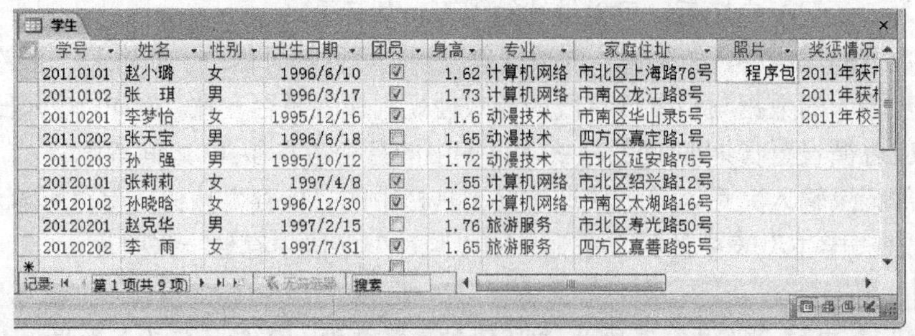

学生

学号	姓名	性别	出生日期	团员	身高	专业	家庭住址	照片	奖惩情况
20110101	赵小璐	女	1996/6/10	☑	1.62	计算机网络	市北区上海路76号	程序包	2011年获
20110102	张　琪	男	1996/3/17	☑	1.73	计算机网络	市南区龙江路8号		2011年获
20110201	李梦怡	女	1995/12/16	☑	1.6	动漫技术	市南区华山录5号		2011年校
20110202	张天宝	男	1996/6/18	☐	1.65	动漫技术	四方区嘉定路1号		
20110203	孙　强	男	1995/10/12	☐	1.72	动漫技术	市北区延安路75号		
20120101	张莉莉	女	1997/4/8	☑	1.55	计算机网络	市北区绍兴路12号		
20120102	孙晓晗	女	1996/12/30	☑	1.62	计算机网络	市南区太湖路16号		
20120201	赵克华	男	1997/2/15	☐	1.76	旅游服务	市北区寿光路50号		
20120202	李　雨	女	1997/7/31	☑	1.65	旅游服务	四方区嘉善路95号		

记录：第 1 项(共 9 项)　无筛选器　搜索

图 2-5　“学生”表记录

如果要对插入的 OLE 对象进行编辑，可以双击该字段对象，打开相应的应用程序，对文档进行编辑。

对于 OLE 类型字段，如果使用链接，那么可以在 Access 之外使用它；如果使用嵌入，那么只有在数据库内才能够存取。当 OLE 对象在 Access 内进行编辑时，两种方式的外观和行为都是一样的。但嵌入对象比链接对象在数据库中占用更多的存储空间。

创建了表后便可以向表中插入新记录。不能在一个表中现有的记录之间插入一条新记录，只能在表的最后一行添加新记录。

2.1.2 编辑记录

要对表中的数据进行编辑、修改，可以在数据表视图中对数据进行编辑。

在数据表视图中打开表，单击要编辑的字段，在插入点处直接输入新的数据。如果要替换整个字段的值，可以将鼠标指向字段的最左端，当鼠标变成空心加号“✣”形状时单击，再输入新的数据。

在编辑记录的过程中，若要删除插入点前后的文本，可用退格键（Backspace 键）和删除键（Del 键）。

如果表中包含一个附件数据类型的字段，可以在单个字段上增加和删除文件。如果计算机安装了支持这种文件类型的程序，也可以查看附加的文件。例如，如果将 PowerPoint 演示文稿附加到一个字段中，便可以通过 PowerPoint 查看这个演示文稿，而不用在 Access 中查看。

在数据表视图中向一个字段附加一个文件的方法如下：

（1）双击或右击附加类型字段，在弹出的快捷菜单中选择“管理附件”命令，出现“附件”对话框，如图 2-6 所示。

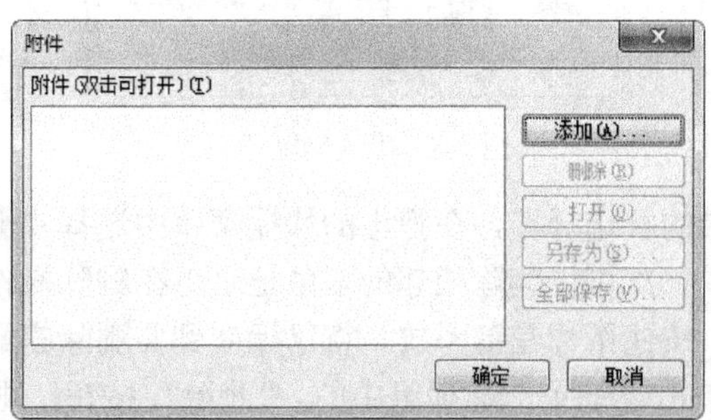

图 2-6 “附件”对话框

（2）在“附件”对话框中单击“添加”按钮，打开“选择文件”对话框，选择文件后，单击“打开”按钮，要插入的文件显示在“附加”对话框中，再单击“确定”按钮。

附加的文件添加到该字段中，该附加字段显示为 ⓪(1) 图标。在一个附加字段中可以添加多个文件，文件类型不必一致。

如果要把附件保存在一个特定的位置，可以在“附件”对话框中单击“另存为”按钮，保存一个附件；或者单击“全部保存”按钮，在特定的位置全部保存附件。如果有必要，可以利用父程序对附加文档进行修改，然后再保存。

如果附加的文件不再需要时，可以进行删除操作，在数据表视图中删除字段附加文件的方法如下：

（1）双击或右击附加类型字段，在弹出的快捷菜单中选择“管理附件”命令，出现“附件”对话框，如图 2-7 所示。

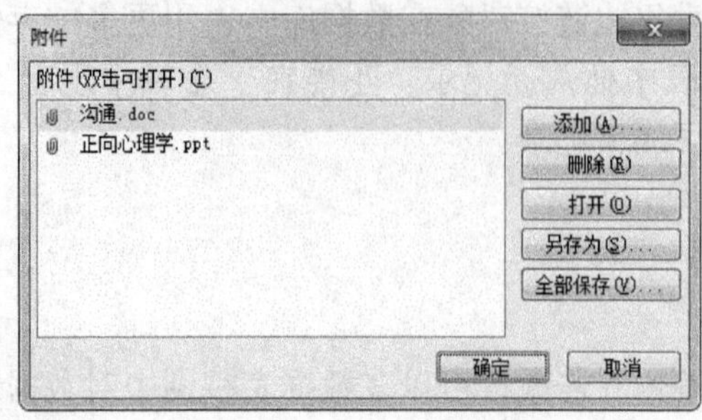

图 2-7 “附件”对话框

（2）在“附件”列表框中选择要删除的附件文件，单击“删除”按钮，再单击“确定”按钮。

从附件类型字段中删除文件，相应减少附件的个数。

如果表中的某条记录不再需要，可以从一个表中快速删除一条或多条记录。删除记录的方法很多，常用的方法如下：

- 在数据表视图中打开表，单击要删除的记录所在的行，再在“开始”选项卡的“记录”选项组中，单击“删除”按钮，出现如图 2-8 所示的提示对话框，单击“是”按钮，删除当前记录。

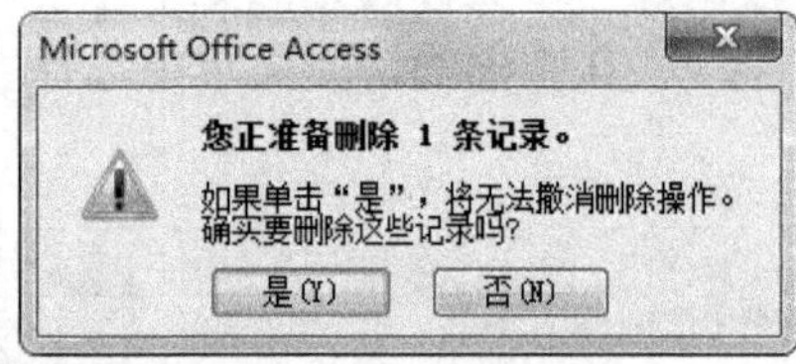

图 2-8 确认删除记录

- 右击要删除记录的行选择器，在弹出的快捷菜单中选择“删除记录”命令。

在删除记录过程中，一次可以删除相邻的多条记录。在删除操作之前，通过行选择器选择要删除的第一条记录，按住鼠标左键不放，将鼠标拖到要删除的最后一条记录上，这之间的记录全部被选中，再单击“记录”选项组中的 “删除”按钮，根据提示信息可以将选中的全部记录一次性删除。

由于表中的记录删除后无法恢复，因此，在删除记录之前，应当确认记录是否要被删除。

课堂练习

1. 在“课程”表中输入如图 2-9 所示的记录。
2. 将“学生”表中的专业“计算机网络”更改为“网络技术与应用”。
3. 在“学生”表前 5 条记录的“照片”字段中分别插入图片。

课程

课程号	课程名	教师编号
DY01	职业生涯规划	D001
DY02	经济政治与社会	D001
DY03	职业道德与法律	D002
DY04	哲学与人生	D002
EY01	英语(一)	E001
EY02	旅游英语	E002
JS01	网络技术基础	Z002
JS02	网页设计	Z001
JS03	二维动画	Z001
JS04	影视制作	Z004
JS05	数据库应用技术-Access	Z003
LY01	旅游概论	Z002
SX01	数学(一)	S001
SX02	数学(二)	S003
SX03	概率论	S002
YW01	语文(一)	Y001
YW02	语文(二)	Y002
YW03	语文(三)	Y003

记录: 第 1 项(共 18 项 无筛选器 搜索
数字

图 2-9 “课程”表记录

2.2 修改表结构

在设计数据库时，应当将大部分精力用于设置表中需要的字段。一方面要识别出一个表中的所有字段以满足数据库的需求，另一方面不要在一个表中创建太多的字段，以免产生不必要的数据输入，要有效地平衡上述这两点。

在数据库使用和维护过程中，有时需要对表的字段属性进行编辑修改，在表设计视图的上半部分主要更改字段的名称、修改字段数据的类型、在表中添加字段、删除字段、移动字段的位置等，在表设计视图的下半部分主要更改字段的属性等。

2.2.1 插入字段

在表中插入字段，可以在数据表视图中的一个指定位置，添加一个新字段；也可以在设计视图中，向表中添加一个新字段。

1. 在数据表视图中插入字段

在数据表视图中插入字段，可以使用下列方法：

- 右击一个选定的列或列的标题，在弹出的快捷菜单中选择“插入列”命令。
- 在“表工具”中“数据表”选项卡的“字段和列”选项组中，单击“插入”按钮。
- 在“表工具”中“数据表”选项卡的“字段和列”选项组中，单击“新建字段”按钮，从“字段模板”窗格中拖动一个字段到表中，如图 2-10 所示。

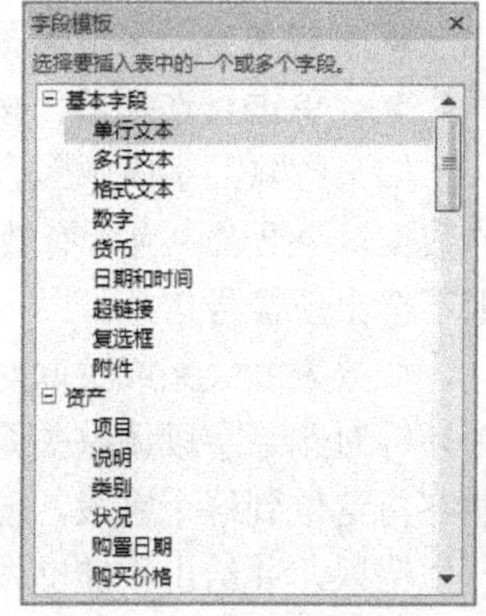

图 2-10 “字段模板”窗格

- 在“表工具”中“数据表”选项卡的“字段和列”选项组中，单击“添加现有字段”按钮，在“字段列表”窗格中拖动一个字段到表中。

在数据表视图中，插入一个字段后，原来右侧的字段将向右移动位置。

2. 在设计视图中插入字段

在设计视图中插入字段，可以使用下列方法：

- 在最后一个字段名称的正下方，输入一个字段名。
- 在“表工具”中“设计”选项卡的“工具”选项组中，单击“插入行”按钮。
- 右击一个字段名称，在弹出的快捷菜单中选择“插入行”命令。

插入新字段不会影响其他字段和表中原有的数据。

2.2.2 移动字段

表中记录字段的排列次序与创建表时字段输入的顺序是一致的，并决定了在表中显示的顺序，如果要重新排列字段的先后顺序，只要在表的设计视图中，首先单击要移动字段前的行选择器，选择该行，并按住鼠标左键，将该字段上下拖动到新的位置上。如果要在数据表视图中改变列的次序，单击列的标题，然后向左或向右拖动列的标题到一个新的位置。

2.2.3 删除字段

删除字段会造成数据的丢失。删除字段时，保存在该字段中的数据会被永久地从表中删除，所以在删除字段之前，建议对表进行备份。

在数据表视图中可以使用下列方法删除字段：

- 右击一个选定的列或列的标题，在弹出的快捷菜单中选择“删除列”命令。
- 在“表工具”中“数据表”选项卡的“字段和列”选项组中，单击“删除”按钮。
- 单击列标题，选择整个列，按 Del 键。

在设计视图中可以使用下列方法删除字段：

- 在“表工具”的“设计”选项卡的“工具”选项组中，单击“删除行”按钮。
- 右击一个字段名称，在弹出的快捷菜单中选择“删除行”命令。
- 单击行选择器，按 Del 键。

如果删除的字段中包含有数据，系统会给出一个警告信息，提示用户将丢失表中该字段的数据。如果表中包含有数据，则应确认是否确实删除该字段。如果要删除的字段是空字段，则不会出现警告信息。

如果表的关系或关联对象（如窗体、报表、查询、组件或者宏等）用到被删除的字段，必须针对删除字段调整关系或者对象。如果这些对象取决于被删除的字段，并且这些对象不能够再定位到这个字段，便会产生错误。例如，如果一个报表包含被删除的字段，那么它将产生错误，并给出不能够发现这个字段的错误信息。

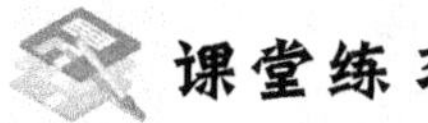

课堂练习

1. 在表设计视图中修改“课程”表结构，表结构如表 2-1 所示。

表 2-1 “课程”表结构

字 段 名	数 据 类 型	字 段 大 小
课程号	文本	4
课程名	文本	20
授课教师编号	文本	4

2. 将“教师”表中的“编号”字段名更改为“教师编号”字段名。

3. 在“教师”表中添加一个“业绩”字段，并设置为“附加”类型，在该字段中插入附加文件，如 ppt 演示文稿、Excel 电子表格、Word 文档、图片等。

4. 在数据表视图中分别打开上题插入附加字段中的文档。

5. 将“教师”表中附加的文件保存在指定的文件夹中。

2.3 设置主键

主键是表中一个字段或几个字段的组合，在表中定义主键，它能唯一地标识表中的记录，主键又称为主关键字。当输入数据或对数据记录进行修改时，确保表中不会有主关键字段值重复的记录。因此，一个好的主键应该有以下特征：第一，它唯一标识每一行；第二，它从不为空或为 Null，即它始终包含一个值；第三，它的值几乎不变。

在 Access 中可以定义单字段主键和多字段主键。

2.3.1 设置单字段主键

【例 3】将“学生”表中的“学号”字段设置为主键。

分析：

如果能用一个字段唯一标识表中的每一条记录，那么该字段可以设置为主键。在“学生”表中，由于每位学生的“学号”是唯一的，可以将“学号”字段设置为主键，而不能定义“姓名”、“地址”等字段为主关键字，因为有可能出现姓名相同或地址相同的两条或多条记录。

步骤：

（1）打开“学生”表，在设计视图中选择“学号”字段，单击“设计”选项卡“工具”选项组中的“主键”按钮，或右击该字段，从快捷菜单中选择“主键”命令，这时在“学号”字段的行选择器上显示主键标记，如图 2-11 所示。

学生

字段名称	数据类型	说明
学号	文本	唯一标识每位学生
姓名	文本	
性别	文本	
出生日期	日期/时间	
团员	是/否	

图 2-11　设置主键

（2）单击快速访问工具栏上的“保存”按钮，保存所做的修改。

将“学生”表中的“学号”字段可以设置为主键，因为它可以唯一标识每一位学生，而不能将“学生”表中的“姓名”作为主键，因为它可能包含相同的姓名。在“成绩”表中包含“学号”字段，不能将它设置为主键，因为在“成绩”表中相同的学号可能要出现多次，它被称为外键。外键就是另一个表的主键。

提示：

如果不能确定表中的字段能否作为主键，可以插入一个“自动编号”数据类型的字段，将它设置为主键。

“自动编号”类型的字段有“新值”属性，它包含有“递增”和“随机”两个选项，默认设置是“递增”。选择“递增”时，在增加记录时，该字段的序号自动加 1；选择“随机”时，在增加记录时，该字段序号为随机数。这些数字都不会重复，能唯一标识表中的每一条记录，因此可以将“自动编号”类型的字段设置为主关键字。

2.3.2 设置多字段主键

【例 4】将“成绩”表中的“学号”字段和“课程号”字段共同设置为“成绩”表的主键。

分析：

当用单个字段无法唯一标识表中的记录时，可以将两个或多个字段组合在一起作为主键来唯一标识每一条记录。在“成绩”表中，由于“成绩”或“课程号”字段都不能唯一标识每一条记录，而将这两个字段组合在一起可以唯一标识每一条记录，因此，可以同时将这两个字段设置为主键。

步骤：

（1）在“成绩”表设计视图中，按下 Ctrl 键，依次单击“学号”和“课程号”字段的行选择器，单击“设计”选项卡“工具”选项组中的“主键”按钮，这时在“学号”和“课程号”字段的行选择器上显示主键标记，如图 2-12 所示。

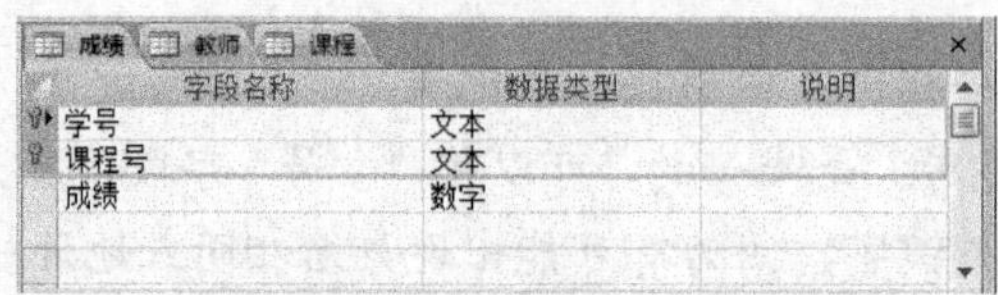

成绩　教师　课程

字段名称	数据类型	说明
学号	文本	
课程号	文本	
成绩	数字	

图 2-12　设置多字段为主键

（2）单击快速访问工具栏上的“保存”按钮，保存所做的修改。

如果表中的某个字段不适合做主键，或临时取消主键的设置，可以将主键从表中删除。具体方法是选中主键字段所在的行，然后单击“设计”选项卡“工具”选项组中的“主键”按钮，这时表中行选择器上的主键标记符号消失，表示已取消主键设置。

提示：

当表中的主键与其他表建立了关系，不要随意撤销或删除主键。如果有必要，一般先要删除与其他表的关系，再删除主键。

相关知识

主键与外键

主键是能够唯一标识表中每一条记录的一个字段或多个字段的组合，它不允许Null值，且主键的键值必须始终是唯一的。例如，在“学生”表中的“学号”字段，“课程”表中的“课程号”字段都可以设成主键。如果表中的现有属性都不是唯一的，就要创建作为标识的键（通常是数字值），并把该键设为主键。

外键是存在于子表中，用来与相应的父表建立关系的值。父表能通过在子表中搜索相关实例的外键，找到所有有关的子表。子表中的外键通常是父表的主键。一个表中主键是唯一的，外键可以有多个。例如，“学号”字段在“学生”表中是主键，在“成绩”表中就是外键，“课程号”字段在“课程”表中是主键，在“成绩”表中是外键。在Access 2007中允许定义自动编号类型字段、单字段和多字段3种类型的主键。

（1）自动编号类型主键。当向表中添加每一条记录时，能够将自动编号字段设置为自动输入连续数字的编号。将自动编号字段指定为主键是创建主键的最简单方法。例如，在保存新表之前没有设置主键，在保存Access时将询问是否要创建主键，如果选择“是”，Access将创建自动编号主键。

（2）单字段主键。如果一个字段中包含都是唯一的值，如学号、身份证号、职工号等，则可以将这些类型字段指定为主键。如果所选字段有重复值或Null，Access将不会将该字段设置为主键。

（3）多字段主键。在一个表中，如果不能保证任何单字段包含唯一值的情况下，可以将两个或多个字段的组合指定为主键。例如，在“成绩”表中，“学号”和“课程号”这两个字段的值都不是唯一的，都不能单独设置为主键，但当把两个字段组合起来后，其组合值具有唯一性，可以设置为主键。

课堂练习

1. 设置“教师”表的“教师编号”字段为主键。
2. 设置“课程”表的“课程号”字段为主键。

2.4 设置字段属性

字段属性包括字段大小、格式、标题、默认值、输入掩码等，字段不同的数据类型有不同的属性。要设置字段属性，应在设计视图中打开表，在窗口上半部分单击字段所在的行，在窗口下半部分的“字段属性”中对各个属性进行设置。表2-2列出了可用的字段属性。

表2-2 数据表字段属性

字段属性	含 义
字段大小	设置存储为“文本”、“数字”或“自动编号”类型的数据最大值
格式	自定义显示或打印时字段的显示方式
小数位数	指定显示数字时使用的小数位数
新值	设置“自动编号”字段是递增的还是为其指定随机值
标题	设置默认情况下在表单、报表和查询的标签中显示的文本
默认值	添加新记录时为字段自动指定默认值
有效性规则	提供在此字段中添加或更改值时必须为真的表达式
有效性文本	输入当值与有效性规则表达式冲突时显示的文本
必填	要求在字段中输入数据
允许零长度字符串	允许在“文本”或“备注”字段中输入（通过设置为“是”）零长度字符串（"”）
索引	通过创建和使用索引来加速对此字段中数据的访问
Unicode 压缩	存储大量文本（大于 4 096 个字符）时压缩此字段中存储的文本
输入法模式	控制 Windows 亚洲语言版本中的字符转换
IME 语句模式	控制 Windows 亚洲语言版本中的字符转换
智能标记	对此字段附加智能标记
仅追加	允许（通过设置为“是”）对“备注”字段执行版本控制
文本格式	选择“格式文本”将按 HTML 格式存储文本，并允许设置多种格式。选择“纯文本”将只存储文本
文本对齐	指定控件中文本的默认对齐方式
精度	指定允许的数字总位数，包括小数点左右两侧的位数
数值范围	指定可在小数分隔符右侧存储的最大位数

2.4.1 设置字段大小

通过“字段属性”的“字段大小”文本框，可以确定一个字段数据内部的存储空间。该属性只适用于文本、数字或自动编号类型的字段。对于一个“文本”型字段，该字段大小的取值范围为0~255个字符，默认值为255。对于一个“数字”型字段，可以从下拉式列表中，选择一种类型来存储该字段数据，如图2-13所示。

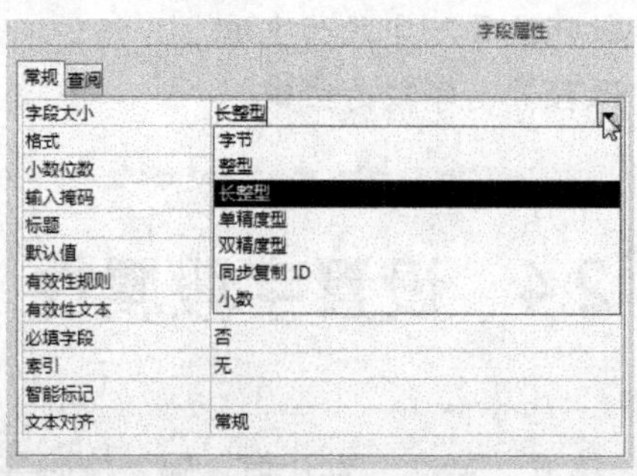

图2-13 数字型字段对应的“字段大小”文本框

如果文本型字段中已经输入数据，那么缩小该字段的大小可能会丢失数据，系统自动截取超出部分的字符。如果在数字型字段中包含有小数，那么将字段大小设置为整数时，系统自动将小数进行四舍五入取整。

数字型或货币型数据可以设置小数位数，该设置只影响在数据表视图中显示的小数位数，而不影响所保存的小数位数。如果选择小数位数为“自动”，则小数位数由“格式”设置来确定。

提示：

在创建表时，应使用最小的“字段大小”属性设置，较小的数据处理速度快，占用内存少。

2.4.2 设置字段格式

字段的“格式”属性决定了数据的显示方式。例如，对于“数字”型字段，可以选择常规数字、货币、标准、百分比或科学记数等格式，如图 2-14 所示。对于“日期/时间”型的字段，系统提供了常规日期、长日期、中日期、短日期、长时间等格式，如图 2-15 所示。

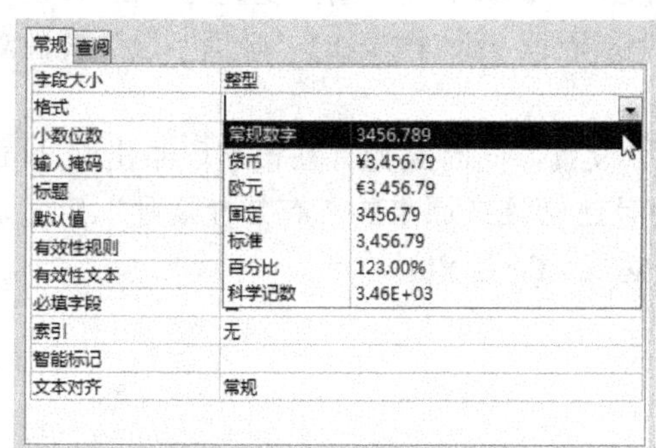

图 2-14 “数字”型格式

图 2-15 “日期/时间”型格式

数据的不同格式只是在输入和输出的形式上表现为不同，而内部存储的数据是不变的。数据格式统一，使显示的数据整齐、美观。

2.4.3 设置字段标题和默认值

1. 设置字段标题

通过给字段名设置一个用户比较熟悉的标题，用它来标识数据表视图中的字段，也可以标识窗体或报表中的字段。例如，可以将“学生”表中的“专业”字段名设置标题为“专业名称”，每当在“学生”表视图中显示记录时，“专业”字段名列表头显示为“专业名称”。如果将英文字段标题指定为中文标题，更方便查看。

提示：

字段名和标题可以是不相同的，但内部引用的仍是字段名。如果未指定标题，则标题默认为字段名。

2. 设置字段默认值

设置字段的默认值，在添加一条新记录时，系统自动把这个默认值显示在该字段中，避免了多次输入相同的内容，提高了工作效率。在一个表中，有些字段中的数据内容相同或大部分相同，就可以为该字段设置默认值属性。对于设置默认值的字段，仍可以输入其他的数据来取代默认值。例如，将“学生”表中“性别”字段的默认值设置为“男”，每当输入记录时，系统自动将“性别”赋初值“男”，可以减少该字段值的输入。

提示：

在“默认值”属性框中输入文本时，可以不加引号，系统会为文本自动加上双引号。

2.4.4 设置必填字段

“必填字段”属性是用于指定字段中是否必须有值，如果将某个字段的“必填字段”属性设置为“是”，则在记录中输入数据时必须在该字段中输入数值，而且不能为 Null 值。例如，在“学生”表中，为了确保表中的每一条记录都有一个对应的学号，就应当将“学号”字段的“必填字段”属性设置为“是”。如果将字段的“必填字段”属性设置为“否”，则在输入记录时并不一定要在该字段中输入数据。一般情况下，新创建表的“必填字段”属性默认设置为“否”。

如果已经对字段的“有效性规则”属性进行了设置，同时又允许在该字段中出现 Null 值，不仅要将“必填字段”属性设置为“否”，而且还必须在原来的“有效性规则”后面附加上“Or Is Null”部分，即变成：<有效性规则表达式> Or Is Null。

相关知识

空值和 Null 值

数据库中，空值表示值未知。空值不同于空白或零值。空字符串和 Null 值是两种可以区分的空值。因为在某些情况下，字段为空，可能是因为信息目前无法获得，或者字段不适用于某一特定的记录。例如，表中有一个“电话号码”字段，将其保留为空白，可能是因为不知道顾客的电话号码，或者该顾客没有电话号码。在这种情况下，使字段保留为空或输入 Null 值，意味着“不知道”。双引号内为空字符串，则意味着“知道没有值”。采用字段的“必填字段”和“允许空字符串”属性的不同设置组合，可以控制空白字段的处理。“允许空字符串”属性只能用于“文本”、“备注”或“超链接”字段。“必填字段”属性决定是否必须有数据输入。当“允许空字符串”属性设置为“是”时，Access 将区分两种不同的空白值：Null 值和空字符串。如果允许字段为空而且不需要确定为空的条件，可将“必填字段”和“允许空字符串”属性设置为“否”，作为新“文本”、“备注”或“超链接”字段的默认设置。

如果只允许没有字段记录值时使字段为空，可将“必填字段”属性和“允许空字符串”属性都设置为“是”。在这种情况下，使字段为空的唯一方法是输入不带空格的双引号，或按空格来输入空字符串。如果不希望字段为空，可将“必填字段”属性设置为“是”，将“允许空字符串”属性设置为“否”。如果希望区分字段空白的两个原因为信息未知和没有信息，可将“必填字段”属性设置为“否”，将“允许空字符串”属性设置为“是”。在这种情况下，添加记录时，如果信息未知，应该使字段保留空白（即输入 Null 值）；如果没有提供给当前记录的值，则应该输入不带空格的双引号（""）来输入一个空字符串。如何查找空字符串和 Null 值：如果用户需要将表中含有空字符串和 Null 值的记录做相应的修改，就需要使用“编辑”菜单上的“查找”命令来查找 Null 值或空字符串的位置。方法是在“数据表”视图或“窗体”视图中，选择要搜索的字段，在“查找内容”框中输入“Null”来查找 Null 值，或输入不带空格的双引号（""）来查找空字符串，在“匹配”框中选择“整个字段”，并确保已清除“按格式搜索字段”复选框。一般来说，在以升序来排序字段时，任何含有空字段（包含 Null 值）的记录将列在列表中的第一条。如果字段中同时包含 Null 值和空字符串，包含 Null 值的字段将在第一条显示，紧接着是空字符串。

2.4.5 设置输入掩码

字段的“输入掩码”属性用于控制在一个字段中输入数据的格式及允许输入的数据，确保输入数据的准确性。例如，通过自定义输入掩码，可以控制用户在文本框或表字段中只能输入字母或只能输入数字，并且还能控制输入的字母或数字的位数。这样控制输入比用户随意输入后，再在代码里判断输入数据的有效性或通过有效性规则属性来判断输入要高效得多。

输入掩码主要用于文本型和日期/时间型字段，也可用于数字或货币型字段。

【例 5】为“学生”表中的“出生日期”字段定义输入掩码为“长日期（中文）”格式。

分析：

使用“输入掩码”属性可以创建输入掩码（也称为字段模板），输入掩码使用原义字符来控制字段或控件的数据输入。对于文本型和日期/时间型字段，系统提供了“输入掩码向导”，帮助用户正确设置掩码。

步骤：

(1) 在“学生”表的设计视图中，选择“出生日期”字段。

(2) 单击“常规”选项卡“输入掩码”右侧的“生成器”按钮...，打开“输入掩码向导”对话框，如图 2-16 所示。

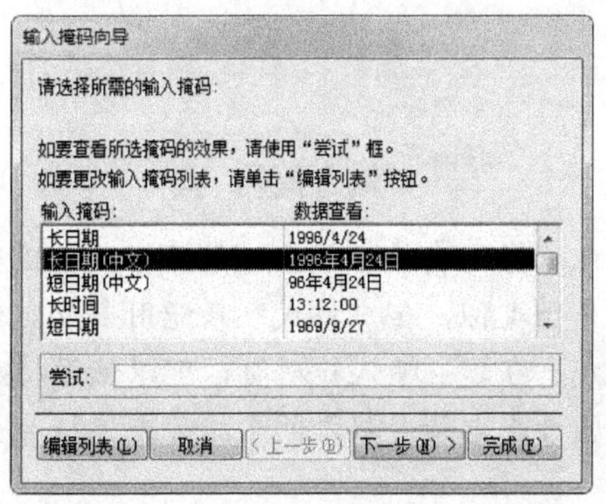

图 2-16　“输入掩码向导”对话框

（3）选择“长日期（中文）”输入掩码格式，在“尝试”框中查看输入掩码的效果。

（4）单击“下一步”按钮，打开如图 2-17 所示对话框，确定是否更改所选的输入掩码，可以输入“占位符”并单击“尝试”，查看所定义的掩码效果。

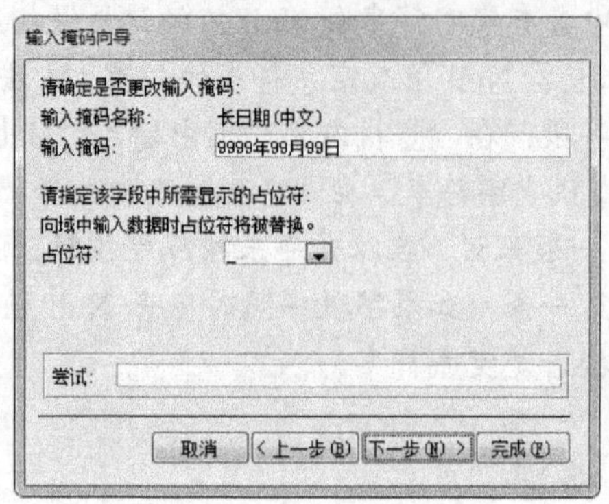

图 2-17　确定输入掩码对话框

（5）单击“下一步”按钮，当向导收集完创建输入掩码所需的全部信息时，单击“完成”按钮，保存所定义的掩码。

此时，在“输入掩码”框中可以看到使用向导定义的输入掩码，如图 2-18 所示。定义输入掩码后，在数据表视图中输入记录时显示掩码的格式。

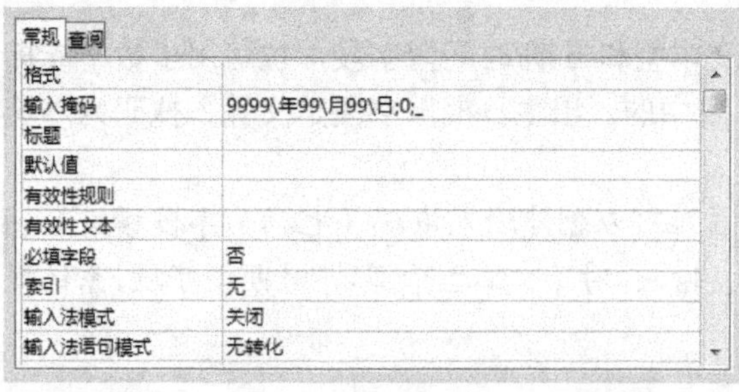

图 2-18　定义字段的输入掩码属性对话框

对于同一个数据，如果既定义了格式属性，又定义了输入掩码属性，格式属性的优先级比输入掩码属性高，这时输入掩码属性会被忽视。

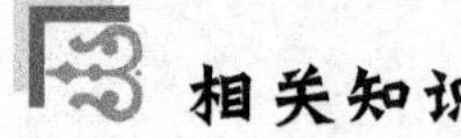

相关知识

输入掩码

给字段设置输入掩码，可以保证在该字段输入数据格式的正确性，避免输入数据时出现错误。输入掩码与“格式”属性类似，但“格式”只能用来改变数据显示的方式，而“输入掩码”定义了数据的输入模式。在建立输入掩码时，可以使用特殊字符来要求某些必须输入的数据，例如，电话号码的区号与电话号码之间用括号或连接号分隔，身份证号码都是数字字符等。

输入掩码主要用于文本型和日期型字段，但也可以用于数字型和货币型字段。例如，设置“出生日期”字段的输入掩码为“****年**月**日”。其中的每个“*”号称为“占位符”。占位符必须使用特殊字符（如*号、$号或@号等），它只是在形式上占据一个位置，表示可以接受一位数字，而其中的“年、月、日”则为原义显示字符。表 2-3 给出了定义输入掩码属性所用的字符。

表 2-3 输入掩码所用字符及其含义

字　符	含　　义
0	必须输入数字，不允许加、减号
9	可以输入数字或空格，不允许加、减号
#	可以输入数字或空格（可选；在“编辑”模式下空格以空白显示，但是在保存数据时空白将删除；允许加号和减号）
?	可以输入字母（A~Z）
&	必须输入字母或一个空格
<	将其后所有字符转换为小写
>	将其后所有字符转换为大写
!	使输入掩码从右到左显示，而不是从左到右显示。输入掩码中的字符始终都是从左到右填入。可以在输入掩码中的任何地方包括感叹号
\	使后面的字符以原义字符显示，例如，\A 显示为 A
.,:; －/	小数点占位符及千位、日期与时间分隔符（实际使用的字符取决于 Microsoft Windows 控制面板中指定的区域设置）
A	必须输入字母或数字
C	可以输入字母或一个空格
L	必须输入字母（A~Z）
a	可以输入字母或数字

表 2-4 给出了部分输入掩码及输入的示例数据。

表 2-4 输入掩码及示例数据

输 入 掩 码	示例数据
（000）000-0000	（206）555-0248
（999）999-9999!	（206）555-0248 或 （　）555-0248
（000）AAA-AAAA	（206）555-TELE
#999	-20 或 2000
>L????L?000L0	GREENGR339M3 或 MAY R 452B7
>L0L 0L0	T2F 8M4
00000-9999	98115- 或 98115-3007
>L<??????????????	Maria 或 Brendan
SSN 000-00-0000	SSN 555-55-5555
>LL00000-0000	DB51392-0493
\AAA	AAA
密码	将“输入掩码”属性设置为“密码”，以创建密码项文本框。文本框中输入的任何字符都按字面字符保存，但显示为星号（*）

如果给某字段定义了输入掩码，又设置了它的“格式”属性，“格式”属性的显示将优先于“输入掩码”的设置。

2.4.6　设置字段有效性规则

除了为字段设置输入掩码属性确保输入数据的准确性外，还可以为字段定义有效性规则。在数据表视图中，在定义了有效性规则的字段中输入数据后，移出该字段时，Access 会自动对字段中输入的数据进行检验。当输入的数据违反了字段定义的有效性规则时，系统会给出提示信息。

【例 6】在“学生”表中，将“身高”字段值设定在 1.00~2.50 以内，当超出这个范围时，给出提示信息。

分析：

通过设置字段的“有效性规则”，在向表中输入数据时，系统自动检查输入的数据是否符合有效性规则，如果不符合有效性规则，给出提示信息，显示有效性文本所设置的内容，这样能确保输入数据的正确性。有效性规则有多种多样，在“日期/时间”型字段中，可以将数值限制在一定年月内；在“文本”型字段中，可以限制输入文本的长度等。

步骤：

（1）在“学生”表的设计视图中，单击“专业”字段，在“字段属性”框中显示该字段的所有属性。

（2）在“有效性规则”文本框中输入条件表达式：>=1.00 And <=2.50；或单击“生成器”按钮…，打开“表达式生成器”对话框，输入条件表达式：>=1.00 And <=2.50。

（3）在“有效性文本”文本框中，输入提示信息。例如，输入“身高必须在 1.00 到 2.50 之间”，如图 2-19 所示。

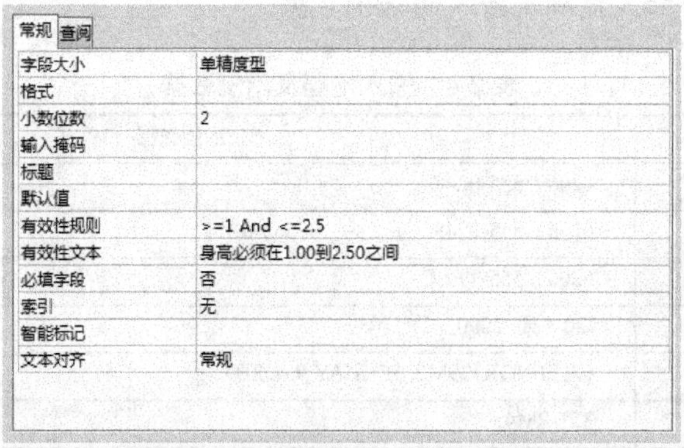

常规 | 查阅

字段大小	单精度型
格式	
小数位数	2
输入掩码	
标题	
默认值	
有效性规则	>=1 And <=2.5
有效性文本	身高必须在1.00到2.50之间
必填字段	否
索引	无
智能标记	
文本对齐	常规

图 2-19　设置字段有效性规则

（4）单击快速访问工具栏上的“保存”按钮，保存所做的修改。

将“学生”表的设计视图切换到数据表视图，在“身高”字段中输入数据，以检测为字段定义的有效性规则和有效性文本。

上述表达式“>=1.00 And <=2.50”中的 And 为逻辑运算符，逻辑运算符有 And、Or、Not，分别表示逻辑与、或、非。

下面列出了一些常用的有效性规则的表示方法：

- 表示“成绩”在 0~100 之间的表达式：
  >=0 And <=100 或 Between 0 And 100
- 表示“成绩”大于 80 的表达式：
  >80
- 表示“职称”是“工程师”或“教授”的表达式：
  职称 In（"工程师", "教授"）
- 表示“出生日期”在 1982 年 11 月 1 日以后的表达式：
  >= #1982-11-1#
- 表示“出生日期”在 1982 年 1 月 1 日至 1985 年 12 月 31 日之间的表达式：
  >= #1982-1-1# And <= #1985-12-31# 或 Between >= #1982-1-1# And <= #1985-12-31#
- 在“团员”是/否类型字段中，表示是否是团员的表达式：
  Yes 或 True

课堂练习

1. 设置“学生”表中“姓名”字段的标题为“学生姓名”。
2. 将“学生”表中“性别”字段的默认值设置为“男”。
3. 将“学生”表中“学号”字段的输入掩码设置为只能输入 8 位数字。
4. 设置字段有效性规则，在“成绩”表的“成绩”字段中，成绩不能为负数，否则给出提示信息。

2.5 创建索引

索引根据用户选择的创建索引的字段来存储记录的位置，可以加快查找和排序记录的速度。可以根据一个字段或多个字段来创建索引。用于创建索引的字段是经常搜索的字段、进行排序的字段，以及在多个表或查询中连接到其他表中字段的字段。索引可以加快搜索和查询的速度，但在用户添加或更新数据时，索引可能会降低性能。如果在包含一个或多个索引字段的表中输入数据，则每次添加数据时，Access 都必须更新索引。

设置索引字段的数据类型为文本、数字、日期/时间、自动编号、货币、是/否、备注或超链接，而不能对 OLE 对象、附件等字段设置索引。大多数情况下，应当将经常搜索的字段、要排序的字段或在查询中与其他表连接的字段设置索引。表的主键字段自动设置索引，而且是主索引，并且是唯一索引。

在 Access 中可以基于表中的单个字段或多个字段创建索引。通过设置“索引”属性可以创建单字段索引。表 2-5 列出了“索引”属性的可能设置。

表 2-5 索引属性设置

索引属性设置	含 义
无	不在此字段上创建索引（或删除现有索引）
有（有重复）	允许该字段有相同值的多条记录参加索引
有（无重复）	创建唯一索引，不允许字段值重复，每条记录的该字段值在表中必须是唯一的

2.5.1 创建单字段索引

【例 7】在“成绩”表中对“学号”字段按升序建立索引。

分析：

每门课程的考试成绩在“成绩”表是一条记录，一个学生可以有多门课程的考试成绩，因此，应该对“学号”字段建立有重复记录的索引。

步骤：

（1）在“成绩”表设计视图中，单击“学号”字段。

（2）在“字段属性”的“常规”选项卡中，单击“索引”下拉列表，选择“有（有重复）”，如图 2-20 所示。

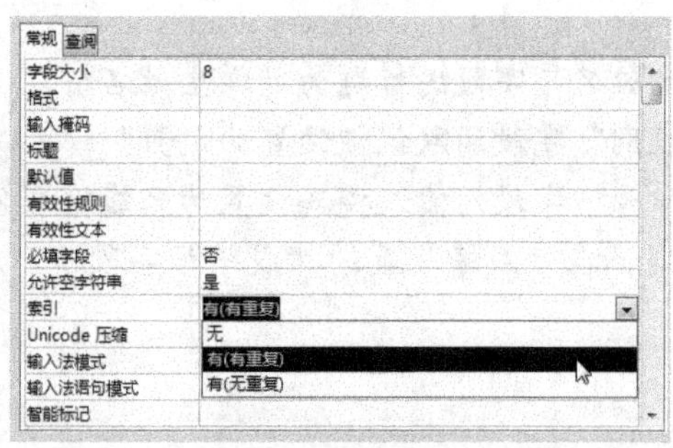

图 2-20 建立索引

（3）单击快速访问工具栏上的“保存”按钮，保存所做的修改。

当一个字段定义为主键时，它将自动建立索引，而且是“无重复”的主索引。

提示：

索引还可以在表设计视图下设置，在“设计”选项卡的“显示/隐藏”选项组中，单击“索引”按钮，打开“索引”窗口，如图 2-21 所示。在“索引”窗口中可以看到已经有了一个名为 PrimaryKey 的索引，作为表的主键组合字段的“学号”和“课程号”会自动创建索引，该索引是主索引，并且是唯一索引。表中第 3 行索引是上述例 7 创建的索引。

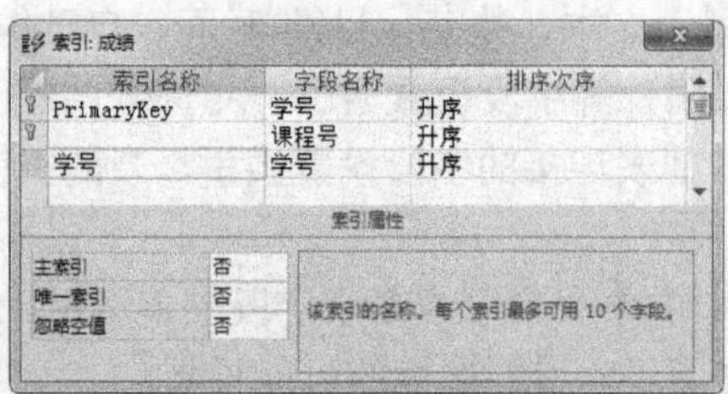

图 2-21 “索引”窗口

2.5.2 创建多字段索引

如果经常搜索或排序两个或更多的字段，则可以为多个字段建立索引。使用多个字段排序记录时，首先使用索引中的第1个字段进行排序，如果第1个字段值相同，则会按索引中的第2个字段值进行排序，依次类推。

【例8】在“学生”表中创建一个名为“姓名专业”的多字段索引，索引字段为“姓名”和“专业”。

分析：

创建多字段索引，首先确定要建立索引的字段为“姓名”和“专业”，然后在“索引”对话框中建立索引。

步骤：

（1）在设计视图中打开要创建索引的“学生”表，在“设计”选项卡的“显示/隐藏”选项组中，单击“索引”按钮，打开“索引”窗口。

（2）在“索引名称”的第1个空行中输入索引名为“姓名专业”，单击“字段名称”框右侧箭头，从下拉列表中选择索引的第1个字段“姓名”，在“排序次序”框中单击选择“升序”，将“索引窗口”的“主索引”和“唯一索引”都设置为“否”。

（3）在“字段名称”列的下一行中，选择多个字段索引中的第2个字段“专业”，并使该行的“索引名称”框为空，选择默认的排序次序，如图2-22所示。

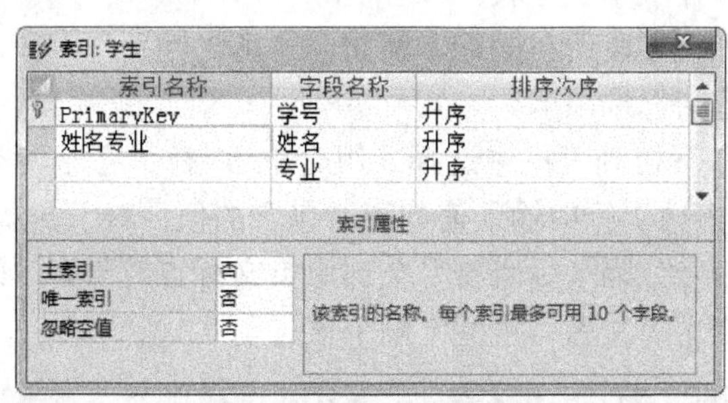

图2-22　建立多字段索引

（4）关闭“索引”窗口，再单击快速访问工具栏上的“保存”按钮，保存所做的修改。

如果要删除索引，打开如图2-22所示的索引窗口，单击索引所在的行，选定一行或多行，然后按Del键即可。

课堂练习

1. 在“学生”表中对“专业”字段创建索引。

2. 在“学生”表中创建一个名为“专业姓名”的多字段索引，索引字段为“专业”和“姓名”，该索引的结果与例8创建的索引结果是否一样？

2.6 创建值列表字段和查阅字段

创建自动查阅字段，在数据表视图中向该字段中输入数据时，可以从查阅列表中直接选取已有的值，以减少重复字段值的输入。创建查阅字段，可以通过查阅向导实现，也可以通过直接设置字段属性实现。

2.6.1 创建值列表字段

创建值列表字段，可以在设计视图中通过直接设置字段属性来实现。例如，在“学生”表的“性别”字段中，只有“男”或“女”两个值，可以把该字段设置为值列表字段，在输入数据时，直接从预设的值列表中进行选择输入，以提高录入速度。

【例 9】在设计视图中为“学生”表中的“性别”字段创建值列表，取值为“男”和“女”。

分析：

创建值列表字段，可以在表设计视图的字段属性中直接创建。

步骤：

（1）在设计视图中打开“学生”表。

（2）单击要设置值列表字段所在的行。例如，单击“性别”字段，然后在窗口下部，选择“字段属性”中的“查阅”选项卡。

（3）在“显示控件”下拉列表框中选择“组合框”；在“行来源类型”下拉列表框中，选择“值列表”；在“行来源”行中输入值列表所包含的值，对于文本值应加上半角双引号，而且各个值之间用半角分号分隔（标点符号全部用英文标点符号），如图 2-23 所示。这样，表中的“性别”字段就定义了“男”、“女”两个值。

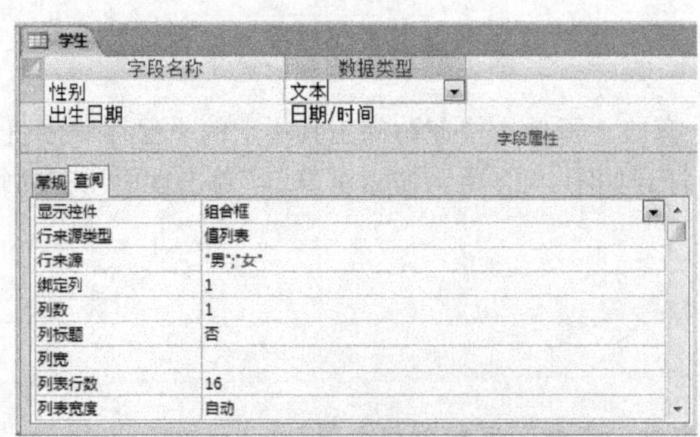

图 2-23 在“查阅”选项卡中定义值列表

（4）单击快速访问工具栏上的“保存”按钮，保存所做的修改。

切换到“学生”表的数据表视图，在输入或修改记录的“性别”字段值时，除了直接输入“男”、“女”外，还可以从组合框中进行选择输入，如图 2-24 所示。

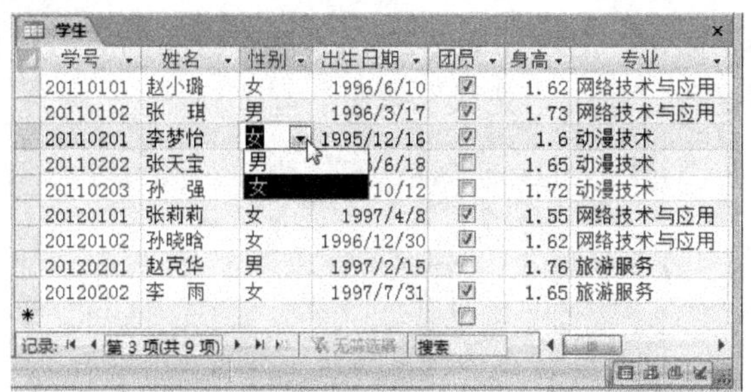

学生

学号	姓名	性别	出生日期	团员	身高	专业
20110101	赵小璐	女	1996/6/10	☑	1.62	网络技术与应用
20110102	张　琪	男	1996/3/17	☑	1.73	网络技术与应用
20110201	李梦怡	女	1995/12/16	☑	1.6	动漫技术
20110202	张天宝	男	/6/18	☐	1.65	动漫技术
20110203	孙　强	女	10/12	☐	1.72	动漫技术
20120101	张莉莉	女	1997/4/8	☑	1.55	网络技术与应用
20120102	孙晓晗	女	1996/12/30	☑	1.62	网络技术与应用
20120201	赵克华	男	1997/2/15	☐	1.76	旅游服务
20120202	李　雨	女	1997/7/31	☑	1.65	旅游服务
*				☐		

记录: 第 3 项(共 9 项)　无筛选器　搜索

图 2-24　从组合框中选择字段值

创建值列表字段还可以使用向导，值列表用于显示创建字段时输入的一组值。

【例 10】为“学生”表中的“专业”字段使用向导创建值列表，取值为“网络技术与应用”、“动漫技术”、“游戏设计”、“旅游服务”、“电子商务”。

分析：

创建值列表字段，除了在表设计视图的字段属性中直接创建外，还可以使用向导来创建。

步骤：

（1）在设计视图中打开“学生”表。

（2）单击“专业”字段所在的行，从“数据类型”下拉列表中选择“查阅向导”，打开“查阅向导”对话框，选择“自行键入所需的值”，如图 2-25 所示。

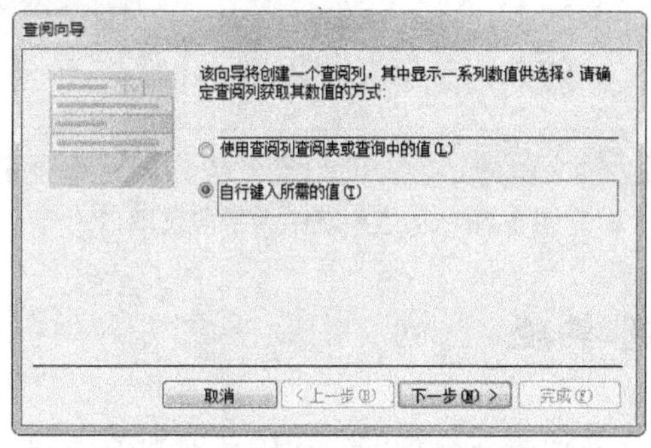

图 2-25　确定查阅列获取数值方法

（3）单击“下一步”按钮，出现如图 2-26 所示的“查阅向导”对话框，输入值列表中所需的列数，默认为 1 列，输入“网络技术与应用”、“动漫技术”、“游戏设计”、“旅游服务”、“电子商务”，如图 2-26 所示。

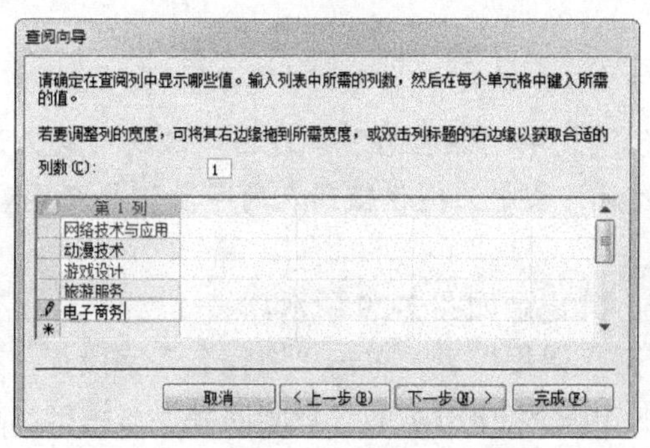

图 2-26　设置在查阅列中显示的值

（4）单击“下一步”按钮，出现如图 2-27 所示的“查阅向导”对话框，为查阅列指定字段，默认值为所选字段名称，单击“完成”按钮。

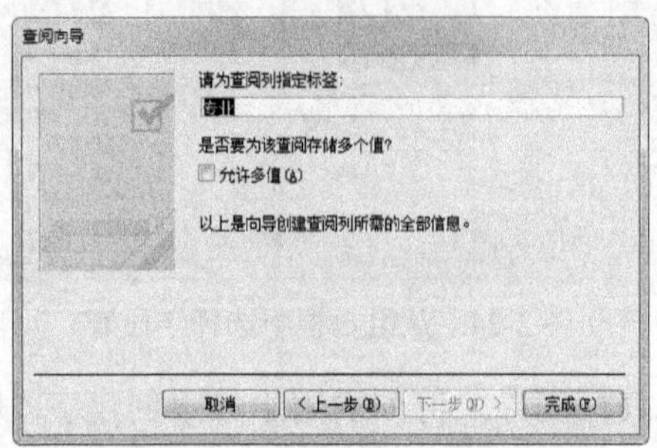

图 2-27　为查阅列指定字段标签

（5）单击快速访问工具栏上的“保存”按钮，保存所做的修改。

切换到数据表视图，在输入或修改记录的“专业”字段值时，除了直接输入外，还可以从组合框中进行选择输入，如图 2-28 所示。

图 2-28　从值列表中为字段选取值

2.6.2　创建查阅字段

使用查阅字段，可以从其他表或查询的字段中获取数值。例如，“课程”表中的“课程名”字段值有“语文”、“英语”、“哲学与人生”、“网络技术基础”、“网页设计”等，在输入或修改记录时，除了直接输入该字段的值外，还可以通过另一个表（如“教材”表、“课程设置”表等）来提供，这时需将“课程名”字段设置为“查阅字段”。

【例 11】将“课程”表中“课程名”字段设置为查阅列字段，由“教材”表为该字段提供值列表。

分析：

在输入记录时，“课程”表中“课程名”字段由“教材”表为该字段提供值列表，这加快了录入速度。另外，“教材”表中为提供值列表的字段记录应尽量多，以方便选择。

步骤：

（1）创建“教材”表，其记录如图 2-29 所示。

（2）在设计视图中打开“课程”表，单击“课程名”字段行，在“数据类型”下拉列表中选择“查阅向导”，出现如图 2-30 所示的“查阅向导”对话框，选择“使用查阅列查阅表或查询中的值”选项。

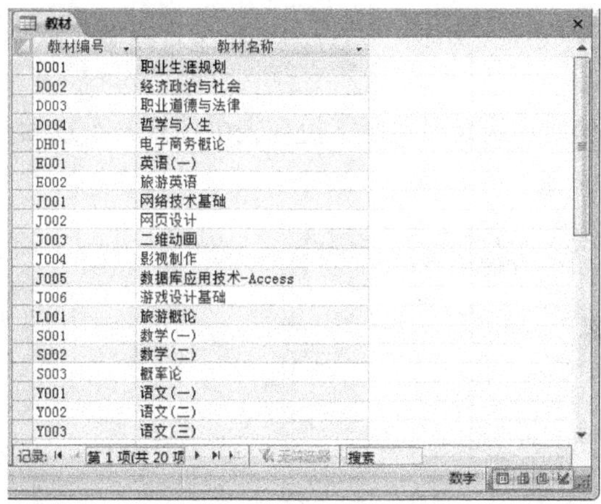

教材编号	教材名称
D001	职业生涯规划
D002	经济政治与社会
D003	职业道德与法律
D004	哲学与人生
DH01	电子商务概论
E001	英语(一)
E002	旅游英语
J001	网络技术基础
J002	网页设计
J003	二维动画
J004	影视制作
J005	数据库应用技术-Access
J006	游戏设计基础
L001	旅游概论
S001	数学(一)
S002	数学(二)
S003	概率论
Y001	语文(一)
Y002	语文(二)
Y003	语文(三)

图 2-29 “教材”表记录

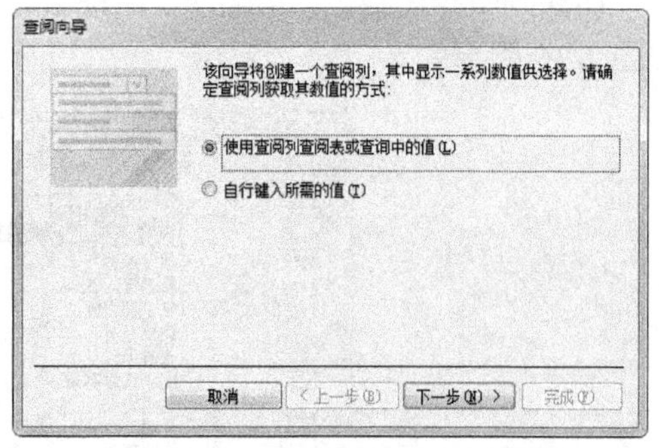

图 2-30 确定查阅列字段获取数值的方式

（3）单击“下一步”按钮，出现如图 2-31 所示的“查阅向导”对话框，在“视图”列表框中选择“表”，在列表中选择“教材”表。

（4）单击“下一步”按钮，出现如图 2-32 所示的“查阅向导”对话框，选择一个字段为查阅字段提供数值。例如，选择“教材名称”字段。

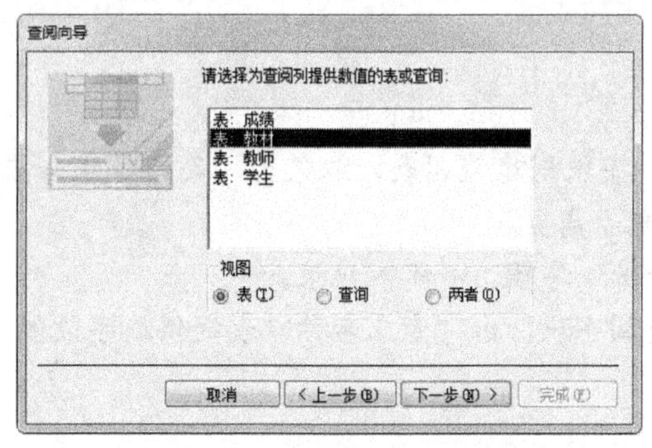

图 2-31 选择提供查阅列字段的表

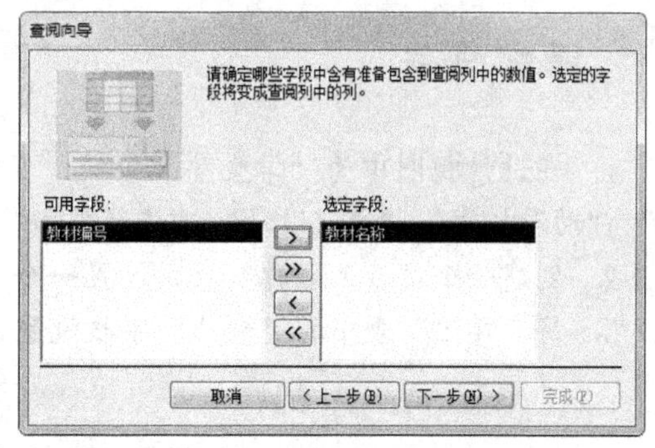

图 2-32 选择为查阅列字段提供数值的字段

（5）单击“下一步”按钮，出现如图 2-33 所示的对话框，选择要排序的字段。

（6）单击“下一步”按钮，出现如图 2-34 所示的对话框，指定查阅字段列的宽度。可用鼠标拖动右边缘到所需要的宽度，或者双击列标题的右边缘以获取合适的宽度。

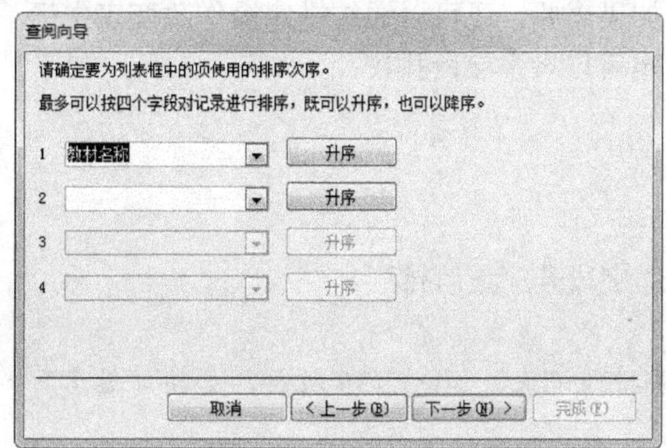

图 2-33 选择要排序的字段

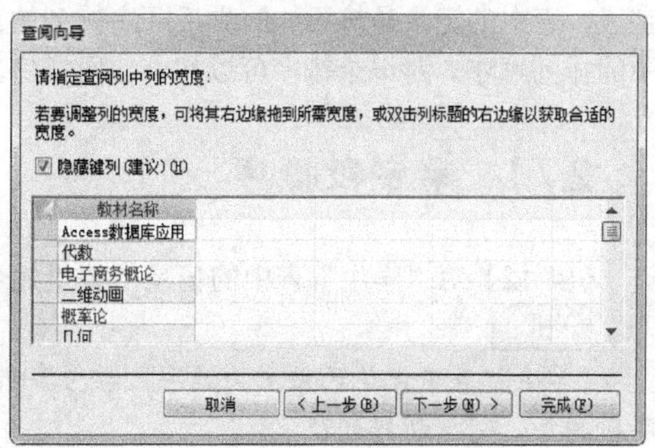

图 2-34 指定查阅列字段宽度

（7）单击“下一步”按钮，在出现的“查阅向导”对话框中为查阅字段指定标签，默认为字段名称，最后单击“完成”按钮。

切换到数据表视图，当输入“课程名”字段值时，从查阅字段下拉列表中选择一个选项，如图 2-35 所示。

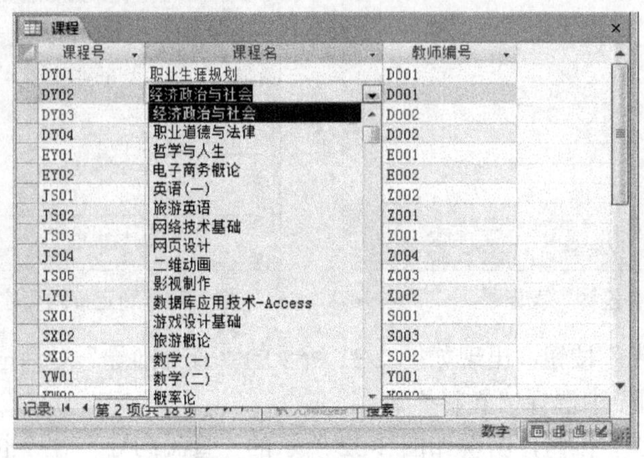

图 2-35　在数据表视图下为查阅列字段输入值

课堂练习

1. 在设计视图中为“学生”表中的“专业”字段创建值列表，取值为“网络技术与应用”、“动漫技术”、“游戏设计”、“旅游服务”、“电子商务”。
2. 创建一个“专业名称”表，设置一个“专业”字段，并输入记录。
3. 将“学生”表中的“专业”字段设置为查阅字段，由“专业名称”表提供该字段值。

2.7　记录排序

默认情况下，如果表中设置了主键，记录是按照主键值升序排列的。如果表中没有主键字段，表中的记录是按添加的先后顺序排列的。如果需要，还可以通过排序操作改变表中记录的排列顺序。对记录排序可以按单字段排序，也可以按多字段排序。

2.7.1　单字段排序

【例 12】对“学生”表中的记录，按“姓名”字段升序重新排列。

分析：

“学生”表中记录已按主关键字“学号”升序排列记录，如图 2-36 所示，如按“姓名”字段排序，需重新排列记录。

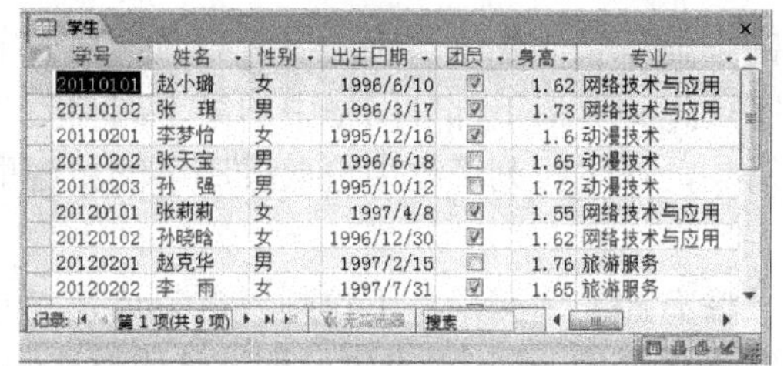

学号	姓名	性别	出生日期	团员	身高	专业
20110101	赵小璐	女	1996/6/10	☑	1.62	网络技术与应用
20110102	张 琪	男	1996/3/17	☑	1.73	网络技术与应用
20110201	李梦怡	女	1995/12/16	☑	1.6	动漫技术
20110202	张天宝	男	1996/6/18	☐	1.65	动漫技术
20110203	孙 强	男	1995/10/12	☐	1.72	动漫技术
20120101	张莉莉	女	1997/4/8	☑	1.55	网络技术与应用
20120102	孙晓晗	女	1996/12/30	☑	1.62	网络技术与应用
20120201	赵克华	男	1997/2/15	☐	1.76	旅游服务
20120202	李 雨	女	1997/7/31	☑	1.65	旅游服务

图 2-36 记录按“学号”字段升序排序

步骤：

（1）在数据表视图中打开“学生”表，单击要排序的“姓名”字段。

（2）单击“开始”选项卡“排序和筛选”选项组中的“升序”按钮，则对数据记录按升序排序，排序结果如图 2-37 所示。

学号	姓名	性别	出生日期	团员	身高	专业
20120202	李 雨	女	1997/7/31	☑	1.65	旅游服务
20110201	李梦怡	女	1995/12/16	☑	1.6	动漫技术
20110203	孙 强	男	1995/10/12	☐	1.72	动漫技术
20120102	孙晓晗	女	1996/12/30	☑	1.62	网络技术与应用
20110102	张 琪	男	1996/3/17	☑	1.73	网络技术与应用
20120101	张莉莉	女	1997/4/8	☑	1.55	网络技术与应用
20110202	张天宝	男	1996/6/18	☐	1.65	动漫技术
20120201	赵克华	男	1997/2/15	☐	1.76	旅游服务
20110101	赵小璐	女	1996/6/10	☑	1.62	网络技术与应用

图 2-37 按“姓名”字段升序排序

如果单击“排序和筛选”选项组中的“降序”按钮，则对数据记录按降序排序。

2.7.2 多字段排序

【例 13】对“学生”表中的“专业”字段升序、“出生日期”字段降序排列记录。

分析：

由于“性别”字段和“出生日期”字段是不相邻的，要对这两个字段进行排序，需要使用 Access 的“高级筛选/排序”功能。

步骤：

（1）打开学生表视图，单击“开始”选项卡“排序和筛选”选项组中的“高级”下拉按钮，选择“高级筛选/排序”命令，打开如图 2-38 所示的“筛选”窗口。

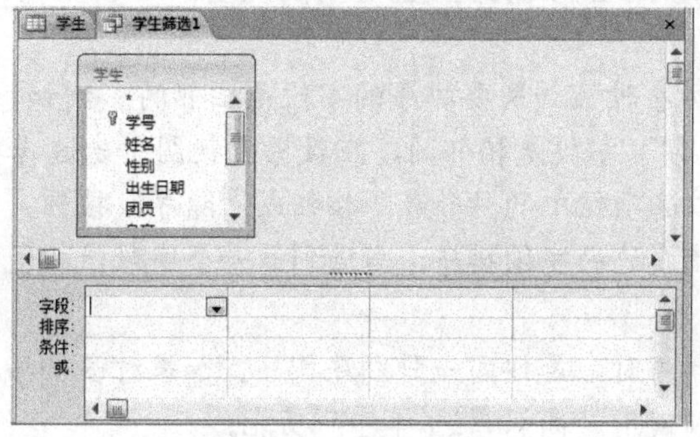

图 2-38 “筛选”窗口

（2）在筛选窗口的上部分显示了“学生”表的字段列表。从该字段列表中，分别将“专业”字段和“出生日期”字段拖到窗口下部分网格中的第 1 列和第 2 列的字段处；也可以单击“字段”单元格右侧的箭头，在下拉列表框中选取排序字段。这里两个字段的先后顺序位置不能颠倒。

（3）单击“排序”单元格右侧的箭头，从下拉列表框中选择“升序”或“降序”来排列记录。例如，将“专业”字段设置为升序，“出生日期”字段设置为降序，如图 2-39 所示。

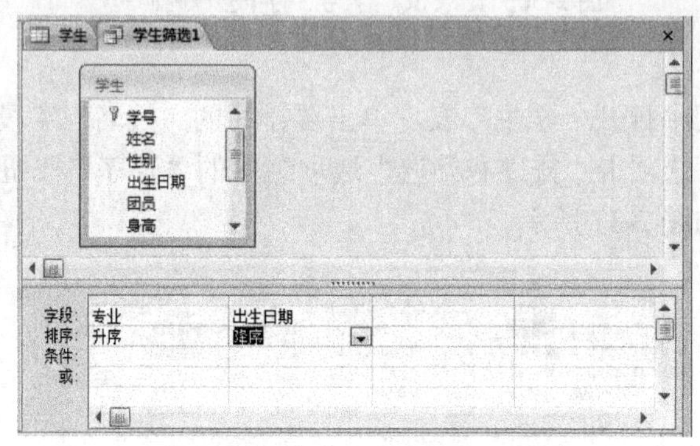

图 2-39　设置的排序字段和排列次序

（4）在“排序和筛选”选项组中的“高级”下拉箭头中，选择“应用筛选/排序”命令，系统自动切换到数据表视图，并按设置的排序次序排列记录，排序后的结果如图 2-40 所示。

学号	姓名	性别	出生日期	团员	身高	专业
20110202	张天宝	男	1996/6/18	☐	1.65	动漫技术
20110201	李梦怡	女	1995/12/16	☑	1.6	动漫技术
20110203	孙　强	男	1995/10/12	☐	1.72	动漫技术
20120202	李　雨	女	1997/7/31	☑	1.65	旅游服务
20120201	赵克华	男	1997/2/15	☐	1.76	旅游服务
20120101	张莉莉	女	1997/4/8	☑	1.55	网络技术与应用
20120102	孙晓晗	女	1996/12/30	☑	1.62	网络技术与应用
20110101	赵小璐	女	1996/6/10	☑	1.62	网络技术与应用
20110102	张　琪	男	1996/3/17	☑	1.73	网络技术与应用

记录: 第 1 项(共 9 项)　无筛选器　搜索

图 2-40　排序后的“学生”表记录

从排序结果中可以看到，先按“专业”字段升序排序，对于专业相同的记录又按“出生日期”字段降序排序。在记录排序并保存之后，在下次打开该表时，数据的排列顺序与上次关闭时的顺序相同。此时，如果要取消排序顺序，单击“排序和筛选”选项组中的“清除所有记录”按钮，表中记录的排列恢复到排序前的次序。

提示：

在对记录按多字段排序时，如果要排序的字段是相邻的。例如，“学生”表中要排序的“性别”字段和“出生日期”字段是相邻的，在数据表视图中先选择要排序的相邻字段列，然后单击“排序和筛选”选项组中的“升序”按钮或“降序”按钮，系统自动对所选字段列进行排序。排序时先对最左边的字段排序，当遇到第一个字段值相同的记录时，再根据第二个字段值进行排序。

在对多个相邻字段排序时，是按同一种顺序排序。如果对多个字段按不同方式排序或对不相邻的字段排序，必须使用“高级筛选/排序”功能。

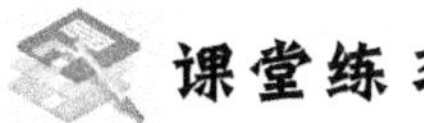

课堂练习

1. 对“学生”表中的“出生日期”字段按升序排序。
2. 对“教师”表中的“任教课程”字段和“姓名”字段按升序排序。

2.8 筛选记录

筛选就是一个简单的查询，使用筛选可以查找出表中特定的数据。在 Access 2007 有多种筛选记录的方法：选择筛选、按窗体筛选、高级筛选等。

2.8.1 选择筛选记录

采用选择筛选，可以筛选包含或不包含同一数据记录的特定字段。例如，在“教师”表中，筛选所用任课课程是“语文”的记录。采用选择筛选时，把光标定位在要筛选的单元格“任教课程”的“语文”字段中，在“开始”选项卡的“排序和筛选”选项组中，单击“选择”下拉按钮，选择一个适当的选项，如图 2-41 所示。

如选择“等于‘语文’”选项，则在数据表视图只显示出任教课程是“语文”的记录。

另外一种方法是，在“开始”选项卡的“排序和筛选”选项组中，单击“筛选器”按钮或者单击某一标题栏的下拉按钮，在弹出的列表中选择需要的选项并删除不要的选项，如图 2-42 所示。

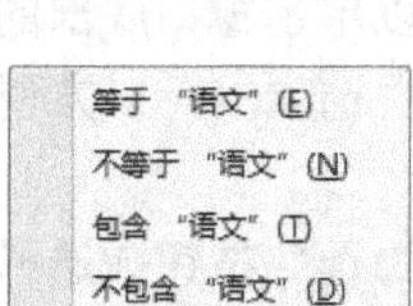

图 2-41 选择选项

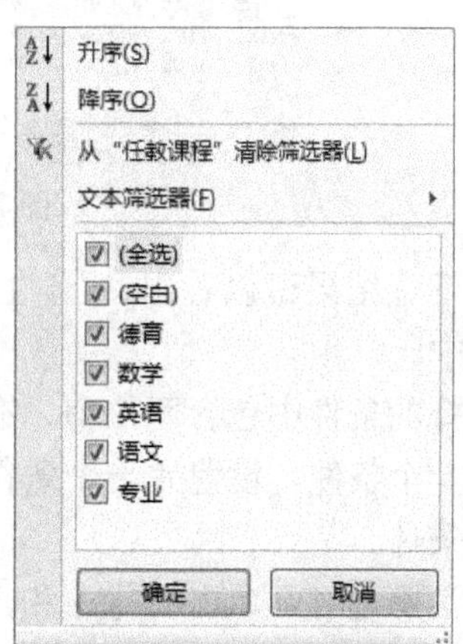

图 2-42 字段筛选器

在执行一个筛选后，筛选标记就会显示在筛选的标题栏中。

在“开始”选项卡的“排序和筛选”选项组中，单击“切换筛选”按钮，可以进行撤销筛选或再次筛选操作。

2.8.2 按窗体筛选记录

如果表中有大量记录，那么通过“选择”筛选找到自己想要的记录将是困难的，而采用“按窗体筛选”法会比较方便。这种方法将会形成一个空白行，该行每一个包含唯一列表的字段都有一个下拉按钮，单击该下拉按钮，会弹出一个包含在表中该值的所有字段的唯一列表。

【例 14】在“学生”表中筛选专业为“网络技术与应用”并且性别为女性的记录。

分析：

使用“按窗体筛选”记录，单击字段的下拉按钮并选择一个值作为条件准则，通过它产生满足条件的记录子集。

步骤：

（1）打开“学生”数据表视图，在“开始”选项卡的“排序和筛选”选项组中，单击“高级”按钮，选择“按窗体筛选”命令。

（2）单击“专业”字段下拉按钮，从列表中选择“网络技术与应用”选项，如图 2-43 所示。

图 2-43 选择筛选选项

（3）单击“性别”字段下拉按钮，从列表中选择“女”选项，再单击“排序和筛选”选项组中的“高级”按钮，选择“应用筛选/排序”命令，结果如图 2-44 所示。

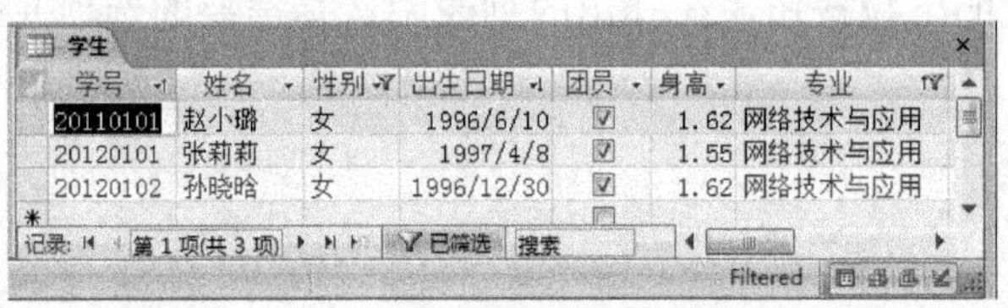

学号	姓名	性别	出生日期	团员	身高	专业
20110101	赵小璐	女	1996/6/10	☑	1.62	网络技术与应用
20120101	张莉莉	女	1997/4/8	☑	1.55	网络技术与应用
20120102	孙晓晗	女	1996/12/30	☑	1.62	网络技术与应用

图 2-44 按窗体筛选记录

从上述筛选结果可以看出，“学生”表中“网络技术与应用”专业的女生记录，显示在数据表视图中。

如果选择的条件中包含两个值，在设置了一个条件后，可以单击窗口底部的“或”选项卡，设置另一个条件，设置完一个条件后，会再显示一个“或”选项卡，以方便用户为筛选添加更多的条件。

当要取消筛选时，单击“排序和筛选”选项组中的“取消筛选”按钮或选择“高级”选项中的“清除所有筛选器”命令即可。

2.8.3 高级筛选记录

对于比较复杂的筛选，可以使用高级筛选，为指定的字段设置筛选条件。

【例15】在“学生”表中筛选出“张”姓或“李”姓的记录。

分析：

该筛选需要使用通配符“*”或“?”，“*”可以替代多个字符，“?”可以替代一个字符，因此，在筛选窗口的“条件”单元格中需要输入条件“张* Or 李*”。

步骤：

（1）在数据表视图打开“学生”表，单击“开始”选项卡“排序和筛选”选项组中的“高级”下拉按钮，选择“高级筛选/排序”命令，打开筛选窗口。

（2）在“字段”行中，选择要进行筛选的“姓名”字段，在“条件”行中输入筛选的条件“张*”，系统自动显示为“Like "张*"”，再在“或”单元格输入“李*”，如图2-45所示。

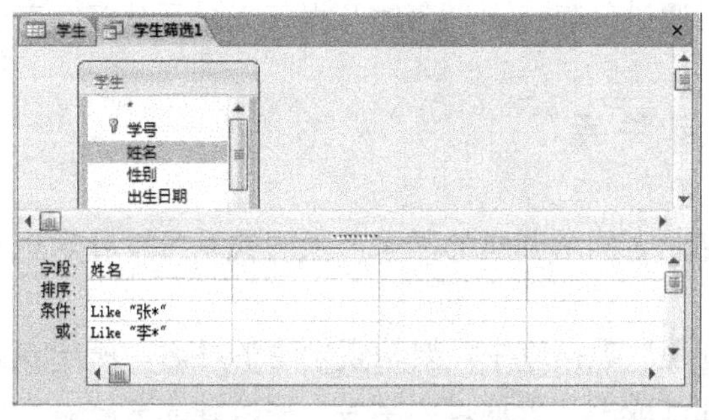

图2-45　输入筛选条件

上述筛选可以在“条件”单元格中输入“张* Or 李*”，系统自动显示为：Like "张*" Or Like "李*"。

（3）单击“排序和筛选”选项组中的“高级”按钮，选择“应用筛选/排序”命令，结果如图2-46所示。

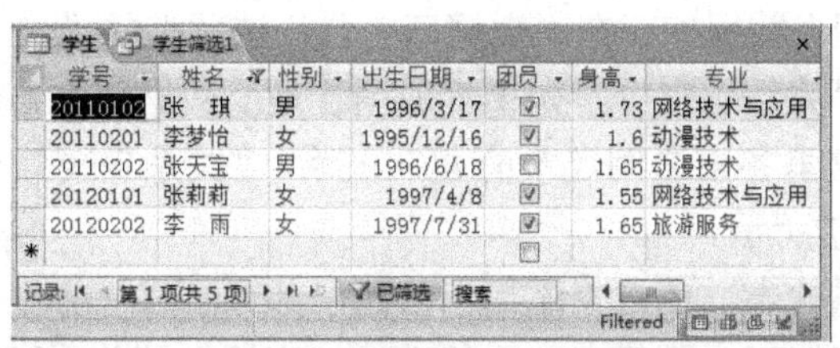

学号	姓名	性别	出生日期	团员	身高	专业
20110102	张　琪	男	1996/3/17	☑	1.73	网络技术与应用
20110201	李梦怡	女	1995/12/16	☑	1.6	动漫技术
20110202	张天宝	男	1996/6/18	☐	1.65	动漫技术
20120101	张莉莉	女	1997/4/8	☑	1.55	网络技术与应用
20120202	李　雨	女	1997/7/31	☑	1.65	旅游服务

图2-46　高级筛选记录结果

提示：

如果要查找某一字段值为“空”或“非空”的记录，可在该字段中输入条件Is Null或Is Not Null。

如果要想建立一个列表，保存筛选的记录，可以把筛选保存为一个查询对象。单击“开始”选项卡“排序和筛选”选项组中的“高级”下拉按钮，选择“另存为”命令，然后为查询输入一个名字并单击“确定”按钮，查询保存在数据库中。

课堂练习

1. 在“教师”表中选择筛选某一教师。

2. 在“学生”表中选择身高在1.65至1.70之间的记录。

3. 在“课程”表中按窗体筛选出课程号以“JS”开头的记录。

2.9 表间关系

一个关系型数据库由各种表组成，这些表共同构建了一个完整的系统。由于在不同的表中输入了不同的数据，因此，还必须告诉Access如何将这些表中的信息组合在一起。首先要定义表之间的关系，然后通过创建查询、窗体及报表来显示从多个表中检索的信息。

2.9.1 定义表间关系

关系是在两个表的字段之间所创建的联系，表间关系可以分为一对一、一对多和多对多3种类型。

【例16】在“成绩管理”数据库中，要检索学生的姓名、所学专业、各门课程的考试成绩，需要将“学生”表和“成绩”表通过“学号”字段建立关联。

分析：

在“学生”表中“学号”为主键，每位学生是唯一的，在“成绩”表中，含有“学号”字段，为外键，该表记录着每位学生各门课程的考试成绩，因此，两个表可以通过“学号”字段建立一对多关联。

步骤：

（1）打开“成绩管理”数据库，在“数据库工具”选项卡的“显示/隐藏”选项组中，单击“关系”按钮，出现“关系”窗口。如果“成绩管理”数据库中各表之间已建立关系，则显示各表之间的关系。这里各表之间还没有建立关系，“关系”窗口空白，并自动出现“显示表”对话框，如图2-47所示。

（2）选择要建立关系的表，单击“添加”按钮，如分别将“学生”表和“成绩”表添加到“关系”窗口中。或直接双击要建立关系的表，将表添加到关系窗口中，关闭“显示表”对话框，如图2-48所示。

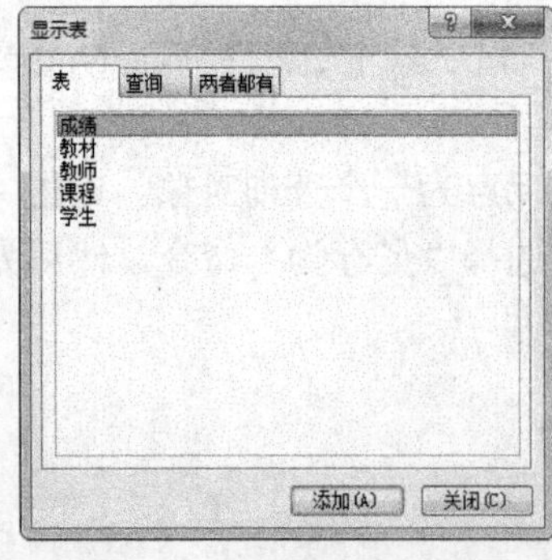

图2-47 “显示表”对话框

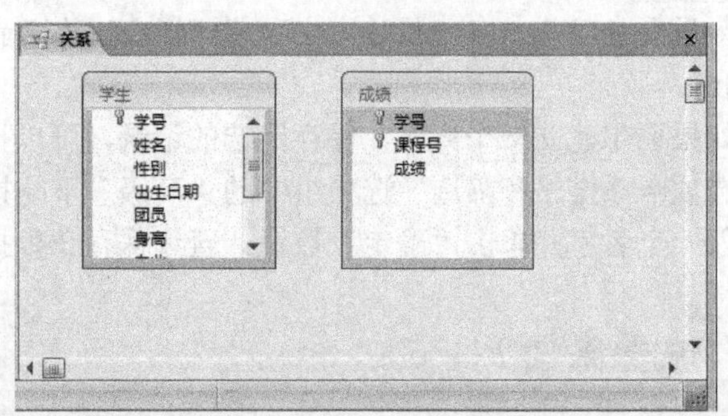

图2-48 添加表后的关系窗口

提示：

如果添加了多余的表，可单击选中该表，再按键盘上的 Del 键将其删除，或在“设计”选项卡的“关系”选项组中，单击“隐藏表”按钮，将多余的表隐藏。

（3）在“关系”窗口中把用于建立关系的“学生”表中的“学号”字段拖到“成绩”表中的“学号”字段上，同时打开“编辑关系”对话框，如图 2-49 所示。通常情况下是将表中的主键字段拖放到其他表中名为外键的字段上。

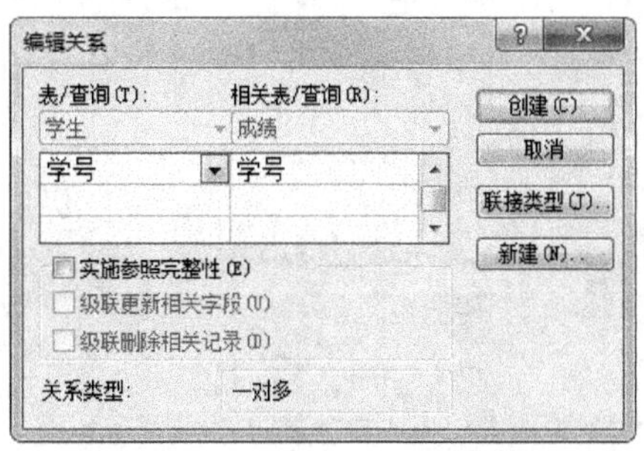

图 2-49 “编辑关系”对话框

（4）在“编辑关系”对话框中，检查显示在两个列中的字段名是否正确，选中“实施参照完整性”复选框，可以在更新和删除记录时实施参照完整性操作。

“编辑关系”对话框中三个选项的含义：

- 实施参照完整性：控制相关表中记录的插入、更新或删除操作，确保关联表中记录的正确性。
- 级联更新相关字段：当主表中的主键更新时，相关联表中该字段值也会自动更新。如在“学生”表中更改了某个学生的学号，在“成绩”表中所有该学生的学号字段值都会自动更新为新的学号。
- 级联删除相关记录：当主表的记录被删除时，关联表相同字段值的记录将自动被删除。如在“学生”表中删除了一个学生的记录，在“成绩”表中该学生各门课程的成绩记录将会被自动删除。

（5）单击“创建”按钮，系统自动创建该关系，两表中“学号”字段之间出现一条粗线，关系两端标有“1”和“∞”，表明两个表之间创建了一对多关系，如图 2-50 所示。

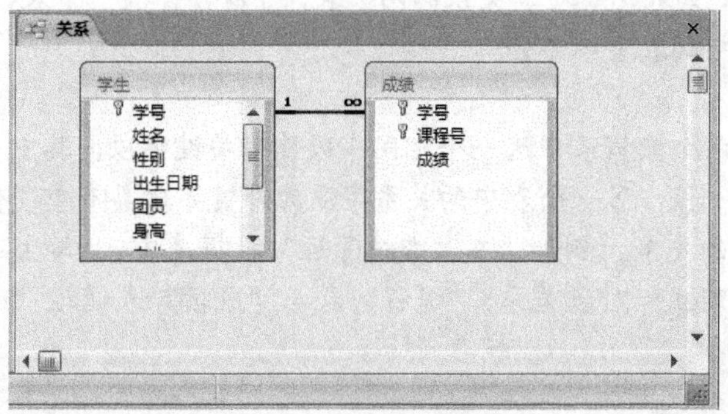

图 2-50 创建的表间关系

（6）关闭“关系”窗口，把创建的关系保存到数据库中。

两个表之间的关系，一般选择数据类型相同的字段建立关系，但两个字段名不一定相同，为了便于记录，建议使用两个相同的字段名。

同样的方法，还可以建立“课程”表和“成绩”表、“教师”表与“课程”表之间的关联，“成绩管理”数据库中各个表之间关系如图 2-51 所示。

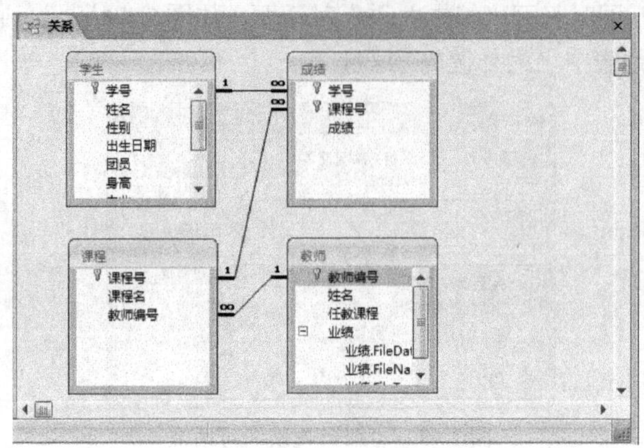

图 2-51　“成绩管理”数据库中的表间关系

创建表间一对多关系，在关系的“一”侧（通常为主键）必须具有唯一索引。“多”侧上的字段不应具有唯一索引，它可以有索引，但必须允许重复。

相关知识

表间关系

在数据库应用管理系统中，一个数据库中往往包含有多个表。例如，“成绩管理”数据库中包含有“学生”表、“教师”表、“课程”表、“成绩”表等。这些表之间不是独立的，它们之间是有关联的。表之间的关系可以分为一对一、一对多和多对多三种关系。

1. 一对一关系

一对一关系是指两个数据表中选一个相同字段作为关键字段，其中一个表中的关系字段为主关键字段具有唯一值，另一个表中的关系字段为外键字段也具有唯一值。一般来说，出现这种关系的表不多，如果是一对一关系的两个表，可以合并成一个表，减少一层联接关系，但由于特殊需要，这样的表可以不合并。

2. 一对多关系

一对多关系是指两个数据表中选一个相同字段作为关键字段，其中一个表中的关系字段为主关键字段具有唯一值，另一个表中的关系字段为外键字段具有重复值。一对多关系在关系数据库中是最普遍的关系。例如，在“成绩管理”数据库中，“学生”表与“成绩”表通过“学号”字段可以建立一对多关系；“课程”表与“成绩”表通过“课程号”字段可以建立一对多关系。

3. 多对多关系

多对多关系是指两个数据表中选一个相同字段作为关键字段，一个表中的关系字段具有重复值，另一个表中的关系字段为外键字段也具有重复值。

例如，在学生和课程之间的关系中，一个学生学习多门课程，而每门课程也由多个学生来学习。通常在处理多对多的关系时，都把多对多的关系分成两个不同的一对多的关系，这时需要创建第三个表，即通过一个中介表来建立两者的对应关系。用户可以把两个表中的主关键字都放在这个中介表中。

2.9.2 设置联接类型

联接是表或查询中的字段与另一个表或查询中具有同一数据类型的字段之间的关联。根据联接的类型，不匹配的记录可能被包括在内，也可能被排除在外。在 Access 数据库中创建基于相关表的查询时，它设置的联接类型将被用做默认值，以后在定义查询时，随时可以覆盖默认的类型。

设置或更改联接类型的操作步骤如下：

（1）在“数据库工具”选项卡的“显示/隐藏”选项组中，单击“关系”按钮，出现“关系”窗口，双击要编辑联接类型的两个表（如“学生”表和“成绩”表）之间的连线，打开“编辑关系”对话框，如图 2-52 所示。

（2）单击“联接类型”按钮，打开“联接属性”对话框，如图 2-53 所示，选择需要的联接类型。

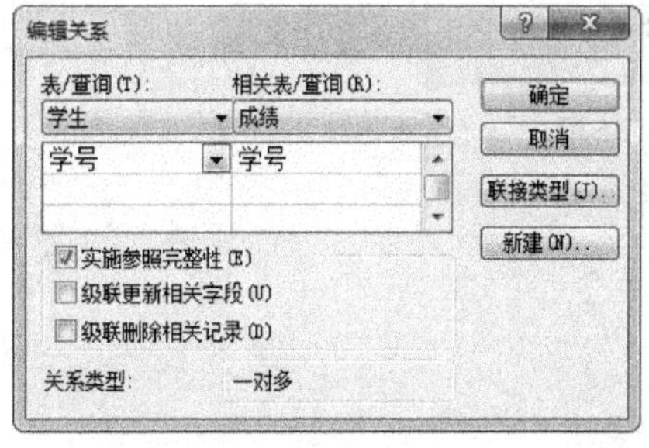

图 2-52 “编辑关系”对话框

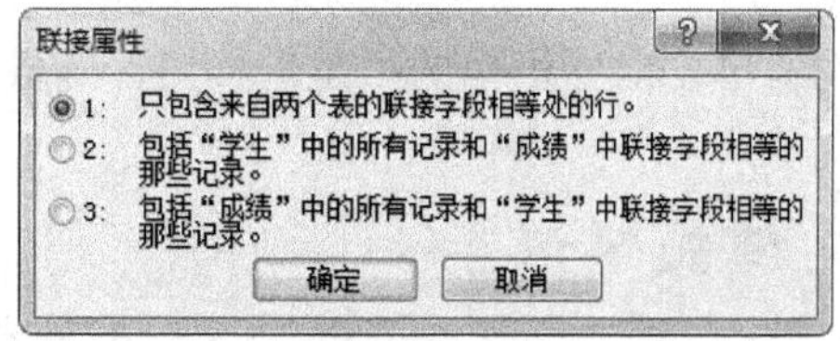

图 2-53 “联接属性”对话框

- “1”选项：定义一个内部联接（默认选项），即只包含来自两个表的联接字段相等处的记录。
- “2”选项：定义一个左外部联接，即包含左表中的所有记录和右表中联接字段相等的那些记录。
- “3”选项：定义一个右外部联接，即包含右表中的所有记录和左表中联接字段相等的那些记录。

（3）单击“确定”按钮，关闭“联接属性”对话框，再单击“确定”按钮，关闭“编辑关系”对话框。

2.9.3 编辑关系

两个表之间创建关系后，可以根据需要对这种关系进行编辑和修改，如不需要这种关系，还可以将它删除。

1. 编辑已有关系

在关系窗口，可以编辑两个表之间的关系，操作步骤如下：

（1）在“数据库工具”选项卡的“显示/隐藏”选项组中，单击“关系”按钮，出现“关系”窗口。

（2）在“关系”窗口中双击要编辑的关系线的中间部分。当出现“编辑关系”对话框时，对关系的选项进行重新设置，然后单击“确定”按钮。

（3）单击快速访问工具栏上的“保存”按钮，保存所作的修改。

2. 删除已有关系

删除两个表之间的已有关系，操作步骤如下：

（1）在“数据库工具”选项卡的“显示/隐藏”选项组中，单击“关系”按钮，出现“关系”窗口。

（2）在“关系”窗口中单击要删除的关系线中间部分，然后按 Del 键，出现如图 2-54 所示的对话框。

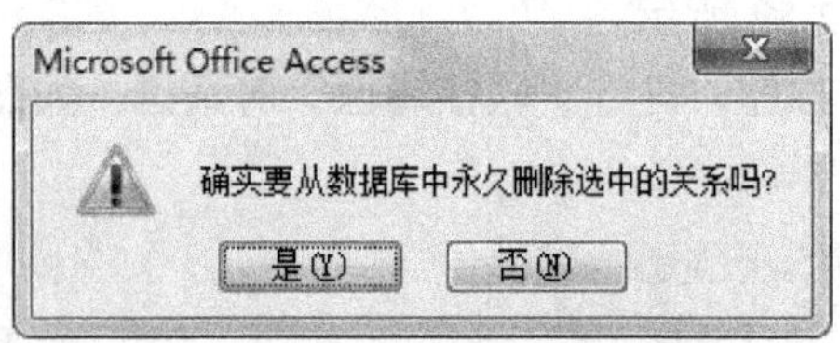

图 2-54　确认删除对话框

（3）单击对话框中的“是”按钮，确认删除操作。

相关知识

实施参照完整性

参照完整性是指输入或删除记录时，为维护表之间已定义的关系而必须遵守的规则。

（1）当主表中没有相关记录时，不能将记录添加到相关的表中。如不能在“成绩”表中为“学生”表中不存在的学生添加成绩记录。

（2）如果表之间没有实施参照完整性，且在相关表中存在匹配记录，则不能从主表中删除这个记录。如在“成绩”表中还有某个学生的成绩时，则不能从主表“学生”表中删除该学生的记录。实施参照完整性后，从主表中删除记录时，则会级联删除相关表中的记录。

（3）如果表之间没有实施参照完整性，且主表中的某个记录在相关表中有相关值时，则不能在主表中更改主键的值。如在“成绩”表中有某门课程的成绩时，则不能在“课程”表中更改这门课程的课程号。实施参照完整性后，在主表中更改主键值时，则会级联更新相关表中的记录。

因此在创建表间关系时，选中“实施参照完整性”复选框，以确保在表中输入或删除数据时符合参照完整性的要求。

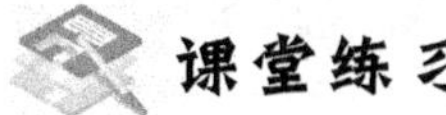

课堂练习

1. 将“成绩管理”数据库中的“课程”表和“成绩”表通过“课程号”字段建立一对多关系。

2. 将“教师”表中的“教师编号”和“课程”表中的“教师编号”字段建立一对多关系。

2.10 数据表格式化

前面使用的数据表视图的格式是数据表视图的默认格式，根据需要可以自行设置数据表的格式，包括调整行高和列宽，设置字体、表格样式、冻结列等。

2.10.1 设置数据表格式

在数据表视图中，默认的表格格式为背景为白色，在水平方向和垂直方向都显示网格线，网格线颜色为银灰色，数据隔行显示银灰色的背景，可以根据需要进行设置。操作步骤如下：

（1）在数据表视图中打开一个表，在“开始”选项卡的“字体”选项组中单击右下角的“设置数据表格式”按钮，打开“设置数据表格式”对话框，如图 2-55 所示。

图 2-55 “设置数据表格式”对话框

（2）设置表格的效果：

- 在“单元格效果”框中，可以设置“平面”、“凸起”或“凹陷”效果。
- 在“网格显示方式”框中，可以设置是否显示水平和垂直方向的网格线。
- 在“背景色”和“替代背景色”下拉列表框中，选择新的背景颜色。
- 在“网格线颜色”下拉列表框中，选择网格线的颜色。
- 在“边框和线型”框中，设置数据表的单元格效果。
- 在“示例”框中预览设置效果，满足需要时，单击“确定”按钮。

2.10.2 设置字体、字号和字符颜色

数据表中默认的字体为宋体、11 号，字符颜色为黑色。可以根据自己的喜好来更改数据表中的文本字体、字号和字符颜色。

在数据表视图中打开一个表，在“开始”选项卡的“字体”选项组中进行格式设置，如图 2-56 所示。

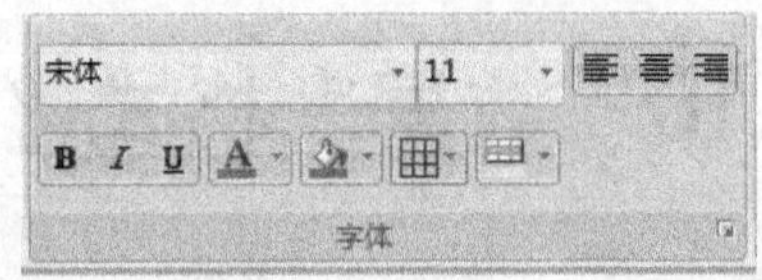

图 2-56 设置字体、字号和字符颜色等

2.10.3 调整行高和列宽

在数据表视图中，可以通过拖动鼠标来调整行高和列宽，也可以用菜单命令来调整行高和列宽。

拖动鼠标调整行高和列宽的操作步骤如下：

（1）在数据表视图中打开一个表，用鼠标指向数据表左侧的两个行选择器之间。当鼠标变成✚形状时，上下拖动鼠标以调整行高，在拖动过程中数据表出现一条水平线，表示当前的行高，当高度合适时松开鼠标。调整行高后，整个数据表中所有行的行高都是一样的。

（2）调整列宽时，将鼠标指向数据表顶部的列选择器右边框，当鼠标变成✚形状时，左右拖动鼠标以调整列宽，当列宽满足需要时，释放鼠标。

（3）若要将列宽度调整为正好适应数据宽度，可以双击列标题右边缘。

要精确设置行高，可以通过菜单命令实现。右击任意行的行选择器，在快捷菜单中选择“行高”命令，打开如图 2-57 所示的“行高”对话框，在“行高”框中输入数值，单击“确定”按钮即可。

要精确设置列宽，右击要调整列宽的标题行，在快捷菜单中选择“列宽”命令，打开如图 2-58 所示的“列宽”对话框，在“列宽”框中输入数值，单击“确定”按钮即可。

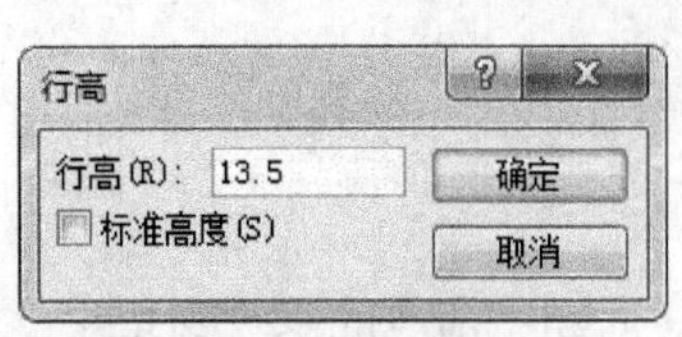

图 2-57 “行高”对话框

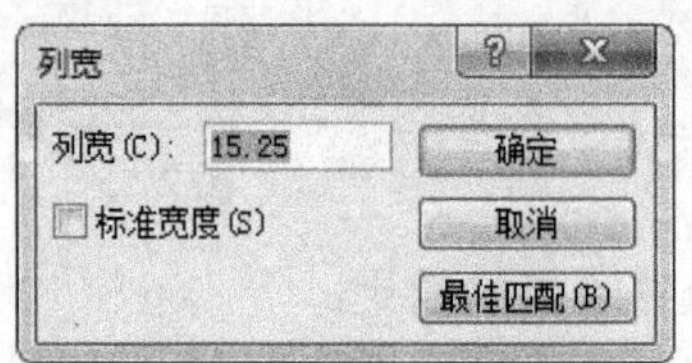

图 2-58 “列宽”对话框

2.10.4 列的其他操作

除了以上对列宽的设置，还有其他一系列对列的操作，如列的移动、列的冻结与解冻和列的隐藏与显示。

1．列的移动

在数据表视图中，可以用拖动鼠标来移动列。操作步骤如下：

在数据表视图中打开表，单击要移动的列标题，按住鼠标可以将它左右拖放到新的位置。

2．列的冻结与解冻

在数据表视图中浏览或编辑数据时，常常会遇到有些表包含的字段比较多，在窗口中只能显示记录的一部分内容，利用水平滚动条可以看到记录其他内容。在移动滚动条过程中，可以锁定左边的一些列，使之总是可见的。

【例 17】将“学生”表中的“学号”列和“姓名”列冻结。

分析：

要冻结“学号”列和“姓名”列，需要先选中这两列，再进行冻结操作。冻结列后，在查看“学生”表中右侧的数据时，左端能显示出与之相对应的“学号”和“姓名”字段，使它们固定在窗口的最左边不动。

步骤：

（1）在数据表视图中打开“学生”表，单击“学号”列字段标题行，并按住鼠标左键向右拖动，同时选中要冻结的“学号”列和“姓名”列。

（2）在“开始”选项卡的“记录”选项组中，单击“其他”按钮，从弹出的菜单中选择“冻结”命令，完成冻结列的操作。

如果要解除对所有列的冻结，在标题行中右击，在弹出的快捷菜单中选择“取消对所有列的冻结”命令即可。

3．列的隐藏与显示

在数据表视图中浏览和编辑数据时，默认情况下总是显示表的全部字段。若表中的字段较多，在编辑过程中常常左右滚动数据表。为了避免出现这种现象，可以根据需要，将表中的某些列隐藏起来，需要时再重新显示出来。操作步骤如下：

（1）在“数据表”视图中打开表，选定要隐藏的列。

（2）在“开始”选项卡的“记录”选项组中，单击“其他”按钮，选择“隐藏列”命令，即可将选定的列隐藏起来。

如果要将隐藏的列重新显示出来，右击标题行，在快捷菜单中选择“取消隐藏列”命令，出现如图 2-59 所示的对话框，在“列”列表框中选中要显示的列，单击“关闭”按钮，即可显示原来隐藏的列。

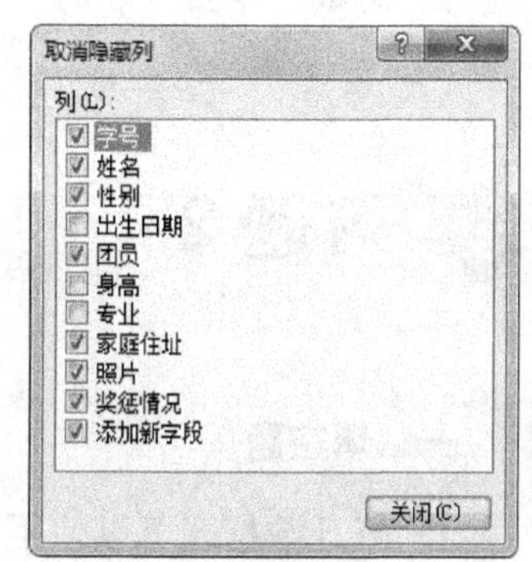

图 2-59 “取消隐藏列”对话框

相关知识

子数据表

对于已经定义好关系的表，在具有一对多关系的“一”方表中，系统自动为该表创建一个子表。在数据表视图中，每条记录的前面出现一个可展开的按钮⊞，单击⊞按钮，会出现一个子数据表，列出相关的数据，如图 2-60 所示。

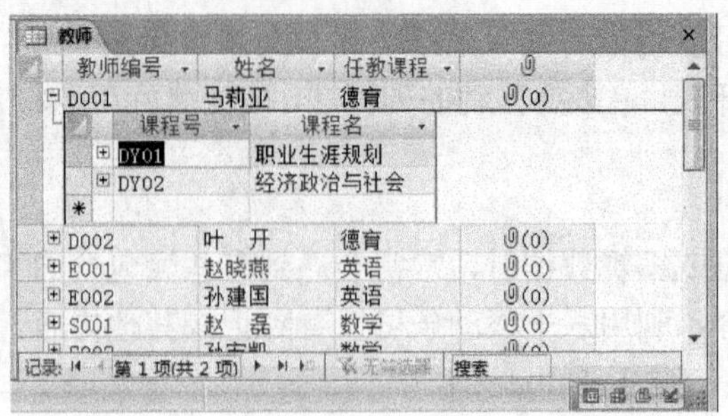

图 2-60 “教师”表中展开子数据表

如果要删除子数据表，在“开始”选项卡的“记录”选项组中，单击“其他”按钮，在“子数据表”级联菜单中选择“删除”命令，即可删除子数据表。

如果要添加子数据表，在“开始”选项卡的“记录”选项组中，单击“其他”按钮，在“子数据表”级联菜单中选择“子数据表”命令，从打开的“插入子数据表”对话框中选择要插入的子数据表即可。

课堂练习

1. 调整“学生”表的行高与某一列列宽。
2. 将“学生”表设置为楷体、10 号、颜色为蓝色、粗体。
3. 设置数据表单元格的“凸起”格式、网格线为绿色。
4. 冻结“学生”表中“姓名”列。
5. 隐藏“学生”表的“出生日期”字段，然后再取消隐藏。

习题 2

一、填空题

1．打开数据表可以使用________视图方式和________视图方式。

2．存储表中 OLE 对象型的数据，系统提供了________和________两种方法。

3．在输入表中记录时，如果表中某一个字段值是由另一个表提供的，那么该字段应设置为________数据类型。

4．Access 2007 提供筛选记录的方法有____________、____________和____________三种。

5．Access 表之间的关系有________、________和________三种类型。

二、选择题

1．在数据表设计视图中，不能进行的操作是（　　）。

A．修改字段的类型　　B．修改字段的名称

C．删除一个字段　　D．删除一条记录

2．OLE 对象型字段所嵌入的数据对象存放在（　　）。

A．数据库中　　B．外部文件中

C．最初的文档　　D．以上都是

3．通过设置字段的（　　），在向表中输入数据时，系统自动检查输入的数据是否符合要求，这样可以防止非法数据的输入或限定输入数据的范围。

A．格式　　B．有效性规则　　C．默认值　　D．掩码

4．在设置字段属性时，“有效性文本”属性的作用是（　　）。

A．在保存数据前，验证用户的输入

B．在数据无效而被拒绝写入时，向用户提示信息

C．允许字段保持空值

D．为所有的新记录提供新值

5．将表中的字段定义为（　　），其作用是使每一个记录的该字段都必须唯一。

A．索引　　B．主键

C．必填字段　　D．有效性规则

6．关于字段默认值的说法，正确的是（　　）。

A．不得使字段为空

B．不允许字段的值超出某个范围

C．在未输入数值之前，系统自动提供数值

D．系统自动把小写字母转换为大写字母

7．对于 OLE 对象型数据，如果修改该数据对象，则不会影响原始对象的内容，则该数据对象应该（　　）到该 OLE 对象型字段。

A．链接　　B．超级链接　　C．嵌入　　D．嵌套

8．以下关于主键的说法，错误的是（　　）。

A．使用自动编号是创建主键最简单的方法

B．作为主键的字段中允许出现 Null 值

C．作为主键的字段中不允许出现重复值

D．不能确定任何单字段的值的唯一性时，可以将两个或更多的字段组合成为主键

9．如果 A 表中的一个记录能与 B 表中的许多记录匹配，但 B 表中的一个记录仅能与 A 表中的一个记录匹配，则 A 表与 B 表之间的关系为（　　）。

A．一对一　　B．一对多　　C．多对一　　D．多对多

10．如果 A 表与 B 表具有多对多关系，只能通过定义第三个表来达成，使第三个表分别与 A 表和 B 表建立两个（　　）关系。

A．一对一　　B．一对多　　C．多对一　　D．多对多

11．假设数据库中表 A 与表 B 建立了“一对多”关系，表 B 为“多”方，则下述说法

正确的是（　　）。

A．表 A 中的一个记录能与表 B 中的多个记录匹配

B．表 B 中的一个记录能与表 A 中的多个记录匹配

C．表 A 中的一个字段能与表 B 中的多个字段匹配

D．表 B 中的一个字段能与表 A 中的多个字段匹配

12．在数据表视图中，如果要按某字段升序排列记录，单击该排序字段，然后单击“排序和筛选”选项组中的（　　）按钮。

A．　　B．　　C．　　D．

13．按窗体筛选记录，如果有多个筛选条件，这多个条件（　　）。

A．只能建立“与”关系　　B．只能建立“或”关系

C．可以建立“与”、“或”关系　　D．“与”、“或”关系不能同时建立

14．查询学生成绩时，如果希望在左右滚动条移动时“姓名”字段固定不动，应该选用的操作是（　　）。

A．隐藏列　　B．设置主键　　C．冻结列　　D．设置索引

15．以下关于修改表之间关系操作的叙述，错误的是（　　）。

A．修改表之间关系的操作主要是更改关联字段、删除表之间的关系和创建新关系

B．删除关系的操作是在“关系”窗口中进行的

C．删除表之间的关系，只要双击关系连线即可

D．删除表之间的关系，只要单击关系连线，使之变粗，然后按一下删除键即可

16．在已经建立的“工资”数据库中，要在表中不显示某些字段，可用（　　）的方法。

A．排序　　B．筛选　　C．隐藏　　D．冻结

三、操作题

1．在“成绩管理”数据库“成绩”表中输入记录，如图 2-61 所示。

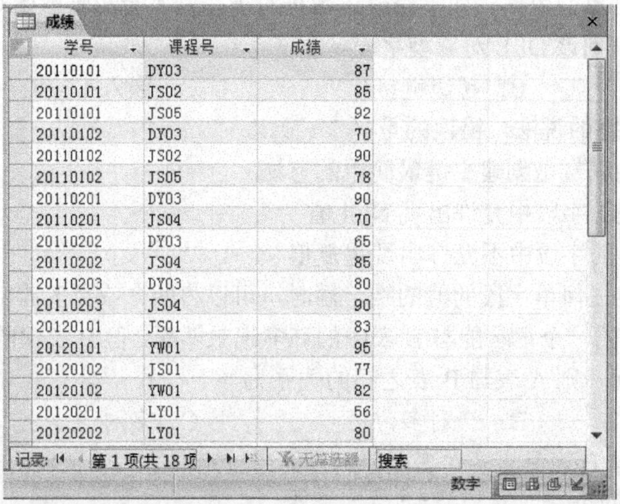

成绩

学号	课程号	成绩
20110101	DY03	87
20110101	JS02	85
20110101	JS05	92
20110102	DY03	70
20110102	JS02	90
20110102	JS05	78
20110201	DY03	90
20110201	JS04	70
20110202	DY03	65
20110202	JS04	85
20110203	DY03	80
20110203	JS04	90
20120101	JS01	83
20120101	YW01	95
20120102	JS01	77
20120102	YW01	82
20120201	LY01	56
20120202	LY01	80

记录: 第 1 项(共 18 项　无筛选器　搜索

数字

图 2-61　“成绩”表记录

2．在“图书订购”数据库“图书”表中输入记录，如图 2-62 所示。

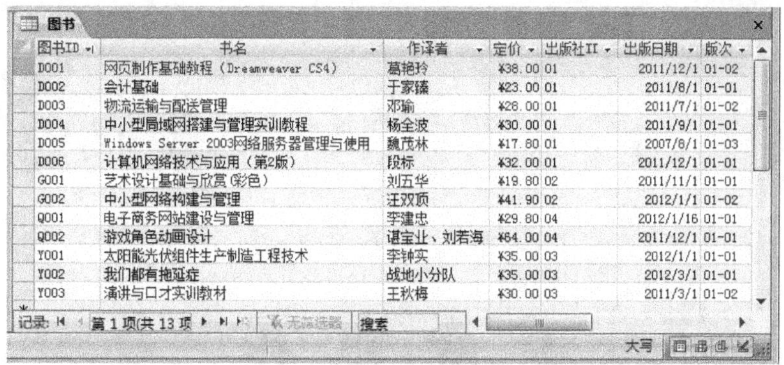

图书ID	书名	作译者	定价	出版社II	出版日期	版次
D001	网页制作基础教程（Dreamweaver CS4）	葛艳玲	¥38.00	01	2011/12/1	01-02
D002	会计基础	于家臻	¥23.00	01	2011/8/1	01-01
D003	物流运输与配送管理	邓瑜	¥26.00	01	2011/7/1	01-02
D004	中小型局域网搭建与管理实训教程	杨全波	¥30.00	01	2011/9/1	01-01
D005	Windows Server 2003网络服务器管理与使用	魏茂林	¥17.80	01	2007/8/1	01-03
D006	计算机网络技术与应用（第2版）	段标	¥32.00	01	2011/12/1	01-01
G001	艺术设计基础与欣赏(彩色）	刘五华	¥19.80	02	2011/11/1	01-01
G002	中小型网络构建与管理	汪双顶	¥41.90	02	2012/1/1	01-02
Q001	电子商务网站建设与管理	李建忠	¥29.80	04	2012/1/16	01-01
Q002	游戏角色动画设计	谌宝业、刘若海	¥64.00	04	2011/12/1	01-01
Y001	太阳能光伏组件生产制造工程技术	李钟实	¥35.00	03	2012/1/1	01-01
Y002	我们都有拖延症	战地小分队	¥35.00	03	2012/3/1	01-01
Y003	演讲与口才实训教材	王秋梅	¥30.00	03	2011/3/1	01-02

记录: 第 1 项(共 13 项 无筛选器 搜索

图 2-62 “图书”表记录

3．在“订单”表中输入记录，如图 2-63 所示。

订单ID	单位	图书I	册数	订购日期	发货日期	联系人	电话
1001	海洋科技学校	D002	50	12-03-20	12-04-10	李萍	87656789
1001	育才物流中学	D003	100	12-03-20	12-04-10	王琳	56732786
1001	黄海电子学校	Y001	200	12-03-20	12-04-05	孙红凌	84456783
1002	港湾学校	Y002	300	12-05-30	12-06-10	赵菲菲	67893655
1002	黄海电子学校	Q002	100	12-05-30	12-06-06	孙红凌	84456783
1003	海洋科技学校	D005	240	12-06-02	12-06-08	李萍	87656789
1003	育才物流中学	Q001	300	12-06-05	12-06-15	王琳	56732786
1003	蓝色经济学校	Y001	400	12-06-05	12-07-01	孙伟	89095566
1004	黄海电子学校	D002	300	12-06-10	12-07-05	孙红凌	84456783
1004	蓝色经济学校	D003	500	12-06-15	12-07-20	孙伟	89095566

记录: 第 1 项(共 10 项 无筛选器 搜索

图 2-63 “订单”表记录

4．将“图书”表中的“图书 ID”字段设置为主键。

5．设置“出版社”表的“出版社 ID”字段为主键。

6．在“图书”表中，将“定价”字段值设定在 0~10000 以内，当超出这个范围时，给出提示信息。

7．对“图书”表中的“书名”字段按升序建立索引。

8．给“图书”表中的“出版日期”字段设置掩码，格式为“长日期（中文）”格式。

9．给“订单”表的“册数”字段设置有效性规则，册数不能为负数。

10．将“订单”表的“单位”字段设置为查阅字段，由“单位”表的“单位名称”字段提供数值列表。

11．对“图书”表的“作者”字段按升序重新排列记录。

12．对“订单”表中的“图书 ID”字段升序、“订购日期”字段降序排列记录。

13．在“订单”表中筛选“黄海电子学校”的订购图书情况。

14．在“图书”表中筛选“2012 年 1 月 1 日”以后出版的图书信息。

15．在“订单”表中筛选“图书 ID”是“D003”并且单位是“蓝色经济学校”的订书信息。

16．将“图书”表和“订单”表通过“图书 ID”字段建立一对多关系。

17．将“出版社”和“图书”表建立一对多关系。

查询操作

Access 查询是在数据库中按照指定的查询条件检索记录。Access 建立的查询是一个动态的数据记录集，每次运行查询时，系统自动在指定的表中检索记录，创建数据记录集，使查询中的数据能够与数据表中的数据保持同步。可以修改动态数据记录集中的数据，所做的修改回存到对应的基表中。

在 Access 2007 中查询有选择查询、参数查询、交叉表查询、操作查询和 SQL 查询五种类型。通过本章学习，你将能够：

- 使用向导创建查询
- 使用设计视图创建查询
- 创建选择查询
- 设置查询条件
- 在查询中设置计算字段
- 对数据进行汇总计算
- 创建交叉表查询
- 创建参数查询
- 创建操作查询
- 使用 SELECT 语句创建查询

3.1 创建选择查询

选择查询是最常用的查询类型，它从一个或多个表中检索数据，可以在查询中使用表格条件；可以使用选择查询来对记录进行分组，并且对记录作总计、计数、平均值以及其他类型的汇总计算。在查询结果中可以查看基表的数据，也可以对查询结果中的数据进行更新。

选择查询可以使用向导或设计视图来创建，可以在数据表视图中浏览查询时所生成的结果，也可以在 SQL 视图中查看 Access 自动生成的 SQL 语句。

3.1.1 使用向导创建简单查询

用查询向导来创建选择查询时，不仅能够为新建查询选择来源表和包含在结果集内的字段，还能够对结果集内的记录进行总计、求平均值、最大值和最小值等各种汇总计算。对使用向导创建的查询不满足需要，可以在设计视图中进行修改。

【例 1】使用查询向导创建一个基于“学生”表的学生查询，包括学号、姓名、性别、出生日期、专业、家庭住址等字段。

分析：

使用筛选可以检索表中满足条件记录的全部字段，而查询可以检索表中全部或部分字段信息。该查询的数据源为“学生”表。

步骤：

（1）打开“成绩管理”数据库，在“创建”选项卡的“其他”选项组中单击“查询向导”按钮，打开“新建查询”向导，如图 3-1 所示。

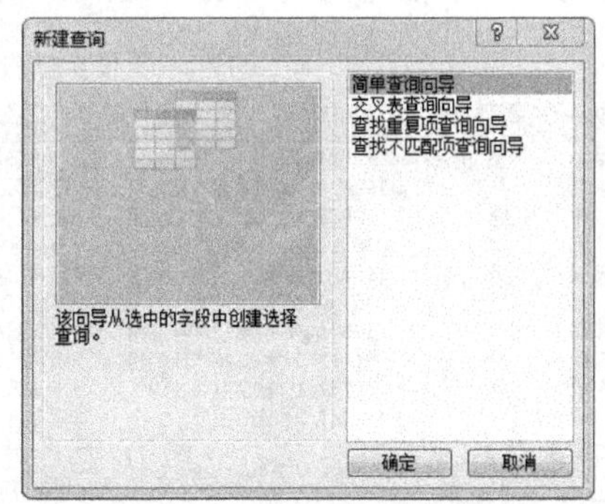

图 3-1 “新建查询”对话框

（2）在“新建查询”对话框中选择“简单查询向导”选项，打开“简单查询向导”对话框，在“表/查询”下拉列表框中选择“学生”表，在“可用字段”选择要显示的字段，选择“学号”、“姓名”、“性别”、“出生日期”、“专业”和“家庭住址”字段，将这些字段添加到“选定字段”列表中，如图 3-2 所示。

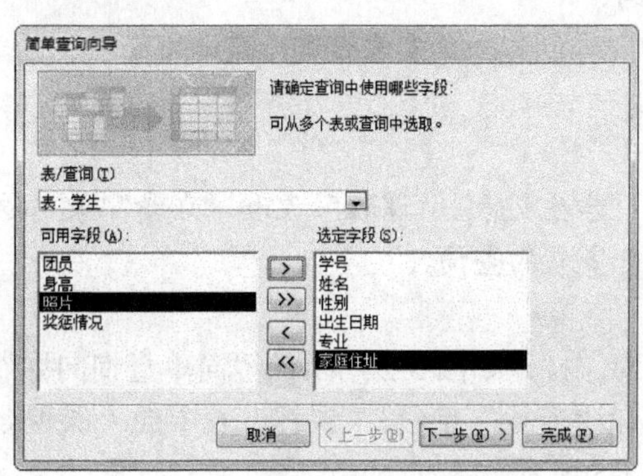

图 3-2 “简单查询向导”对话框

（3）单击“下一步”按钮，出现指定查询标题对话框。例如，将标题指定为“学生信息查询”，如图 3-3 所示，再单击“完成”按钮。

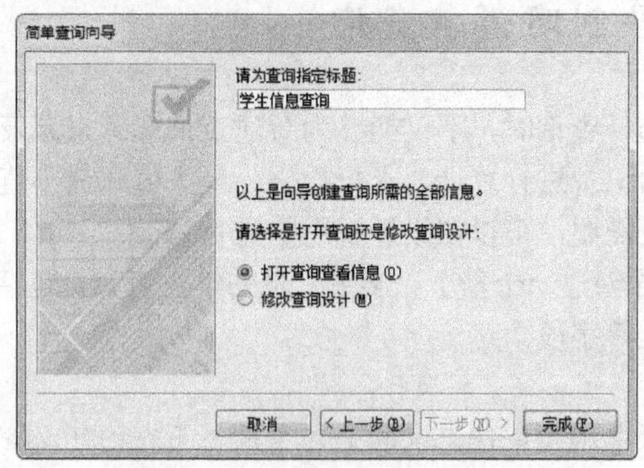

图 3-3　指定查询标题对话框

在单击“完成”按钮前，选择“打开查询查看信息”单选项时，将在数据表视图中打开查询，可以查看查询结果；当选择“修改查询设计”时，将在设计视图打开查询。

通过上述操作，创建了名为“学生信息查询”的查询，在数据表视图中显示查询结果，如图 3-4 所示。

学生信息查询

学号	姓名	性别	出生日期	专业	家庭住址
20110101	赵小璐	女	1996/6/10	网络技术与应用	市北区上海路76号
20110102	张　琪	男	1996/3/17	网络技术与应用	市南区龙江路8号
20110201	李梦怡	女	1995/12/16	动漫技术	市南区华山录5号
20110202	张天宝	男	1996/6/18	动漫技术	四方区嘉定路1号
20110203	孙　强	男	1995/10/12	动漫技术	市北区延安路75号
20120101	张莉莉	女	1997/4/8	网络技术与应用	市北区绍兴路12号
20120102	孙晓晗	女	1996/12/30	网络技术与应用	市南区太湖路16号
20120201	赵克华	男	1997/2/15	旅游服务	市北区寿光路50号
20120202	李　雨	女	1997/7/31	旅游服务	四方区嘉善路95号

记录：第 1 项(共 9 项)　无筛选器　搜索　数字

图 3-4　查询结果

表面上看查询和数据表没有什么区别，但它不是一个表。

提示：

在查询的数据表视图中不能插入或删除列，也不能更改字段名，因为查询本身不是数据表，而是动态从表中生成的。

【例 2】使用简单查询向导创建一个多表查询，查询每个学生的学号、姓名、专业、课程名及成绩等。

分析：

该查询中的字段来自“学生”表、“课程”表和“成绩”表，这些表之间已建立关联，使用简单查询向导可以进行多表的查询，。

步骤：

（1）使用向导创建查询，打开如图 3-2 所示的“简单查询向导”对话框，选择“学生”表中的“学号”、“姓名”和“专业”字段，“课程”表中的“课程名”字段以及“成绩”表中的“成绩”字段，如图 3-5 所示。

（2）单击“下一步”按钮，出现如图 3-6 所示的对话框中，选择“明细（显示每个记录的每个字段）”选项，如图 3-6 所示。

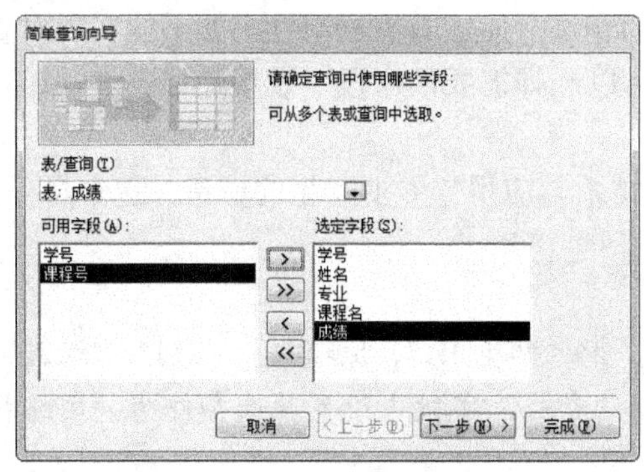

图 3-5　选择多表字段

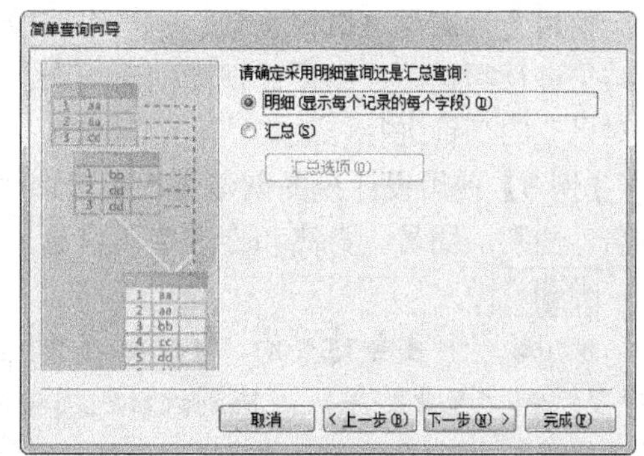

图 3-6　选择明细选项

提示：

只有当选择的字段中包含有数字型字段时，才会出现如图 3-6 所示的对话框。如果选择了“汇总”选项，并打开“汇总选项”对话框，可以对数字字段汇总、计算平均值、最大值和最小值。

（3）单击“下一步”按钮，出现指定查询标题对话框，如标题为“学生课程成绩查询”，单击“完成”按钮，系统自动运行查询，查询结果如图 3-7 所示。

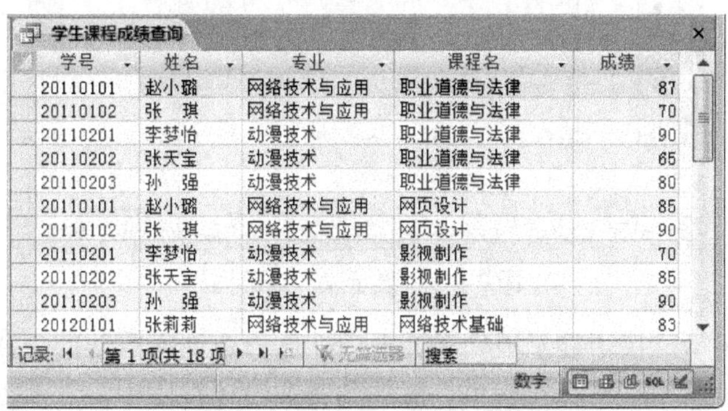

学生课程成绩查询

学号	姓名	专业	课程名	成绩
20110101	赵小璐	网络技术与应用	职业道德与法律	87
20110102	张　琪	网络技术与应用	职业道德与法律	70
20110201	李梦怡	动漫技术	职业道德与法律	90
20110202	张天宝	动漫技术	职业道德与法律	65
20110203	孙　强	动漫技术	职业道德与法律	80
20110101	赵小璐	网络技术与应用	网页设计	85
20110102	张　琪	网络技术与应用	网页设计	90
20110201	李梦怡	动漫技术	影视制作	70
20110202	张天宝	动漫技术	影视制作	85
20110203	孙　强	动漫技术	影视制作	90
20120101	张莉莉	网络技术与应用	网络技术基础	83

记录: 第 1 项(共 18 项)　无筛选器　搜索　数字

图 3-7　学生课程成绩查询结果

提示：

单击“开始”选项卡“视图”选项组中的“SQL 视图”，可以查看生成该查询的 SQL 语句，如图 3-8 所示。

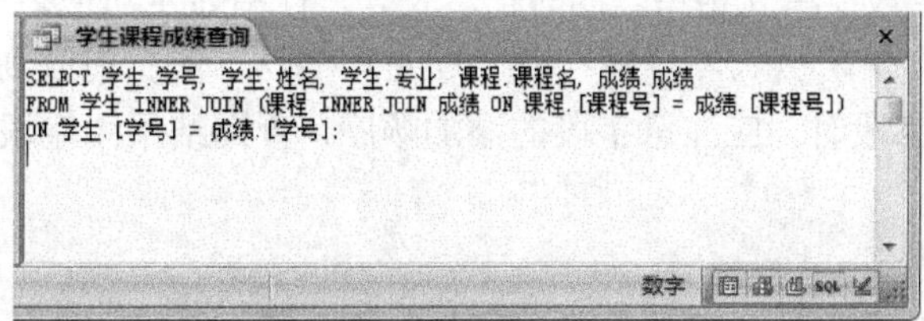

图 3-8　查询生成的 SQL 语句

有关 SQL-SELECT 查询语句，将在后面的章节中介绍。

3.1.2 使用设计视图创建查询

使用查询向导可以快速地创建一个比较简单的查询，但它具有局限性，如不能实现对查询结果进行筛选。使用设计视图创建查询，不仅可以选择需要的字段，设置筛选条件，还可以对已有的查询进行修改。

【例 3】使用设计视图创建查询，查询“网络技术与应用”专业学生的信息，包含学号、姓名、性别、团员、身高和专业字段信息。

分析：

使用设计视图创建查询，数据源为“学生”表，将“学生 ID”、“姓名”、“性别”、“汉族”、“身高”和“专业”字段，拖到设计视图中，再在“专业”字段中设置筛选条件为“网络技术与应用”。

步骤：

（1）新建查询。在“创建”选项卡的“其他”选项组中，单击“查询设计”按钮，打开查询设计视图窗口，同时出现“显示表”对话框，如图 3-9 所示。

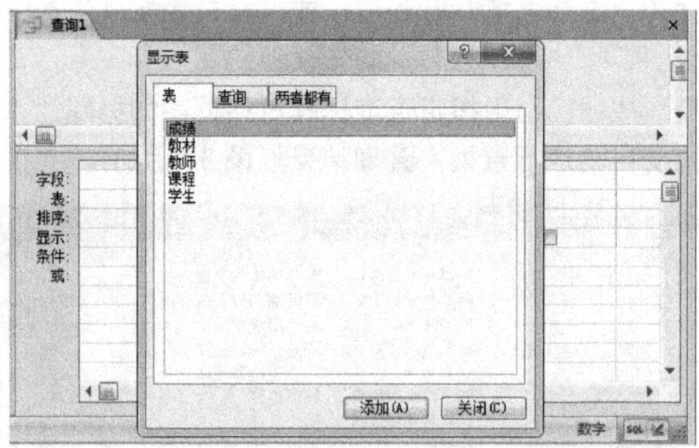

图 3-9 “显示表”对话框

（2）添加数据环境。在“显示表”对话框中，选择查询所需要的表和已有的查询，添加到设计视图窗口中。例如，选择“学生”添加到查询设计视图中。

提示：

在设计视图窗口中，如果没有出现“显示表”对话框，在“设计”选项组的“查询设置”选项卡中，单击“显示表”命令，打开“显示表”对话框。

（3）设置在查询中使用的字段。在“学生”表字段列表中，将“学号”字段拖放到查询设计网格的第 1 个“字段”单元格中，同时在“表”一行中显示对应表的表名。同样的方法，再将“姓名”、“性别”、“团员”、“身高”和“专业”字段，依次拖放到查询设计网格中，如图 3-10 所示。在添加字段时，应注意字段的添加顺序，查询结果中字段的顺序为添加在设计网格中字段的顺序。

提示：

在设计网格中添加字段时，可以单击“字段”单元格，从下拉列表中选择需要的字段。如果要选择表的全部字段，只要将字段列表中的“*”号拖放到“字段”单元格中即可。使用“*”号添加所有字段时，其缺点是不能对具体的字段进行排序、筛选条件等设置。

图 3-10　设置查询字段后的设计网格

（4）设置排序字段。在“身高”字段的下拉列表中选择“降序”排序方式。在“显示”单元格中，复选标记表示在查询中是否显示这个字段。

（5）在“专业”字段的“条件”单元格中输入“网络技术与应用”，如图 3-11 所示。

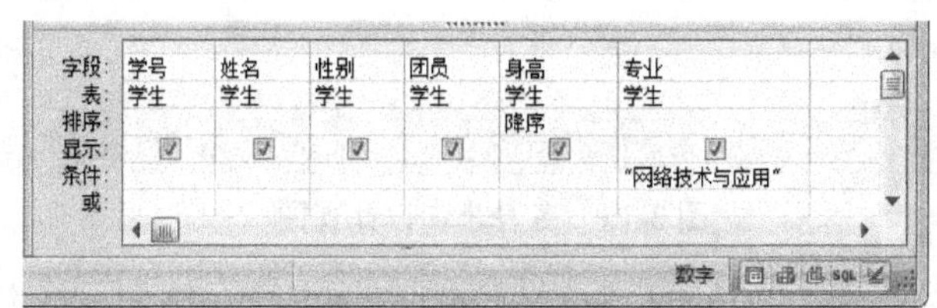

图 3-11　查询设计网格

（6）保存所创建的查询，系统出现对话框询问查询名称。例如，查询名称为“学生信息查询 1”。

（7）单击“设计”选项卡“结果”选项组中的“运行”按钮，运行该查询，结果如图 3-12 所示。

图 3-12　查询结果

从查询结果中可以看到网络技术与应用专业学生的有关信息，并已按“身高”字段进行了降序排序。

【例 4】创建一个学生成绩查询，查询学号、姓名、性别、专业、课程号、课程名和成绩等字段信息。

分析：

这是一个有筛选条件的多表查询，因为“学号”、“姓名”、“性别”、“专业”、“课程号”、“课程名”和“成绩”等字段涉及“学生”表、“课程”表和“成绩”表，必须进行多表查询。

创建多表查询时，需先建立各表之间的关联。

步骤：

（1）新建查询，打开查询设计视图和“显示表”对话框，分别将“学生”表、“成绩”表和“课程”表添加到查询设计视图中，然后关闭“显示表”对话框。

（2）在查询设计视图中，将“学生”表中的“学号”、“姓名”、“性别”、“专业”字段拖放到字段网格的前 4 列，将“课程”表中的“课程号”、“课程名”字段拖放到第 5、6 列，再将“成绩”表中的“成绩”字段拖放到第 7 列，如图 3-13 所示。

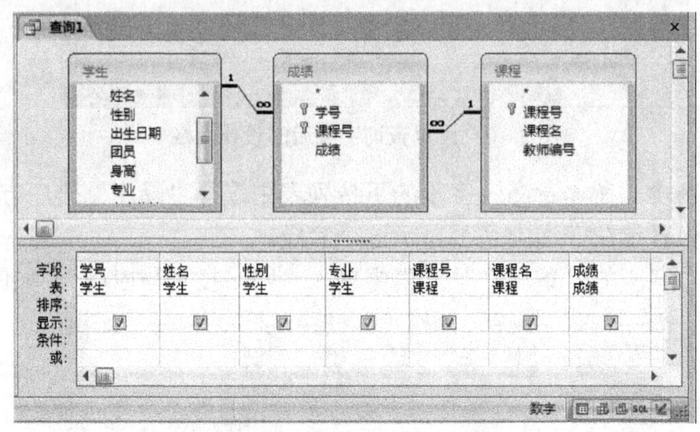

图 3-13　多表查询设计视图

（3）保存所创建的查询，系统出现对话框询问查询名称。例如，查询名称为“学生成绩查询”。

（4）单击“设计”选项卡“结果”选项组中的“运行”按钮，运行该查询，结果如图 3-14 所示。

学生成绩查询

学号	姓名	性别	专业	课程号	课程名	成绩
20110101	赵小璐	女	网络技术与应用	DY03	职业道德与法律	87
20110102	张　琪	男	网络技术与应用	DY03	职业道德与法律	70
20110201	李梦怡	女	动漫技术	DY03	职业道德与法律	90
20110202	张天宝	男	动漫技术	DY03	职业道德与法律	65
20110203	孙　强	男	动漫技术	DY03	职业道德与法律	80
20110101	赵小璐	女	网络技术与应用	JS02	网页设计	85
20110102	张　琪	男	网络技术与应用	JS02	网页设计	90
20110201	李梦怡	女	动漫技术	JS04	影视制作	70

记录：第 1 项(共 18 项　无筛选器　搜索

图 3-14　多表查询结果

不论使用查询向导创建的查询，还是使用查询设计视图创建的查询，如果对查询的结果不满意，都可以重新建立查询，也可以对查询进行修改，包括重置查询字段、改变字段的排序、设置查询条件等，修改查询必须在查询设计视图中进行。

在查询设计视图中修改查询字段，主要是添加字段或删除字段，同时还可以改变字段的排列顺序等。在添加字段时，除了逐个添加字段外，还可以一次将表或查询中的所有字段添加到查询设计网格中。如果要删除某个字段，在查询设计网格中选择要删除的字段，然后按 Del 键或单击“删除”按钮，将所选的字段删除。在设计网格中如果中间有空白列，则查询结果中空白列不显示。

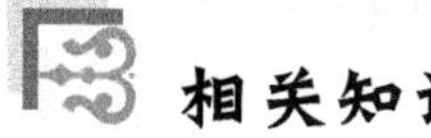

相关知识

查询属性设置

1. 查询唯一性属性设置

在查询结果中有时有多条相同的查询值，如果只保留其中的一条，则可以设置查询值在输出时的唯一性。例如，查询学校的所有专业，学校设置的专业可以从“学生”表中的“专业”字段体现出来，在查询设计网格中的可以只添加“专业”字段，结果如图 3-15 所示。

要使查询结果中的记录唯一，可以通过设置查询的“唯一值”属性实现。具体操作如下：

（1）在查询设计视图下，单击“设计”选项卡“显示/隐藏”选项组中的“属性表”，将“属性表”窗口中的“唯一值”设置为“是”，如图 3-16 所示。

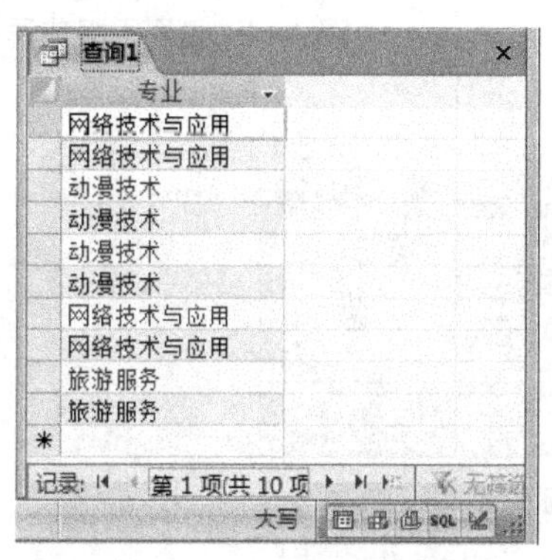

图 3-15　具有重复值的查询

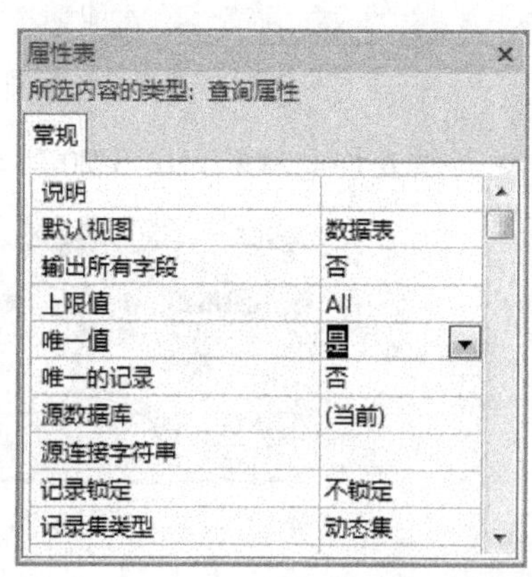

图 3-16　设置唯一值属性

（2）单击“设计”选项卡“结果”选项组中的“运行”按钮，运行该查询，结果如图 3-18 所示。

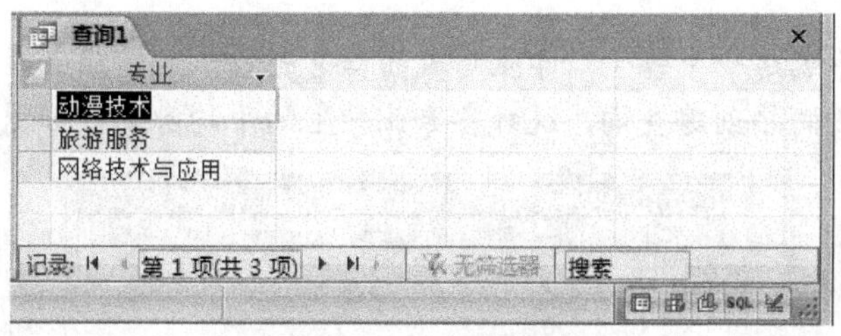

图 3-17　唯一值查询

2. 查询上限值属性设置

在查询结果集中，可以只显示符合上限值或下限值设置的记录，或为字段设置条件，显示符合条件的上限值或下限值的记录。例如，显示“职业道德与法律”这门课成绩最高的前 3 名的记录，可以通过设置查询的上限值属性来实现。操作步骤如下：

（1）新建查询，将“学生”表、“成绩”表和“课程”表分别添加到数据环境中，并在设计视图网格中添加字段，设置筛选条件，“职业道德与法律”课程对应的课程号为“DY03”，如图 3-18 所示。

（2）单击“设计”选项卡“显示/隐藏”选项组中的“属性表”，在“属性表”窗口中的“上限值”属性框中输入数值 3，如图 3-19 所示。

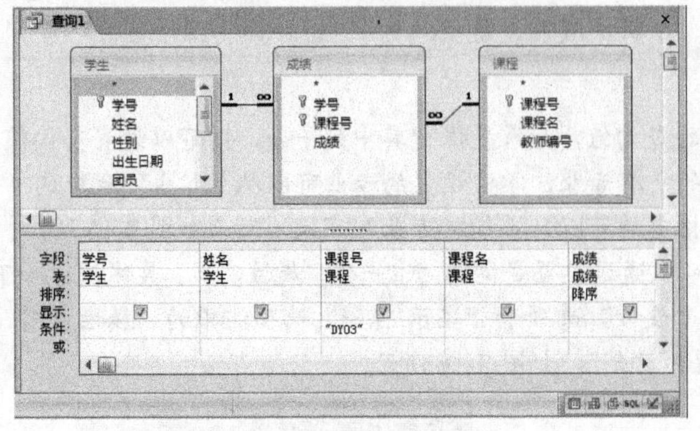

图 3-18　查询设计视图

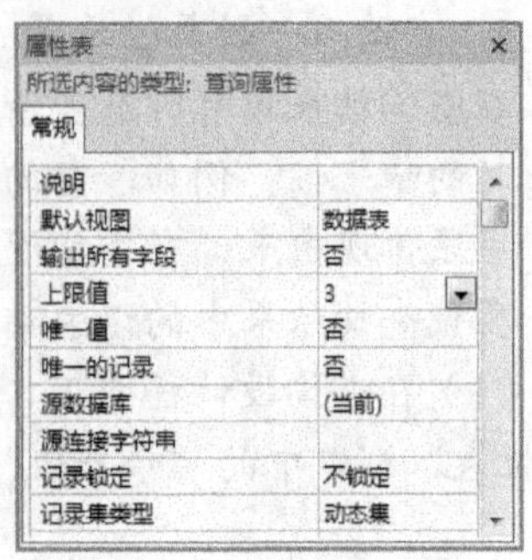

图 3-19　设置上限值属性

（3）运行该查询，结果如图 3-20 所示。

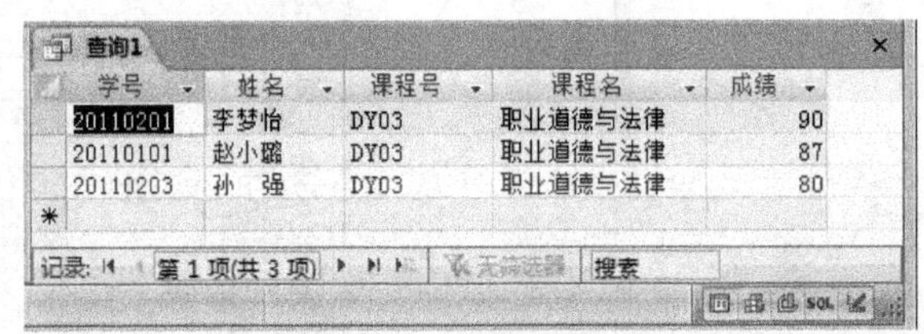
查询1

学号	姓名	课程号	课程名	成绩
20110201	李梦怡	DY03	职业道德与法律	90
20110101	赵小璐	DY03	职业道德与法律	87
20110203	孙　强	DY03	职业道德与法律	80

记录: 第 1 项(共 3 项)　无筛选器　搜索

图 3-20　前 3 名的成绩查询

同样的方法，还可以设置输出查询结果的百分比，如只输出查询结果的前 30%的记录。

课堂练习

1. 使用查询向导创建一个基于“学生”表的信息查询，只输出女生的记录。
2. 使用简单查询向导创建查询，统计各专业学生的平均身高，如图 3-21 所示。

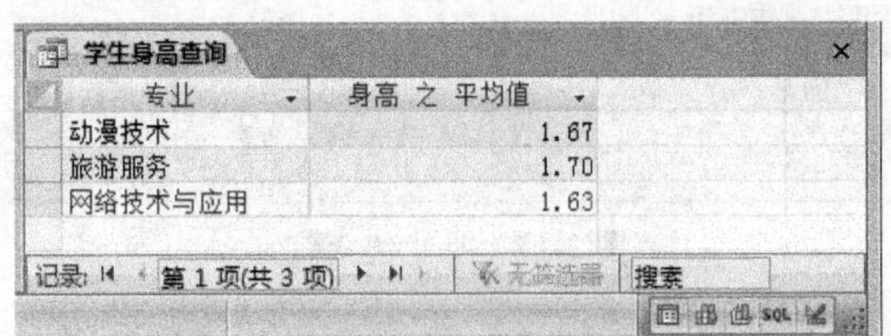
学生身高查询

专业	身高 之 平均值
动漫技术	1.67
旅游服务	1.70
网络技术与应用	1.63

记录: 第 1 项(共 3 项)　无筛选器　搜索

图 3-21　学生平均身高查询结果

3. 使用设计视图创建一个选择查询，查询中包含学号、姓名、专业、课程号及成绩等。
4. 修改上题创建的查询，查询中包含学号、姓名、专业、课程号、课程名、成绩及授课教师姓名字段。
5. 修改上题，分别按“专业”字段升序、“成绩”字段降序排序。

3.2　查询条件的使用

在实际应用中，查询中往往带有一定的条件，可以通过在查询设计视图中的“条件”单元格中输入条件表达式来限制结果中的记录。正确地构建条件表达式，可以实现快速检索数据，得到需要的查询数据。

3.2.1　运算符的使用

1．比较条件查询

比较运算符用于比较两个表达式的值，比较的结果为 True、False 或 Null。如果条件表达式中仅包含一个比较运算符，则查询仅返回那些比较结果为 True 的记录，而将那些比较结果为 False 或 Null 的记录排除在查询结果之外。

常用的比较运算符有：=（等于）、>（大于）、<（小于）、>=（大于等于）、<=（小于等于）和<>（不等于）6 种。

【例 5】以例 4 创建的“学生成绩查询”为数据源，创建一个条件查询，查询成绩小于 70 的学生信息。

分析：

这是一个条件查询，数据源为“学生成绩查询”，在查询设计视图“成绩”的“条件”单元格中输入条件：<70。

步骤：

（1）新建查询，打开查询设计视图，在“显示表”窗口中选择“查询”选项卡，添加“学生成绩查询”查询。

（2）分别将“学生成绩查询”的全部字段依次拖放到查询设计视图网格中。

（3）在“成绩”列的条件单元格中输入“<70”，如图 3-22 所示。

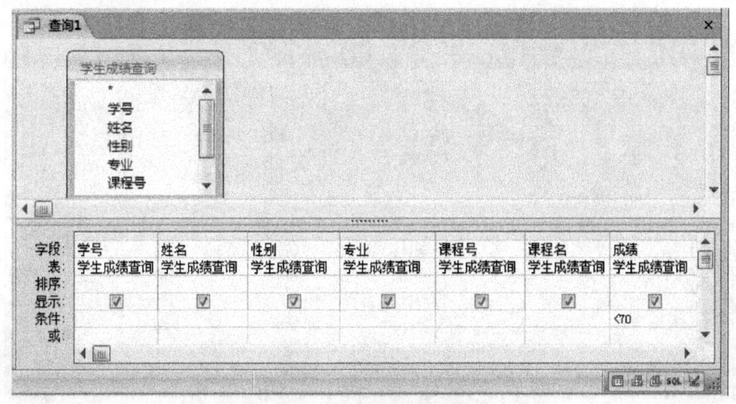

图 3-22　设置查询条件

（4）单击“设计”选项卡“结果”选项组中的“运行”按钮，运行该查询，结果如图 3-23 所示。

学号	姓名	性别	专业	课程号	课程名	成绩
20110202	张天宝	男	动漫技术	DY03	职业道德与法律	65
20120201	赵克华	男	旅游服务	LY01	旅游概论	56

图 3-23　条件查询结果

如果不限定以“学生成绩查询”作为查询的数据源，可以在“学生成绩查询”设计视图中，添加筛选条件，同样能得出查询结果。

2．逻辑条件查询

在查询筛选条件中可以使用 And（逻辑与）、Or（逻辑或）或 Not（逻辑非）逻辑运算符连接条件表达式。例如，在表示成绩时，“>70 And <90”表示大于 70 并且小于 90 的成绩值；“<70 Or >90”表示小于 70 或者大于 90 成绩值；“Not >70”表示不大于 70 的成绩值。

【例 6】 创建一个查询，查询课程号为“JS04”课程成绩大于等于 80 的记录，显示学号、姓名、课程名称、成绩字段。

分析：

这是一个两个条件的查询，分别满足课程号是“JS04”和成绩大于等于 80，需要在查询设计视图的“课程号”和“成绩”字段的“条件”单元格中分别设置，并且添加在同一行中。

步骤：

（1）新建查询，打开查询设计视图和“显示表”对话框，分别将“学生”表、“成绩”表和“课程”表添加到查询设计视图中，然后关闭“显示表”对话框。

（2）在查询设计视图中，将“学生”表中的“学号”和“姓名”字段，“课程”表中的“课程名号”以及“成绩”表中的“课程号”字段和“成绩”字段分别添加到设计视图网格中。

（3）在“课程号”字段的“条件”单元格中输入“JS04”，并将该字段“显示”单元格中复选框的选中状态取消；在“成绩”字段的“条件”单元格中输入“>=80”，如图 3-24 所示。

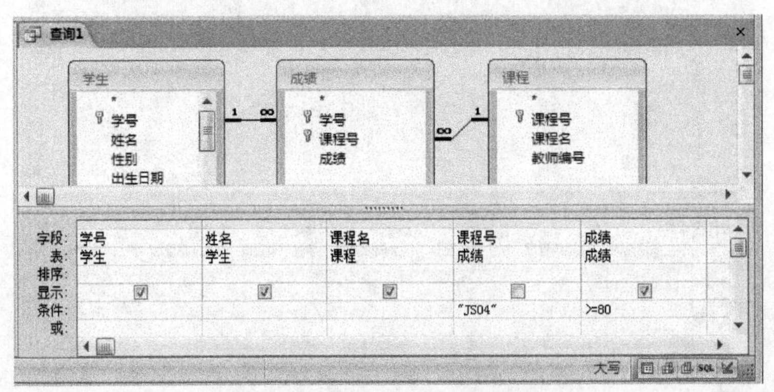

图 3-24　两个条件的查询设置

（4）单击“设计”选项卡“结果”选项组中的“运行”按钮，运行该查询，结果如图 3-25 所示。

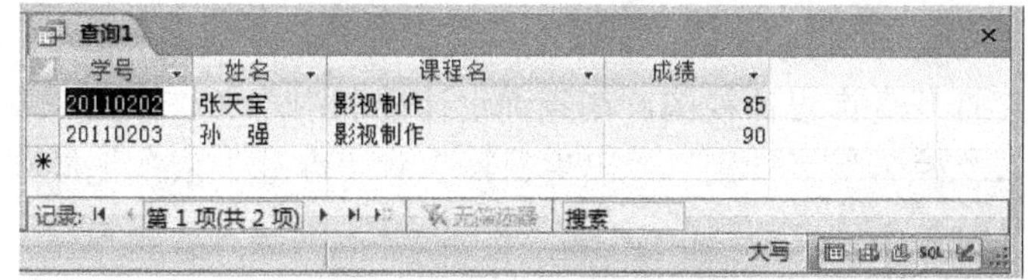

查询1

学号	姓名	课程名	成绩
20110202	张天宝	影视制作	85
20110203	孙 强	影视制作	90

记录: 第 1 项(共 2 项) 无筛选器 搜索

图 3-25　两个条件的查询结果

如果要查找所有学生成绩大于 70 并且小于 90 的课程，设置条件的设计视图网格如图 3-26 所示。

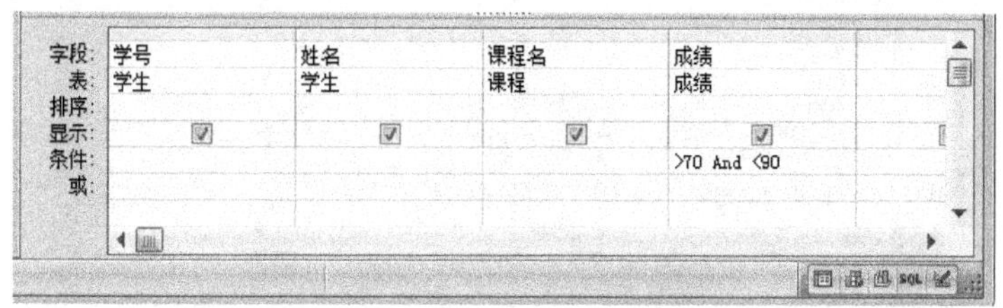

字段:	学号	姓名	课程名	成绩
表:	学生	学生	课程	成绩
排序:				
显示:	☑	☑	☑	☑
条件:				>70 And <90
或:				

图 3-26　逻辑“与”条件查询

查询结果如图 3-27 所示。

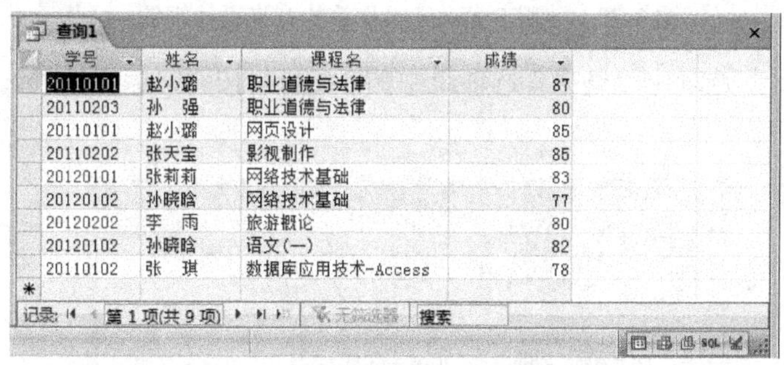

查询1

学号	姓名	课程名	成绩
20110101	赵小璐	职业道德与法律	87
20110203	孙 强	职业道德与法律	80
20110101	赵小璐	网页设计	85
20110202	张天宝	影视制作	85
20120101	张莉莉	网络技术基础	83
20120102	孙晓晗	网络技术基础	77
20120202	李 雨	旅游概论	80
20120102	孙晓晗	语文(一)	82
20110102	张 琪	数据库应用技术-Access	78

记录: 第 1 项(共 9 项) 无筛选器 搜索

图 3-27　逻辑“与”条件查询结果

3．Between 操作符的使用

Between 操作符用于测试一个值是否位于指定的范围内，在 Access 查询中使用 Between 操作符时，应按照下面格式来输入：

[<表达式>] Between <起始值> And <终止值>

例如，表示成绩在 70 至 90 之间，用 Between 操作符表示为：Between 70 And 90，逻辑运算表示为：>=70 And <=90。

使用 Between 操作符时，在字段的“条件”单元格内输入条件表达式时，对于“条件”常量，输入时，数字不用定界符，字符串型常量用引号作为定界符，日期型常量用“#”作为定界符。

【例 7】在“学生”表中查询 1997 年出生的学生信息。

分析：

该查询条件可以使用 Between 操作符，在“出生日期”字段的“条件”单元格中输入表达式：Between #1997-1-1# And #1997-12-31#。

步骤：

（1）新建查询，打开查询设计视图，在查询设计视图中添加“学生”表。

（2）将“学号”、“姓名”、“性别”、“出生日期”和“专业”依次拖放到查询设计视图网格中。

（3）在“出生日期”列的“条件”单元格内输入：Between #1997-1-1# And #1997-12-31#，如图 3-28 所示。

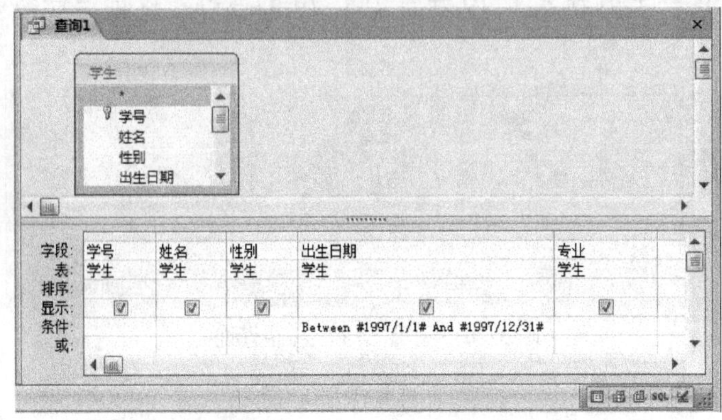

图 3-28　使用 Between 操作符的查询设计视图

（4）单击“设计”选项卡“结果”选项组中的“运行”按钮，运行该查询，结果如图 3-29 所示。

查询1

学号	姓名	性别	出生日期	专业
20120101	张莉莉	女	1997/4/8	网络技术与应用
20120201	赵克华	男	1997/2/15	旅游服务
20120202	李　雨	女	1997/7/31	旅游服务
*				

记录：第 1 项(共 3 项)　无筛选器　搜索

图 3-29　查询结果

上述条件：Between #1997-1-1# And #1997-12-31#也可替换为：>= #1997-1-1# And <= #1997-12-31#。

4. In 操作符的使用

In 操作符用于测试字段值是否在一个项目列表中，In 操作符的语法格式如下：

<表达式> In（表达式列表）

例如，In("电子技术","旅游服务","动漫设计")，其含义是找出专业分别是“电子技术用”、“旅游服务”和“动漫设计”的记录，所以，与下列条件表达式含义相同："电子技术" Or "旅游服务" Or "动漫设计"。

在字段的“条件”单元格中输入条件时，条件必须与表达式的数据类型相同，各表达式列表之间用逗号分隔。如果表达式等于表达式列表中任意表达式的值，则相应的记录将包含在查询结果中。若在 In 运算符前面加上 Not，则对 In 的运算结果取反。

【例 8】创建一个查询，在“学生”表中检索学生为“李”、“孙”或“赵”姓的记录。

分析：

在条件表达式中使用 In 操作符，表达式列表的个数一般是有限的，In 表达式为：Left（[姓名],1）In（"李","孙","赵"）。

步骤：

（1）新建查询，打开查询设计视图，在查询设计视图中添加“学生”表。

（2）将“学生”表中的“学号”、“姓名”、“性别”、“出生日期”和“专业”字段依次拖到设计视图网格中。

（3）在查询设计网格中，单击“姓名”字段的“条件”单元格，然后输入条件表达式：Left（[姓名],1）In（"李","孙","赵"），其中 Left 是一个文本函数，用于从字符串左边取出若干个字符作为子串，如图 3-30 所示。

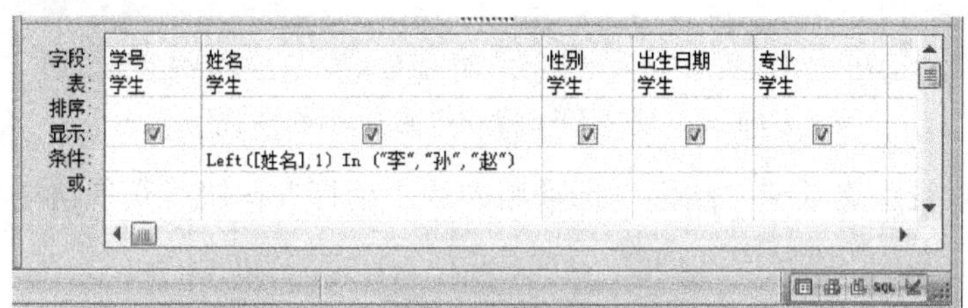

图 3-30　使用 In 操作符的查询设计网格

（4）单击“设计”选项卡“结果”选项组中的“运行”按钮，查询结果如图 3-31 所示。

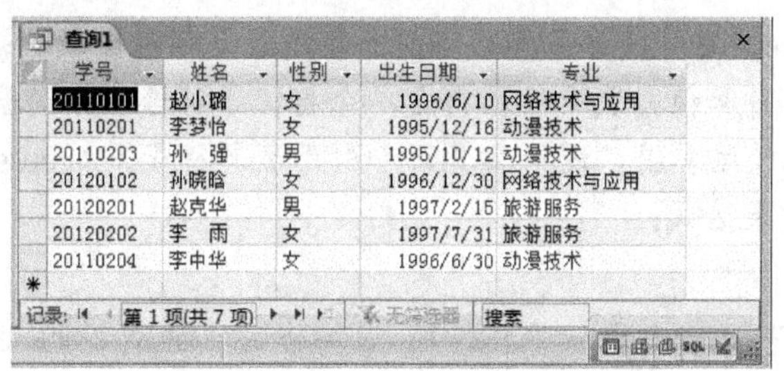

查询1

学号	姓名	性别	出生日期	专业
20110101	赵小璐	女	1996/6/10	网络技术与应用
20110201	李梦怡	女	1995/12/16	动漫技术
20110203	孙　强	男	1995/10/12	动漫技术
20120102	孙晓晗	女	1996/12/30	网络技术与应用
20120201	赵克华	男	1997/2/15	旅游服务
20120202	李　雨	女	1997/7/31	旅游服务
20110204	李中华	女	1996/6/30	动漫技术

记录: 第 1 项(共 7 项)　无筛选器　搜索

图 3-31　查询结果

5. Like 操作符和通配符的使用

Like 操作符用于测试一个字符串是否与给定的模式相匹配，模式是由普通字符和通配符组成的一种特殊字符串。在查询中使用 Like 操作符和通配符，可以搜索部分匹配或完全匹配的内容。使用 Like 运算符的语法规则是：

[<表达式>] Like <模式>

在上面的语法格式中<模式>由普通字符和通配符*、?等组成，通配符用于表示任意的字符串，主要用于文本类型。

【例 9】使用 Like 操作符，创建一个查询，在“学生”表中检索作者为“李”、“孙”或“赵”姓的记录。

分析：

在例 8 中使用了 In 操作符，除此之外，还可以使用 Like 操作符，如 Like "[李孙赵]*"，其中“*”为通配符，表示替代多个字符。

步骤：

（1）新建查询，打开查询设计视图，在查询设计视图中添加“学生”表。

（2）将“学生”表中的“学号”、“姓名”、“性别”、“出生日期”和“专业”字段依次拖到设计视图网格中。

（3）在“姓名”字段的“条件”单元格中输入：Like "[李孙赵]*"，其中[]表示方括号内的任意一个字符，如图 3-32 所示。

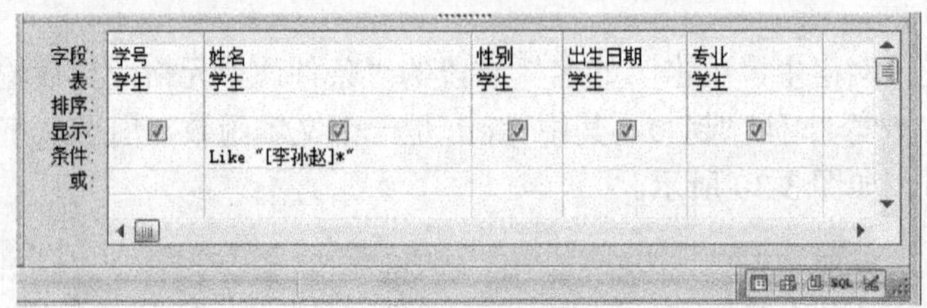

图 3-32　使用 Like 操作符的查询设计网格

（4）单击“设计”选项卡“结果”选项组中的“运行”按钮，查询结果如图 3-31 所示。

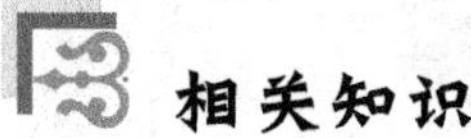

相关知识

Access 中运算符的使用

表达式是许多 Access 运算的基本组成部分。表达式是可以生成结果的符号的组合，这些符号包括标识符、运算符和值。其中运算符是一个标记或符号，指定表达式内执行计算的类型，有算数运算符、比较运算符、逻辑运算符和引用运算符等。Access 提供了多种类型的运算符和操作符用来创建表达式。

1. 算术运算符

算数运算符有+（加）、–（减）、*（乘）、/（除）、^（乘方）等，在 Access 中运算法则与算数中的运算法则相同。另外还有\（两个数相除并返回一个整数），Mod（两个数相除并返回一个余数）。

2. 比较运算符

比较运算符有<（小于）、<=（小于等于）、>（大于）、>=（大于等于）、=（等于）、<> 不等于（），用于数值的比较。

3. 逻辑运算符

处理的值只有两种：true（真）或者 false（假），如表 3-1 所示。

表 3-1　逻辑运算符及其含义

运 算 符	含 义	解 释
And	逻辑与	当两个条件都满足时，值为“真”
Or	逻辑或	满足两个条件之一时，值为“真”
Not	逻辑非	对一个逻辑量作“否”运算
Xor	逻辑异或	对两个逻辑式作比较，值不同时为“真”

4. 连接运算符

用于合并字符串，连接运算符（&）可以将两个文本值合并为一个单独的字符串。例如，表达式："中国"&"北京"等。

5. ！和 .（点）运算符

在标识符中使用 ！和 .（点）运算符可以指示随后将出现的项目类型。

（1）! 运算符。! 运算符指出随后出现的是用户定义项（集合中的一个元素）。使用 ！运算符可以引用一个打开着的窗体、报表或打开着的窗体或报表上的控件。例如，“Forms![订单]”表示引用打开的“订单”窗体。

（2）.（点）运算符。.（点）运算符通常指出随后出现的是 Access 定义的项。使用 .（点）运算符可以引用窗体、报表或控件的属性。另外，还可以使用 .（点）运算符引用 SQL 语句中的字段值、VBA 方法或某个集合。例如，“Reports![订单]![单位].Visible”表示“订单”报表上“单位”控件的 Visible 属性。

6. 其他操作符

使用 Between、Is、Like 操作符可以简化查询选择记表达式的创建，如表 3-2 所示。

表 3-2 特殊操作符及其含义

操 作 符	含 义	示 例
Between	用于测试一个数字值或日期值是否位于指定的范围内	Between #2012-01-01# And #2012-12-31#
Is	将一个字段与一个常量或字段值相比较，相同时为“真”	Is Null
Like	比较两个字符串是否相等	Like "S*"

在 Access 中，Like 通常与通配符“*”、“?”等一起使用，可以使用通配符作为其他字符的占位符，通常是知道要查找的部分内容或要查找以指定字母打头或符合某种模式的内容，可以使用通配符。

通配符必须与带“文本”数据类型的字段一起使用。表 3-3 列出了通配符的使用方法。

表 3-3 通配符的使用方法

通配符	含 义	示 例
*	与任何个数的字符匹配。在字符串中，它可以当作第一个或最后一个字符使用	使用 wh*可以找到 what、when、where 和 why
?	表示任意一个字符	使用 b?ll 可以找到 ball、bell 和 bill
[ ]	表示方括号内的任意一个字符	使用 b[ae]ll 可以找到 ball 和 bell，找不到 bill
[!]	表示不在方括号内的任意一个字符	使用 b[!ae]ll 可以找到 bill 和 bull，但找不到 ball 和 bell
[-]	表示指定范围内的任意一个字母（必须以升序排列字母范围）	使用 b[a-c]可以找到 bad、bbd 和 bcd
#	表示任意一个数字字符	使用 1#3 可以找到 103、113 和 123 等

必须将左、右方括号放在下一层方括号（[[ ]]），才能同时搜索一对左、右方括号（[ ]），否则，Access 会将这种组合作为一个空字符串处理。

3.2.2 汇总计算

在查询中可以对数据进行汇总计算，汇总计算包括总计（Sum）、统计（Count）、平均值（Avg）、最大值（Max）、最小值（Min）等。

【例 10】创建一个查询，统计课程号为“JS04”课程的平均成绩、最高成绩和最低成绩。

分析：

Access 提供了内置的汇总计算函数，可以分别计算平均成绩、最高成绩和最低成绩。

步骤：

（1）使用查询设计视图创建一个查询，在数据环境中分别添加“课程”表和“成绩”表，再将“课程”表中的“课程号”和“课程名”字段、“成绩”表中的“成绩”字段依次拖放到设计视图网格的“字段”单元格中，“成绩”字段拖放 3 次，分别添加在 3 个单元格中。

（2）单击“设计”选项卡上“显示/隐藏”选项组中的“总计”按钮Σ，自动添加一个“总计”行，同时将各字段的“总计”单元格自动设置为“Group By”（分组）。

（3）在“课程号”字段的“条件”单元格中输入“JS04”，再单击第 1 个“成绩”字段的“总计”单元格的下拉箭头，在出现的下拉列表中选择“平均值”；同样的方法，将第 2 个“成绩”字段的“总计”单元格选择为“最大值”，将第 3 个“成绩”字段的“总计”单元格选择为“最小值”如图 3-33 所示。

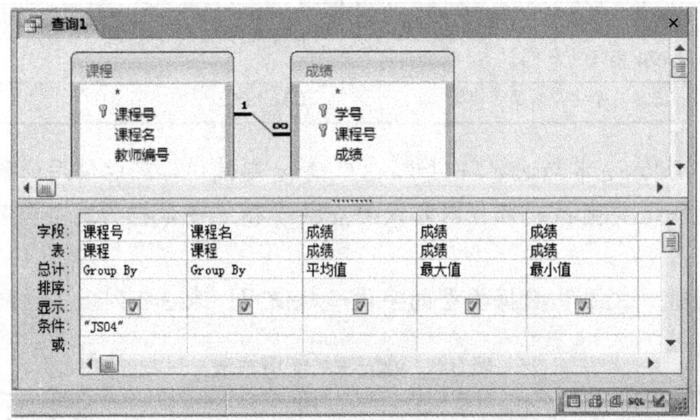

图 3-33　汇总计算查询设计视图

（4）运行该查询，结果如图 3-34 所示，以“汇总成绩”保存该查询。

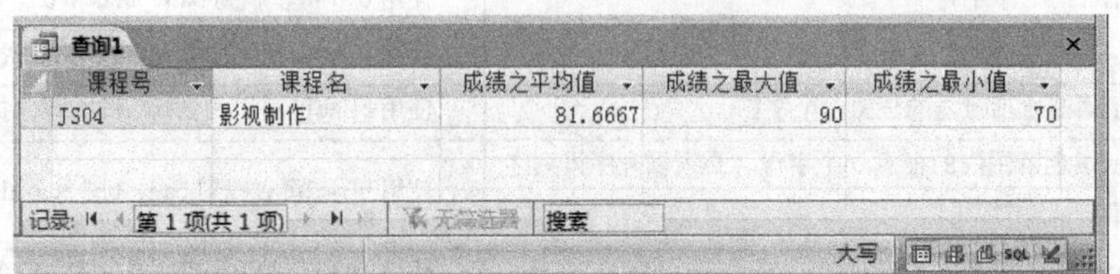

图 3-34　汇总计算结果

在设计汇总计算时，如果不指定计算结果的列表题，则系统自动根据“总计”行汇总方式，给出列标题，如“成绩之平均值”、“成绩之最大值”、“成绩之最小值”等。如果用户自己命名列标题，可以在字段行输入表达式，后接一个冒号（半角），再跟要参与汇总的字段名，如图 3-35 所示，汇总计算结果如图 3-36 所示。

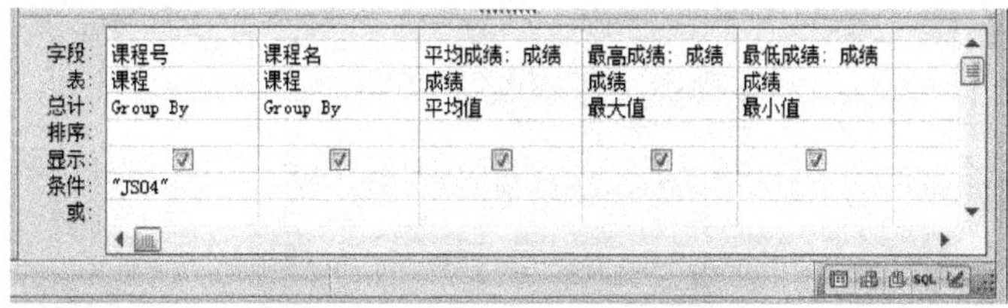

字段:	课程号	课程名	平均成绩: 成绩	最高成绩: 成绩	最低成绩: 成绩
表:	课程	课程	成绩	成绩	成绩
总计:	Group By	Group By	平均值	最大值	最小值
排序:					
显示:	☑	☑	☑	☑	☑
条件:	"JS04"				
或:					

图 3-35　汇总计算查询设计视图

课程号	课程名	平均成绩	最高成绩	最低成绩
JS04	影视制作	81.6667	90	70

图 3-36　汇总计算结果

【例 11】创建一个查询，统计每门课程的平均成绩、最高成绩和最低成绩，将平均成绩保留两位小数，并按平均成绩降序排序。

分析：

这是一个分组汇总计算，按课程进行分组，将分组中字段值相同的记录归为一组，然后对这一组的记录进行求平均值、最高值和最低值。

步骤：

（1）使用查询设计视图创建一个查询，在数据环境中分别添加“课程”表和“成绩”表，再将“课程”表中的“课程号”和“课程名”字段、“成绩”表中的“成绩”字段依次拖放到设计视图网格的“字段”单元格中，共添加 3 个字段成绩。

（2）单击“设计”选项卡上“显示/隐藏”选项组中的“总计”按钮 Σ，自动添加一个“总计”行。

（3）在“课程号”字段的“总计”单元格中选择“Group By”；在 3 个“成绩”字段的“总计”单元格中依次选择“平均值”、“最大值”和“最小值”，并按“平均值”降序排序。

（4）在 3 个“成绩”字段的“字段”单元格中依次输入“平均成绩:成绩”、“最高成绩:成绩”和“最低成绩:成绩”，如图 3-37 所示。

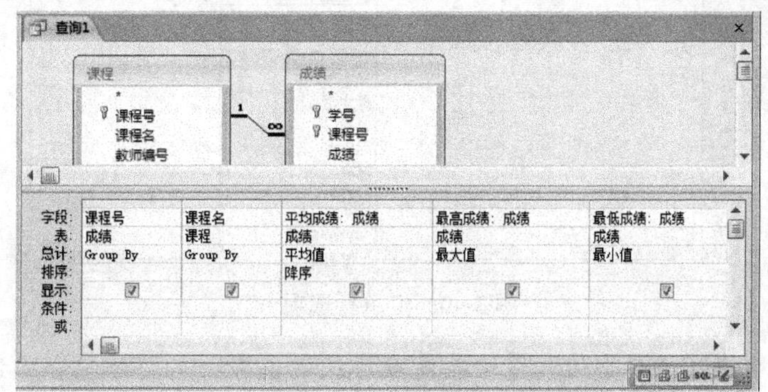

字段:	课程号	课程名	平均成绩: 成绩	最高成绩: 成绩	最低成绩: 成绩
表:	成绩	课程	成绩	成绩	成绩
总计:	Group By	Group By	平均值	最大值	最小值
排序:			降序		
显示:	☑	☑	☑	☑	☑
条件:					
或:					

图 3-37　各门课程平均成绩设计视图

（5）单击“平均成绩”字段，再单击“设计”选项卡的“显示/隐藏”选项组中的“属性表”按钮，打开“属性表”窗口，设置成绩字段的“格式”属性为“标准”，“小数位数”为2，如图3-38所示。

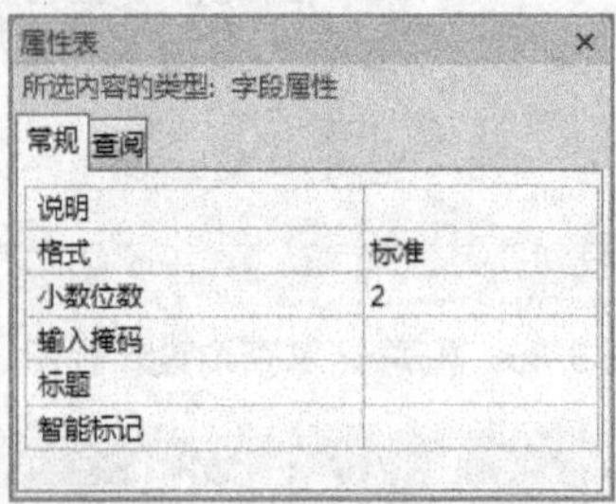

图3-38　设置成绩字段属性

（6）运行该查询，结果如图3-39所示，以“各科成绩汇总”保存该查询。

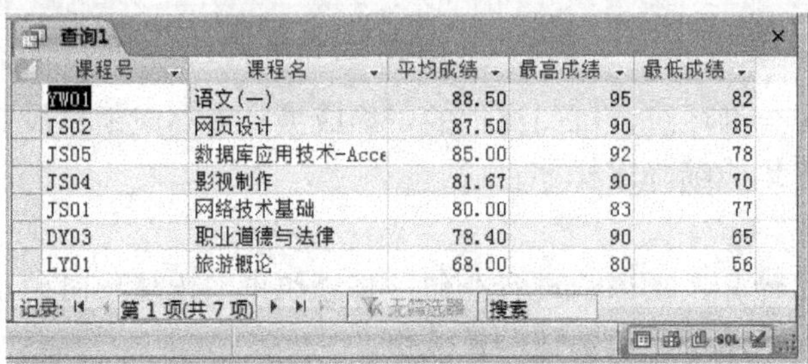

查询1

课程号	课程名	平均成绩	最高成绩	最低成绩
YW01	语文(一)	88.50	95	82
JS02	网页设计	87.50	90	85
JS05	数据库应用技术-Acce	85.00	92	78
JS04	影视制作	81.67	90	70
JS01	网络技术基础	80.00	83	77
DY03	职业道德与法律	78.40	90	65
LY01	旅游概论	68.00	80	56

记录：第1项(共7项)　无筛选器　搜索

图3-39　各门课程平均成绩统计结果

相关知识

Access 2007中汇总行的使用

Access 2007在查询设计视图中提供了汇总行，简化了汇总数据列的过程。使用汇总行可以执行其他计算，如求平均值、统计列中的项数及查找数据列中的最小值或最大值等，如图3-40所示。

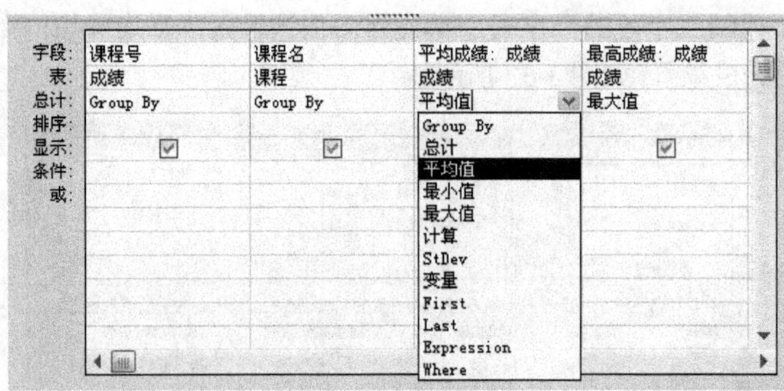

图3-40　汇总行选项

“总计”、“平均值”、“最小值”等这些都属于统计函数，又称为聚合函数。使用聚合函数，可以针对数据列执行计算并返回单个值。在编写表达式和编程时，可以使用聚合函数来确定各种统计信息。在创建计算查询中，经常用到系统提供的聚合函数。表3-4列出了Access提供的常用聚合函数。

表3-4 常用的聚合函数及其功能

聚合函数名称	功　能
总计（Sum）	计算字段中所有记录的总和，数据类型为数字、货币
平均值（Avg）	计算字段中所有记录的平均值，数据类型为数字、货币或日期/时间
最小值（Min）	取字段的最小值，数据类型为数字、货币或日期/时间
最大值（Max）	取字段的最大值，数据类型为数字、货币或日期/时间
计数（Count）	统计字段中非空值的记录数
标准差（StDev）	计算记录字段的标准差，数据类型为数字、货币
方差（Var）	计算记录字段的方差，数据类型为数字、货币
第1条记录（First）	取表中第一条记录的该字段值
最后1条记录（Last）	取表中最后一条记录的该字段值

在需要计算单个值（如总和或平均值）时，可以使用聚合函数。在执行操作时，对数据列使用聚合函数。在设计和使用数据库时，往往会专注于数据行和单个记录，如确保用户可以在字段中输入数据、左右移动插入点以及填写下一字段等。相反，使用聚合函数可以将重点放在列中的记录组上。

3.2.3　计算字段的使用

计算字段是在查询中自定义的字段，既可以新建用于显示表达式的计算结果，也可以新建控制字段值的字段，它是一个虚拟的字段。创建计算字段的方法是将表达式输入到查询设计网格中的空字段单元格中，后面接一个冒号（半角）。所创建的计算字段可以是数字、文本、日期等多种数据类型的表达式，表达式可以由多个字段组成，也可以指定计算字段的查询条件等。如果表达式是字段名，字段名必须用方括号括起来，用方括号括起来的字段名表示的是字段中的值。例如，[奖金]+500，表示将每个职工的奖金增加500元。

【例12】创建一个查询，查询每个学生的年龄，并按年龄由高到低排序，显示字段为学号、姓名及年龄。

分析：

年龄可由表达式：Year（Date（）-Year（[出生日期]））来计算，其中“出生日期”是取自“学生”表中的字段。因此，需要创建计算字段“年龄”，该字段为：“年龄：=Year（Date（））-Year（[出生日期]）”，其中Date（）函数为当前系统日期，Year（）函数返回日期中的年份，当前年份与出生年份的差即为年龄。

步骤：

（1）使用查询设计视图创建一个查询，将“学生”表添加到数据环境中。

（2）将“学生”表中的“学号”和“姓名”字段分别添加到查询设计网格中。

（3）单击查询设计网格右侧第一个空白列的“字段”单元格，在该单元格内输入“年龄: Year（Date（））-Year（[出生日期]）”，并在该字段的“排序”单元格中选择“降序”，如图3-41所示。

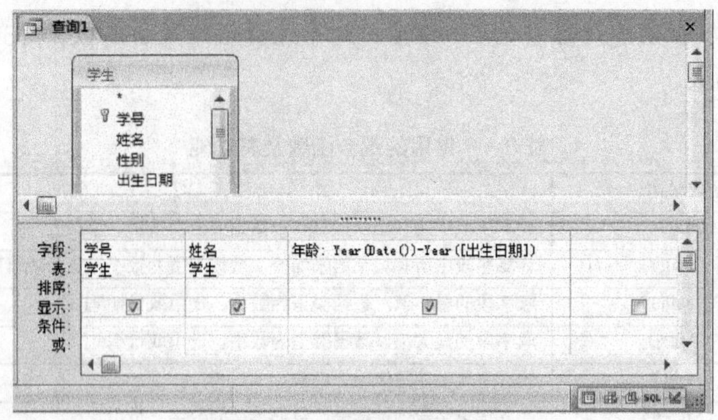

图 3-41　计算年龄查询设计视图

（4）运行该查询，结果如图 3-42 所示，以“计算年龄”保存该查询。

学号	姓名	年龄
20110101	赵小璐	16
20110102	张　琪	16
20110201	李梦怡	17
20110202	张天宝	16
20110203	孙　强	17
20110204	李中华	16
20120101	张莉莉	15
20120102	孙晓晗	16
20120201	赵克华	15
20120202	李　雨	15

记录: 第 1 项(共 10 项　无筛选器　搜索

图 3-42　年龄查询结果

在查询结果中不能修改计算字段的结果，但当计算字段中引用的任意字段值发生变化时，计算字段的值也将随之发生变化。

课堂练习

1. 在“学生”表中检索全部男生的记录。
2. 在“学生”表中检索学生“孙”姓或“李”姓的有关信息。
3. 创建一个查询，检索“网页设计”课程成绩在 80 分以上的学生信息。
4. 创建一个查询，统计每个专业学生的平均身高。
5. 分别统计“学生”表中的男女生人数。
6. 创建一个查询，查询显示每个学生的身高以及增加 10 厘米后的身高。

3.3　创建参数查询

参数查询也是一种选择查询，在执行时显示一个或多个对话框提示用户输入信息，可以在对话框中设置查询条件。因此，可以将参数查询看作是运行时允许输入可变条件的选择查询。例如，设计输入两个日期，然后 Access 检索在这两个日期之间的所有记录。

3.3.1 创建单个参数查询

【例 13】创建一个查询，每次运行该查询时，通过对话框提示输入要查找的学生姓名，检索该学生的有关信息。

分析：

该查询是一个参数查询，设置学生姓名为参数，每次运行时输入要查询的学生姓名，以查询不同的学生。

步骤：

（1）新建查询，打开查询设计视图，在“显示表”对话框中将“学生”表添加到数据环境中。

（2）添加查询字段。分别将“学生”表中的“学号”、“姓名”、“性别”、“出生日期”、“专业”和“家庭住址”字段拖放到设计视图网格的“字段”单元格中。

（3）在“姓名”字段的“条件”单元格中，输入提示文本信息：[输入要查找的学生姓名：]，如图 3-43 所示。

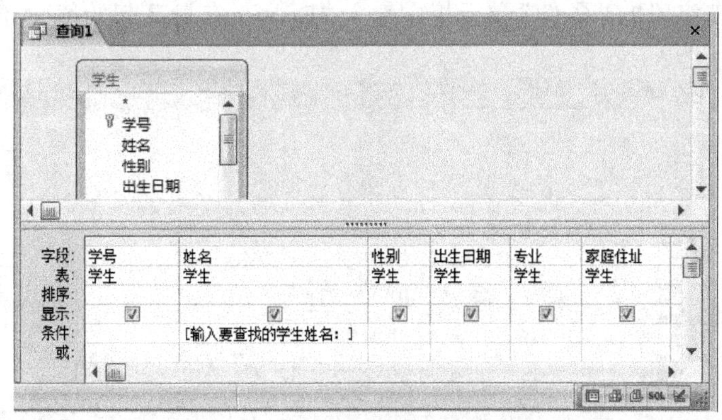

图 3-43 带参数的查询设计视图

（4）运行该查询，出现如图 3-44 所示的对话框。例如，输入“李梦怡”，查询结果如图 3-45 所示。

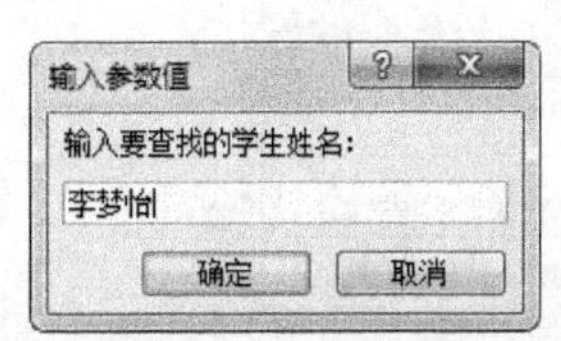

图 3-44 “输入参数值”对话框

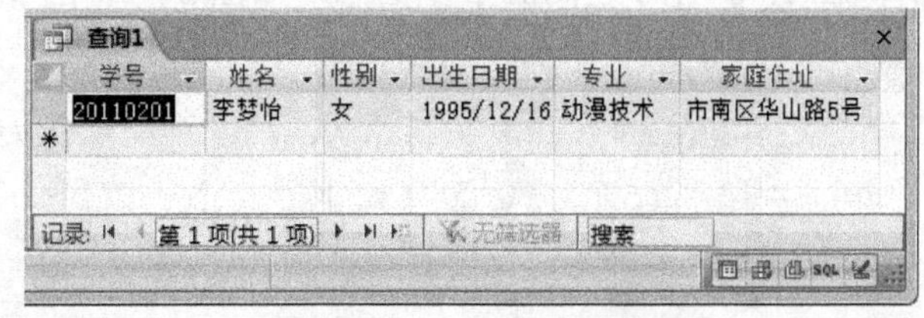

图 3-45 带参数查询结果

（5）以“单个参数的查询”保存该查询。

从查询运行结果可以看出，筛选出了姓名为“李梦怡”的有关信息。每次运行该查询可以输入不同的姓名，查询相关的学生信息。

提示：

设置参数查询时，在“条件”单元格中输入查询提示信息，提示信息两侧必须加上“[ ]”方括号，如果不加方括号，在运行查询时，系统会把提示信息当作查询条件。

3.3.2 创建多个参数查询

多个参数的查询是在运行时需要用户输入一个以上的参数值的查询。

【例 14】创建参数查询，查询身高在某个数值范围内的有关学生信息。

分析：

该查询可以设置“身高”为参数，在查询前输入“身高起始值”和“身高终止值”，根据输入的数值进行检索。

步骤：

（1）新建查询，打开查询设计视图，在“显示表”对话框中将“学生”表添加到数据环境中。

（2）添加查询字段。分别将“学生”表中的“学号”、“姓名”、“性别”、“出生日期”、“身高”和“专业”字段拖放到设计视图网格的“字段”单元格中。

（3）在“身高”字段的“条件”单元格中输入“Between [身高起始值] And [身高终止值]”，如图 3-46 所示。

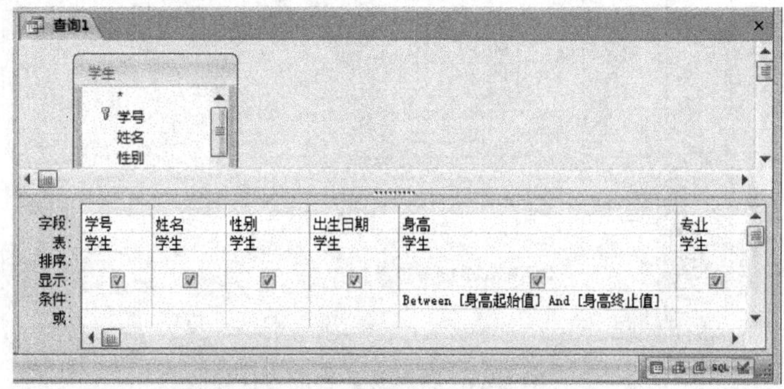

图 3-46　多参数查询设计视图

（4）运行该查询，出现提示对话框，分别输入“身高起始值”和“身高终止值”，例如，查询身高在 1.60~1.70 之间的学生信息，如图 3-47、图 3-48 所示。

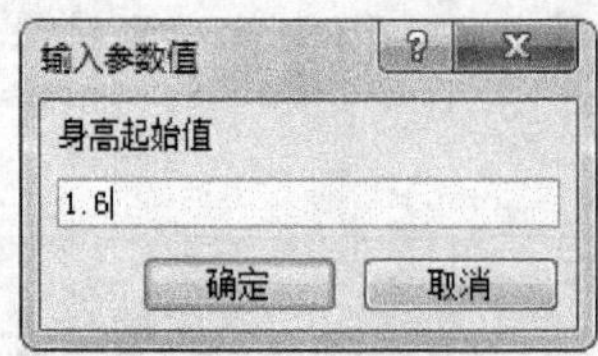

图 3-47 输入参数 1

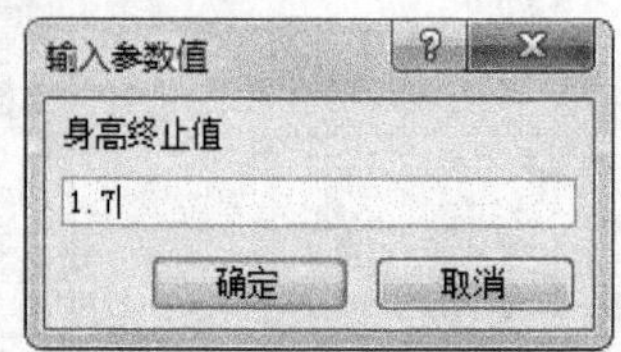

图 3-48 输入参数 2

（5）查询结果如图 3-49 所示，并以“两个参数查询”保存该查询。

查询1

学号	姓名	性别	出生日期	身高	专业
20110101	赵小璐	女	1996/6/10	1.62	网络技术与应用
20110201	李梦怡	女	1995/12/16	1.6	动漫技术
20110202	张天宝	男	1996/6/18	1.65	动漫技术
20120102	孙晓晗	女	1996/12/30	1.62	网络技术与应用
20120202	李　雨	女	1997/7/31	1.65	旅游服务
20110204	李中华	女	1996/6/30	1.7	动漫技术

记录: 第 1 项(共 6 项)　无筛选器　搜索

图 3-49　两个参数的查询结果

使用参数查询可以实现模糊查询，在作为参数的每个字段的“条件”单元格中，输入条件表达式，并在方括号内输入相应的提示信息。例如：

- 查询大于某数值：
  > [输入大于该数值：]
- 表示以某字符（汉字）开头的词：
  Like [查找开头的字符或汉字：] & "*"
- 表示包含某字符（汉字）的词：
  Like "*"& [查找包含的字符（汉字）：] & "*"
- 表示以某字符（汉字）结尾的词：
  Like "*" & [查找文中结尾的字符（汉字）：]

课堂练习

1. 创建参数查询，在“学生”表中查找某个专业的学生信息。
2. 创建参数查询，在“学生”表中查找姓名中包含某个汉字的学生信息。
3. 创建参数查询，查找某门课程某一分数段的学生名单。

3.4　创建交叉表查询

使用交叉表查询可以计算并重新组织数据的结构，这样可以更加方便地分析数据。交叉表查询计算数据的总计、平均值、计数或其他类型的汇总，这种数据可分为两组信息：一组在数据表左侧排列，另一组在数据表的顶端。

3.4.1　使用向导创建交叉表

使用查询向导创建交叉表查询，所用的字段必须来自同一个表或查询。

【例 15】创建一个交叉表查询，统计学生所学课程的成绩及总成绩，如图 3-50 所示。

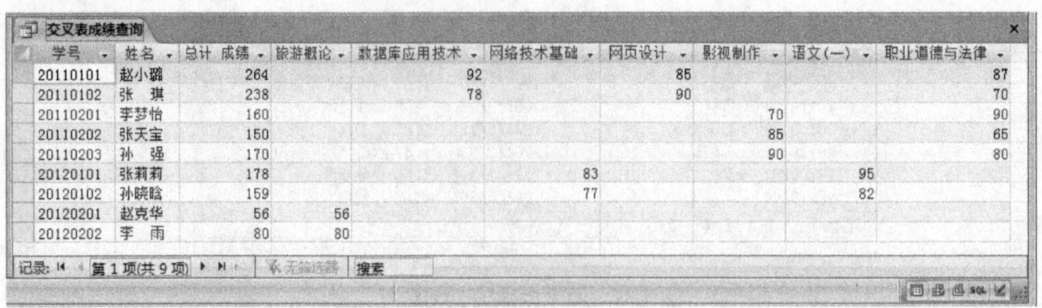

图 3-50 交叉表成绩查询结果

分析：

该查询既含有学生姓名数据列，又含有课程名称数据列，所以选择已建立的“学生课程成绩查询”为数据源。

步骤：

（1）使用向导新建查询，在“新建查询”对话框中，选择“交叉表查询向导”选项，单击“确定”按钮，出现如图 3-51 所示的对话框，选择“学生课程成绩查询”。

（2）单击“下一步”按钮，出现如图 3-52 所示的对话框，选择“学号”和“姓名”字段作为行标题。

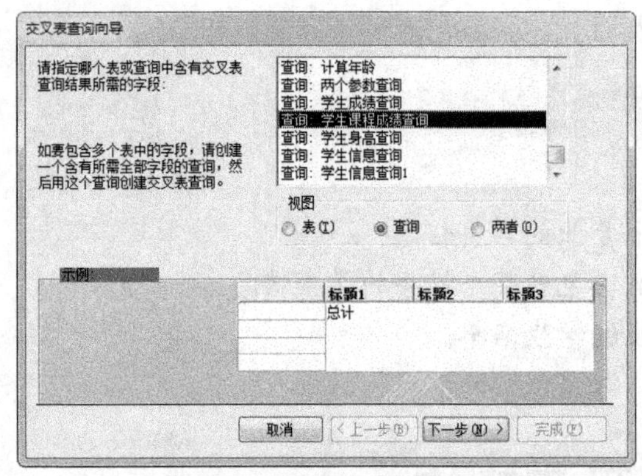

图 3-51 选取数据源对话框

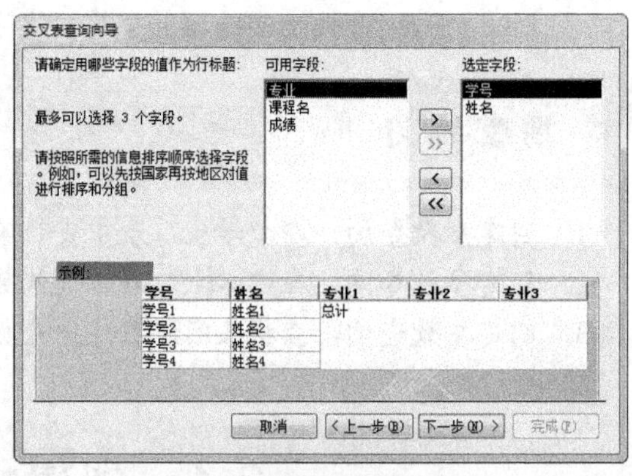

图 3-52 选择行标题对话框

（3）单击“下一步”按钮，出现如图 3-53 所示的对话框，选择“课程名”作为列标题。

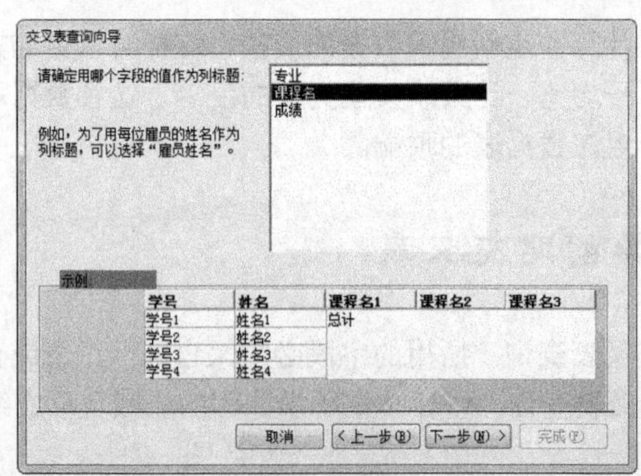

图 3-53 选择列标题对话框

（4）单击“下一步”按钮，出现如图3-54所示的对话框，选择在每个行和列的交叉点上显示的数据，如在“字段”框中选择“成绩”，在“函数”框中选择“汇总”选项。

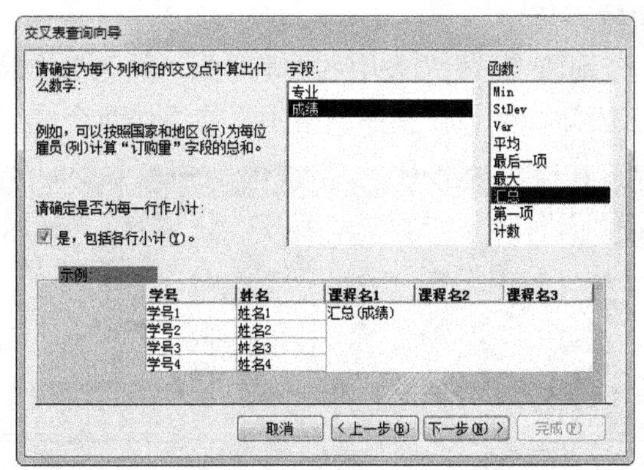

图3-54 选择行和列交叉点上显示的数据

（5）单击“下一步”按钮，出现完成创建交叉表对话框。这时需要为创建的查询指定一个名称，如“交叉表成绩查询”，再单击“完成”按钮，系统自动创建一个交叉表查询，如图3-50所示，该交叉表查询对应的设计如图3-55所示。

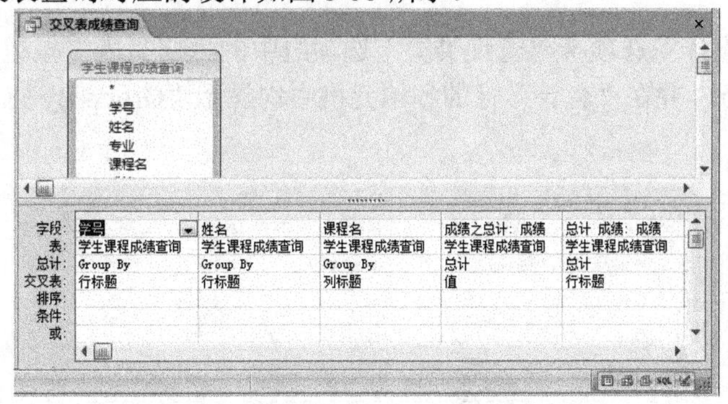

图3-55 “交叉表成绩查询”设计视图

在使用查询向导创建交叉表查询时，如果所需的字段来自不同表或查询，这时可以先创建一个基于多个表或查询的查询，将交叉表查询中所需的字段建立在一个查询中，然后再创建交叉表查询。

3.4.2 使用设计视图创建交叉表

使用设计视图创建交叉表查询，可以从多个表或查询中选择字段。

【例16】使用设计视图创建交叉表查询，显示2011级学生所学的课程成绩及总成绩。

分析：

该查询包含有学生的学号、姓名、课程名以及成绩字段，使用设计视图创建查询，选择表作为数据源，该查询的数据源为“学生”表、“课程”表和“成绩”表，查询条件为：Left（[学生.学号],4）="2011"，其中Left（[学生.学号],4）表示从“学生”表“学号”字段的左边取4个字符。

步骤：

（1）新建查询，打开查询设计视图，在“显示表”对话框中分别将“学生”表、“课程”表和“成绩”表添加到数据环境中。

（2）添加查询字段。分别将“学生”表中的“学号”、“姓名”、“课程”表中的“课程名”、“成绩”表中的“成绩”字段添加到设计视图网格中，共添加两个成绩字段，如图 3-56 所示。

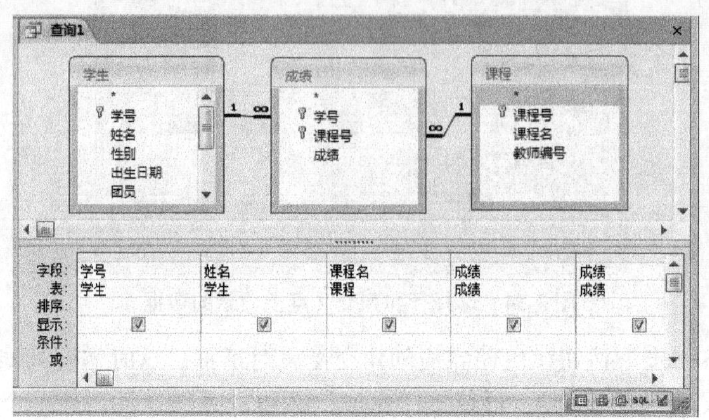

图 3-56　添加查询所需字段

（3）单击“设计”选项卡“查询类型”选项组中的“交叉表”按钮，自动添加“总计”行和“交叉表”行，并在“总计”行的各单元格中均显示“Group By”（分组），如图 3-57 所示。

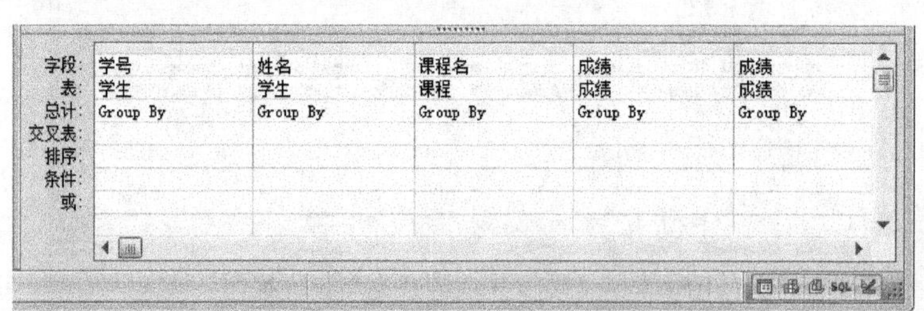

图 3-57　将选择查询变为交叉表查询

（4）设置“总计”行和“交叉表”行，将最后一个“成绩”字段命名为“总成绩:成绩”，其中冒号为半角，并在第 1 个空白字段单元格中输入“Left（[学生.学号],4）”，在“总计”行选择“Where”，在“条件”单元格中输入“2011”，如图 3-58 所示。

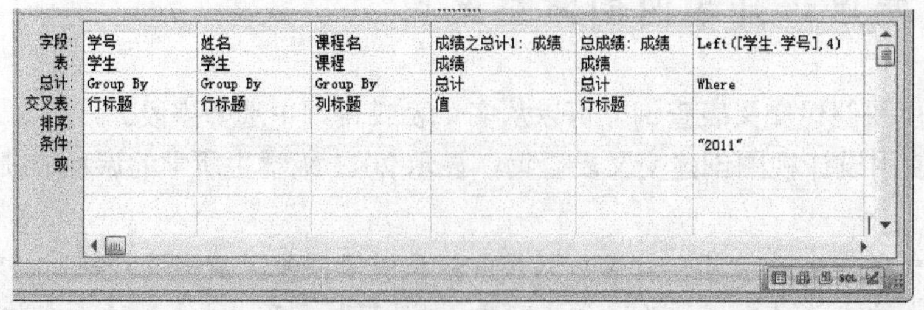

图 3-58　交叉表查询设计视图

（5）运行该查询，结果如图 3-59 所示。

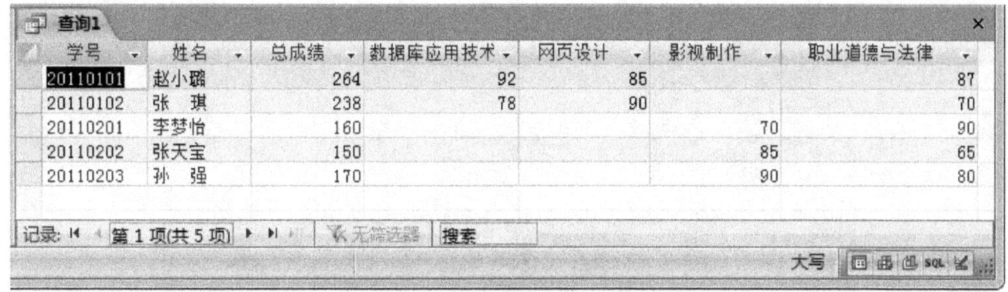

查询1

学号	姓名	总成绩	数据库应用技术	网页设计	影视制作	职业道德与法律
20110101	赵小璐	264	92	85		87
20110102	张 琪	238	78	90		70
20110201	李梦怡	160			70	90
20110202	张天宝	150			85	65
20110203	孙 强	170			90	80

记录: 第1项(共5项) 无筛选器 搜索

大写

图 3-59 交叉表查询结果

（6）以“2011级成绩交叉表查询”为查询名保存该查询。

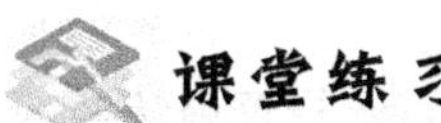

课堂练习

1. 创建交叉表查询，查询学生的“网页设计”、“影视制作”和“职业道德与法律”三门课程的成绩及总成绩。

2. 创建交叉表查询，显示2012级学生所学的课程成绩。

3.5 操作查询

操作查询包括生成表查询、更新查询、追加查询和删除查询四种类型。删除和更新查询更改现有的数据；追加和生成表查询复制现有的数据。

3.5.1 生成表查询

生成表查询可以根据一个或多个表中的全部或部分数据新建一个表。它可用于创建基于一个或多个表中全部或部分字段的新表，还可创建基于一个或多个表中全部或部分记录的新表。

【例 17】将“学生”表中2011级学生的相关信息另存在“2011XS”表中。

分析：

这是一个生成表查询，将查询筛选到2011级的记录保存到一个新表中，2011级可以从学号字段值的前4位获取。

步骤：

（1）新建查询，打开查询设计视图，在“显示表”对话框中将“学生”表添加到数据环境中，然后将“学生”表中的全部字段分别添加设计视图网格中，并在“学号”字段的“条件”单元格中输入筛选条件：Like "2011*"，如图3-60所示，然后可以切换到数据表视图，查看查询结果。

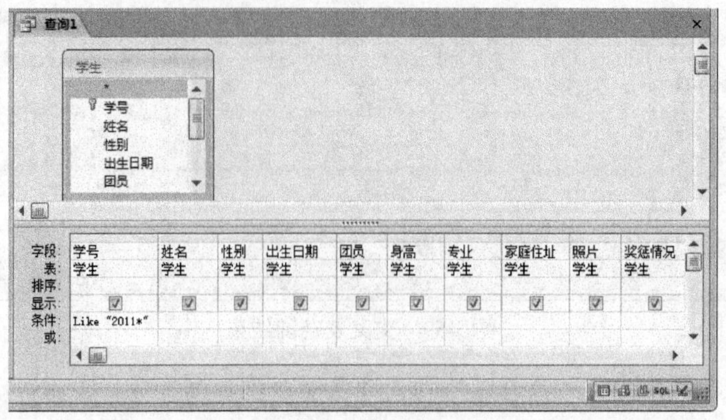

图 3-60 创建“生成表查询”

（2）单击“设计”选项卡“查询类型”选项组中的“生成表”按钮，将选择查询转换为生成表查询，打开“生成表”对话框，如图 3-61 所示，输入新表的名称“2011XS”，新生成的表可以保存在当前数据库，也可以保存到另一个数据库中，如保存到当前数据库。

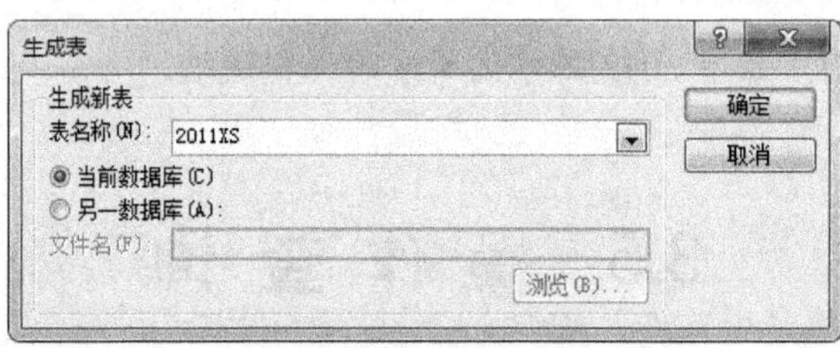

图 3-61 “生成表”对话框

（3）单击“确定”按钮，返回查询设计视图，再单击“结果”选项组中的“运行”按钮，运行该查询，出现生成表查询提示信息，如图 3-62 所示。

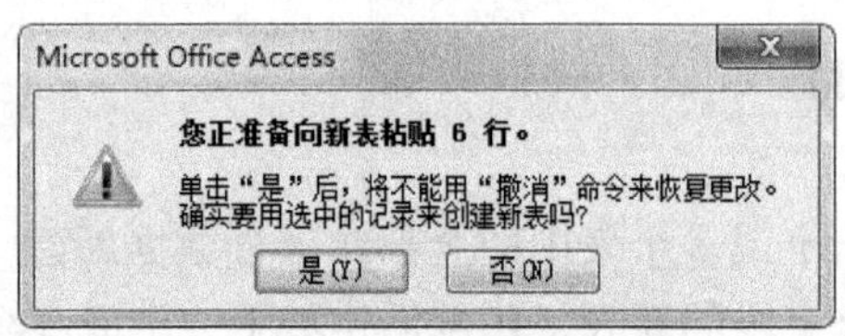

图 3-62 生成表查询提示信息

（4）单击“是”按钮，创建新表。

在导航窗格的表对象中打开新生成的“2011XS”表，可以查看新生成表的记录。

3.5.2 更新查询

更新查询可以对一个或多个表中的一组记录进行更新。在更新查询中，如果没有条件限制，将对全部记录进行更新；如果设置了条件，将对符合条件的记录进行更新。

【例 18】将“2011XS”表中原有的“网络技术与应用”专业名称更改为“网络技术”。

分析：

这是一个更新查询，对表中部分记录进行成批修改。

步骤：

（1）新建查询，打开查询设计视图，将“2011XS”表添加到数据环境中，然后将该表的“专业”字段添加设计视图网格中。

（2）单击“设计”选项卡“查询类型”选项组中的“更新”按钮，在设计视图网格中添加“更新到”行，将选择查询转换为更新查询。

（3）在“专业”字段的“条件”单元格中输入“网络技术与应用”，在“更新到”单元格中输入“网络技术”，如图3-63所示。切换到数据表视图，可以看到符合条件的记录。

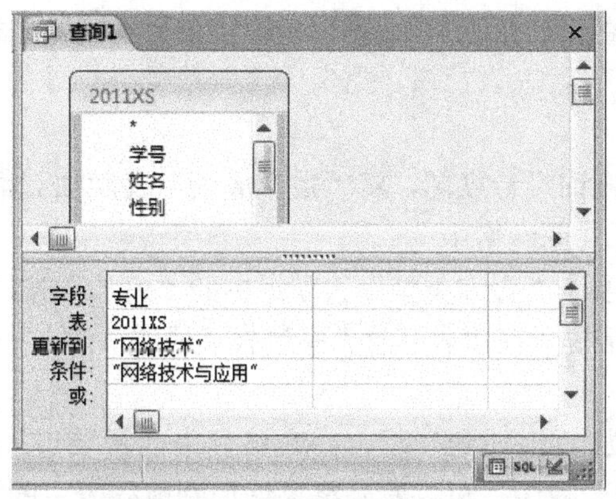

图3-63 更新查询设计视图

（4）单击“设计”选项卡“结果”选项组中的“运行”按钮，系统弹出如图3-64所示的对话框，单击“是”按钮，系统会对“2011XS”表中符合条件的记录进行更新。

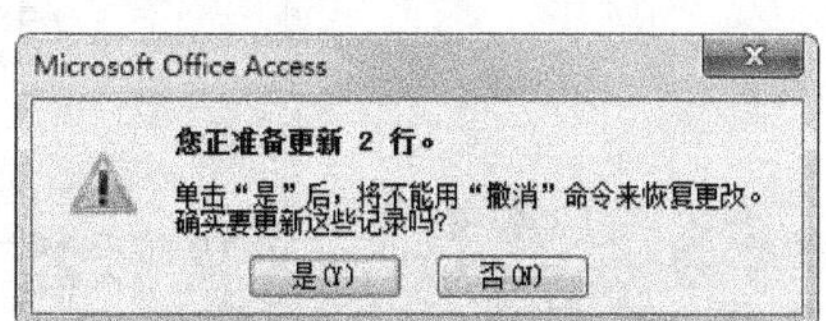

图3-64 更新查询提示信息

（5）打开“2007XS”表，切换到数据表视图，观察原来的专业名称“网络技术与应用”记录更改为“网络技术”。

提示：

在更新查询中，如果对数字等类型的字段进行更新时，执行多次更新查询，将使数据表中的数据多次被更新。例如，在“成绩”表中执行更新条件：[成绩]+10，因为每执行一次查询，成绩将增加10，这势必造成数据错误。

3.5.3 追加查询

追加查询将一个或多个表中的一组记录添加到一个或多个表的末尾。例如，为避免在数据库中重复录入数据，可以将不同教师任教学科的成绩，追加到总成绩表中。

【例19】创建追加查询，将“数学成绩”表中的记录追加到“成绩”表中，“数学成绩”表记录如图3-65所示。

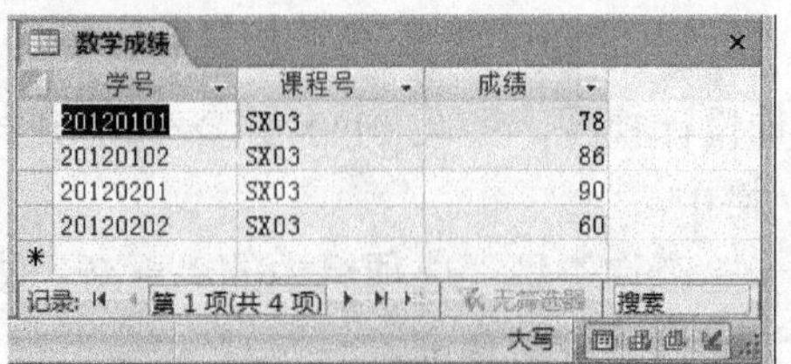

图 3-65 “数学成绩”表记录

分析：

利用追加查询可以将查询的结果追加到一个已存在的表中，要追加的表中必须含有查询结果字段。

步骤：

（1）新建查询，打开查询设计视图，将“数学成绩”表添加到数据环境中，然后将该表的所有字段“*”添加设计视图网格中。

（2）单击“设计”选项卡“查询类型”选项组中的“追加”按钮，将选择查询转换为追加查询，出现“追加”对话框，在“表名称”中选择“成绩”表，如图 3-66 所示，单击“确定”按钮。

（3）在设计视图中添加“追加到”行，并在该行中显示要追加到表中的所有字段，如图 3-67 所示。切换到数据表视图，可以看到将要追加到成绩表中的记录。

图 3-66 “追加”对话框

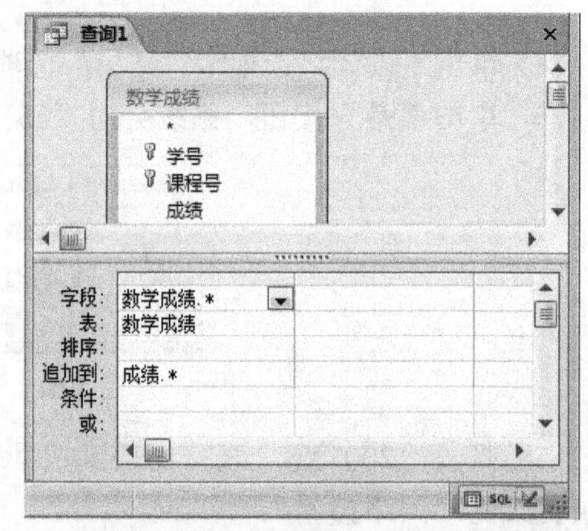

图 3-67 追加查询设计视图

（4）单击“设计”选项卡“结果”选项组中的“运行”按钮，出现如图 3-68 所示的对话框，单击“是”按钮，系统自动将全部记录追加到成绩表中。

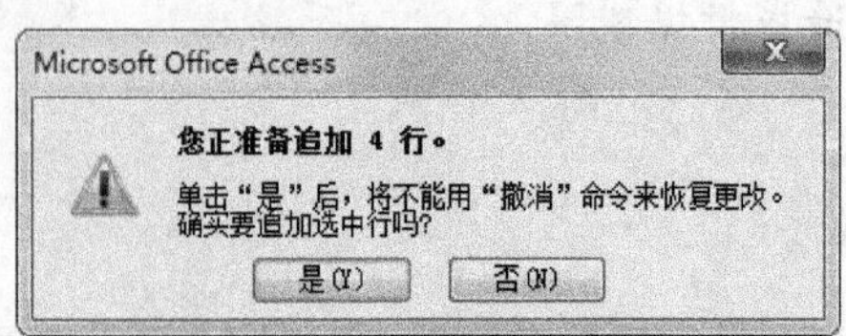

图 3-68 追加查询提示信息

如果追加的表中没有设置主关键字段，或追加没有重复的记录时，可以执行多次追加查询操作。但在追加查询时还应注意：

- 要增加记录的表必须首先存在。
- 需增加记录的表若有主关键字字段，该字段新追加的部分不能为空或重复。
- 不能追加与该表有重复内容的“自动编号”类型字段的记录。

3.5.4 删除查询

删除查询可以从一个或多个表中删除一组记录。例如，可以使用删除查询来删除某些空白记录。如果没有条件，将删除所有记录。使用删除查询，对整个记录进行删除，而不只是记录中的部分字段。

【例20】创建删除查询，删除“2011XS”表中专业为“网络技术”的记录。

分析：

使用删除查询，一次可以删除表中一条或多条记录。

步骤：

（1）新建查询，打开查询设计视图，将“2011XS”表添加到数据环境中，然后将该表的“*”和“专业”字段添加设计视图网格中。

（2）单击“设计”选项卡“查询类型”选项组中的“删除”按钮，在设计视图网格中添加“删除”行，选择查询转换为删除查询。

（3）在“专业”字段的“条件”单元格中“网络技术”，如图3-69所示。切换到数据表视图，会看有两条符合条件的记录。

（4）单击“设计”选项卡“结果”选项组中的“运行”按钮，出现如图3-70所示的对话框，单击“是”按钮，系统自动对符合条件的记录进行删除。

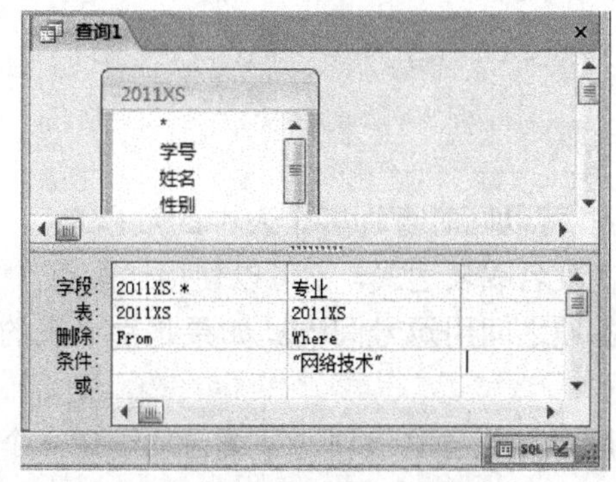

图3-69 删除查询设计视图

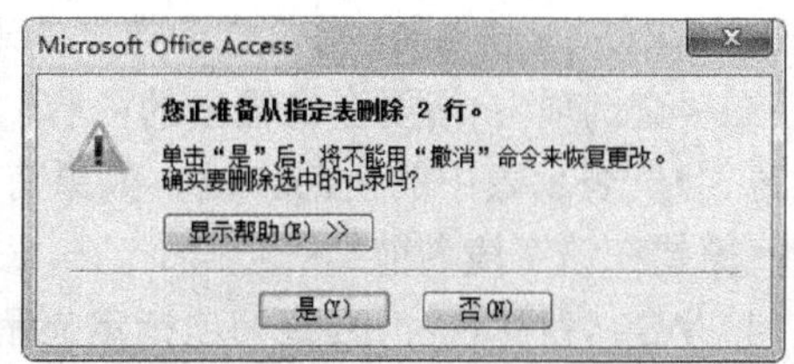

图3-70 删除查询提示信息

打开“2011XS”表，可以看到“网络技术”专业的两条记录被删除。

删除查询在删除记录时，如果启用表的级联删除，可以从单个表、一对一关系的表或一对多关系的多个表中删除相关联的记录。

课堂练习

1. 创建生成表查询，将“学生”表中“网络技术与应用”专业的学生复制到一个新表中。

2. 创建更新查询，将“2011XS”表中所有男生身高增加 5 厘米。

3. 创建追加查询，将“新增课程”表中的所有记录追加到“课程”表中，“新增课程”表与“课程”表结构相同。

4. 创建删除查询，运行查询时，根据输入的姓名，在“2011XS”表中查找并删除该记录。

3.6 SELECT 查询

SQL（Structured Query Language）即结构化查询语言，是基于关系代数运算的一种关系数据查询语言。它功能丰富、语言简洁、使用方便灵活，成为关系数据库的标准语言。

SQL 是一种通用的、功能强的数据库语言，不仅具有查询功能，还有数据定义语言 DDL、数据操纵语言 DML、数据控制语言 DCL 的功能，是一种通用的关系数据库语言，能够完成从定义数据库、录入数据来建立数据库，并且为用户提供查询、更新、维护、扩充等操作，以及保障数据安全的操作。

SQL 的核心是查询。SELECT 是 SQL 的一条查询语句，它具有使用灵活、简便、功能强大等优点。

3.6.1 简单查询

使用 SELECT 语句可以对表进行简单查询，查询表中全部或部分记录，格式如下：

```
SELECT [DISTINCT]
        <查询项 1> [AS <列标题 1>], [<查询项 2> [AS <列标题 2>]…]   FROM <表名>
```

说明：

（1）该语句的功能是从表中查询满足条件的记录。

（2）FROM <表名>：指要查询数据的表文件名，可以同时查询多个表中的数据。

（3）<查询项>：指要查询输出的内容，可以是字段名或表达式，还可以使用通配符“*”，通配符“*”表示表中的全部字段。如果有多项，各项之间用逗号间隔。如果是别名表的字段名，需要在该字段名前加<别名>。

（4）AS <列标题>：为查询项指定显示的列标题，如果省略该项，系统自动给定一个列标题。

（5）DISTINCT：该选项是指在查询结果中，重复的查询记录只出现一条。

【例 21】在“成绩管理”数据库中，使用 SELECT 语句查询并显示“学生”表中全部记录的学号、姓名、性别、出生日期和专业字段内容。

分析：

这是一个对一个表进行的查询，使用 SELECT 需要确定表和输出的字段即可。

操作：

（1）打开“成绩管理”数据库，新建查询，打开查询设计视图，不添加表或查询，单击“设计”选项卡“结果”选项组的“SQL 视图”按钮，出现 SQL 视图窗口。

（2）在 SQL 视图窗口中输入 SELECT 查询语句，如图 3-71 所示。

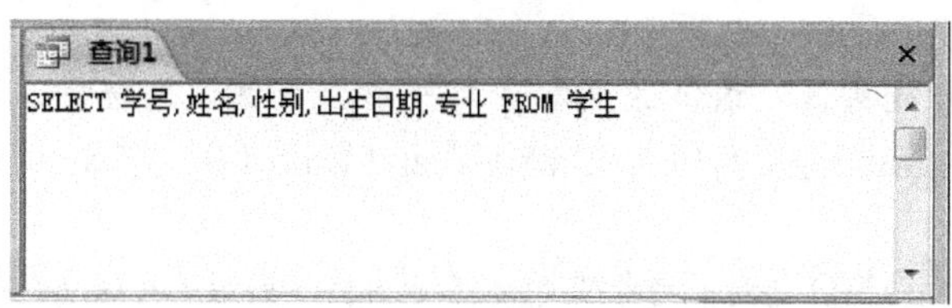

图 3-71　SELECT 查询语句

（3）单击“设计”选项卡“结果”选项组中的“运行”按钮，查询结果如图 3-72 所示。

学号	姓名	性别	出生日期	专业
20110101	赵小璐	女	1996/6/10	网络技术与应用
20110102	张　琪	男	1996/3/17	网络技术与应用
20110201	李梦怡	女	1995/12/16	动漫技术
20110202	张天宝	男	1996/6/18	动漫技术
20110203	孙　强	男	1995/10/12	动漫技术
20110204	李中华	女	1996/6/30	动漫技术
20120101	张莉莉	女	1997/4/8	网络技术与应用
20120102	孙晓晗	女	1996/12/30	网络技术与应用
20120201	赵克华	男	1997/2/15	旅游服务
20120202	李　雨	女	1997/7/31	旅游服务

记录: 第 1 项(共 10 项)　无筛选器　搜索

图 3-72　SELECT 语句查询结果

查询输出表的全部记录，输出字段的排列顺序由语句中查询项排列次序决定。

如果用 SELECT 语句查询输出表中的全部字段，除了在语句中将全部字段名一一列举出来之外，还可以用通配符“*”，表示表中的全部字段。

例如，输入语句：

```
SELECT * FROM 学生
```

执行结果是将“学生”表中记录的全部字段输出，与该表的数据表视图浏览结果相同。

【例 22】查询“学生”表中包含的全部不同的专业名称。

分析：

查询结果中包含全部不同的专业，也就是不同的记录，在 SELECT 语句中使用 DISTINCT 选项。

输入语句：

```
SELECT DISTINCT 专业 FROM 学生
```

结果如图 3-73 所示。

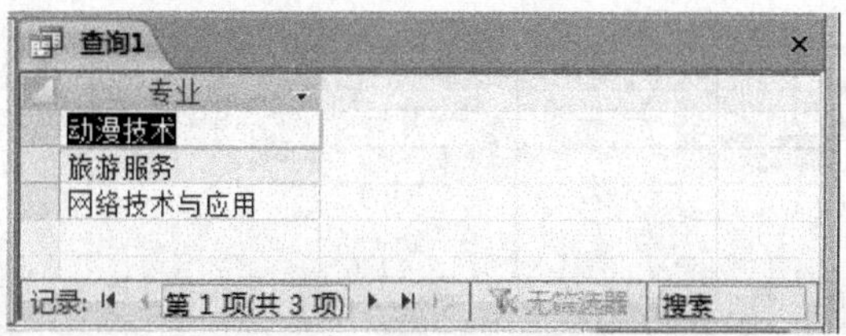

专业
动漫技术
旅游服务
网络技术与应用

记录: 第 1 项(共 3 项)　无筛选器　搜索

图 3-73　查询不同的专业

每条 SELECT 语句中只能使用一个 DISTINCT 选项。

【例 23】统计"学生"表中全部学生的平均身高、最高身高、最低身高和平均年龄。

分析：

计算平均身高、最高身高、最低身高和平均年龄，需要使用统计函数，分别是 Avg（[身高]）、Max（[身高]）、Min（[身高]）和 Avg（Year（Date（））-Year（[出生日期]））。

输入语句：

```
SELECT Avg（[身高]）AS 平均身高, Max（[身高]）AS 最大身高, Min（[身高]）AS 最低身高,
Avg（Year（Date（））-Year（[出生日期]））AS 平均年龄  FROM 学生
```

查询结果如图 3-74 所示。

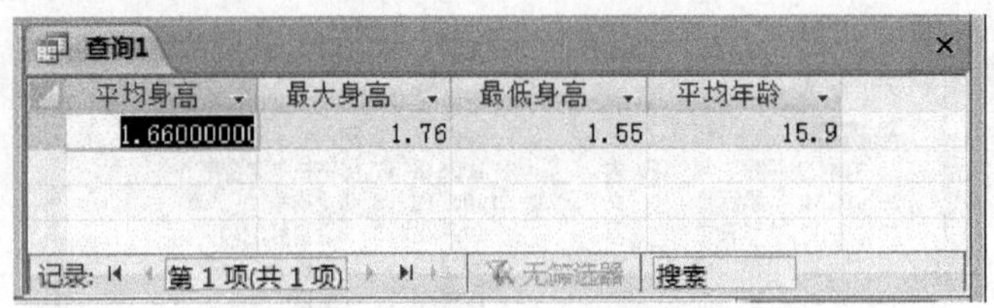

平均身高	最大身高	最低身高	平均年龄
1.66000000	1.76	1.55	15.9

图 3-74　查询中统计函数的使用

语句中使用 AS 选项将表达式"平均身高"指定为列标题。

在 SELECT 语句查询结果中常使用统计函数，常用的统计函数有 COUNT（）、SUM（）、AVG（）、MIN（）和 MAX（）等。其含义分别如下：

- COUNT（[DISTINCT]<表达式>）：统计表中记录的个数。<表达式>可以是字段名或由字段名组成。如果选择 DISTINCT 选项，统计记录时表达式值相同的记录，只统计一条。
- SUM（[DISTINCT]<数值表达式>）：计算数值表达式的和。如果选择 DISTINCT 选项，计算函数值时，数值表达式值相同的记录只有一条参加求和运算。
- AVG（[DISTINCT]<数值表达式>）：计算数值表达式的平均值。如果选择 DISTINCT 选项，计算函数值时，数值表达式值相同的记录只有一条参加求平均值运算。
- MIN（<表达式>）：计算表达式的最小值。
- MAX（<表达式>）：计算表达式的最大值。

SELECT 语句输出项为表达式时，如果不指定列标题，择系统自动命名一个列标题，如上述语句更改为：

```
SELECT  Avg（[身高]）, Max（[身高]）, Min（[身高]）,
        Avg（Year（Date（））-Year（[出生日期]））FROM 学生
```

则查询结果如图 3-75 所示。

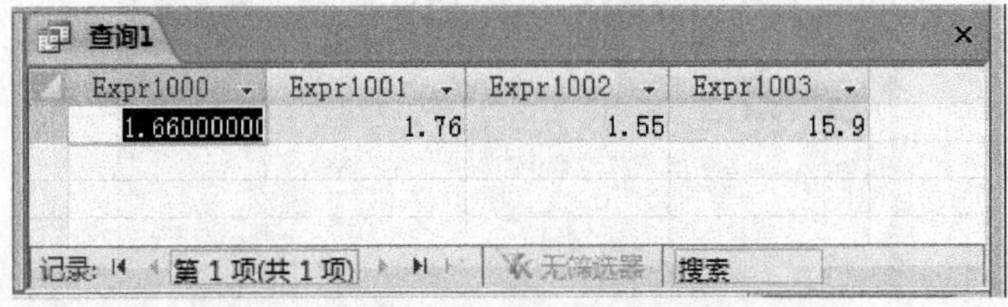

Expr1000	Expr1001	Expr1002	Expr1003
1.66000000	1.76	1.55	15.9

图 3-75　系统自动为查询结果指定标题

3.6.2 条件查询

使用 SELECT 语句可以有条件地查询记录，格式如下：

```
SELECT [DISTINCT]
    <查询项 1> [AS <列标题 1>], [<查询项 2> [AS <列标题 2>]…]  FROM <表名>
    WHERE <条件>
```

说明：

（1）该语句的功能是查询满足条件的记录。

（2）WHERE <条件>：指定要查询的条件。

【例 24】 查询“学生”表中 1997 出生记录，只显示姓名、性别、出生日期、专业和团员字段内容。

分析：

这是一个条件查询，语句中需要使用 WHERE 指定条件，条件为 WHERE Year（[出生日期]）=1997。

输入语句：

```
SELECT  姓名,性别,出生日期,专业,团员  FROM 学生
        WHERE  Year（[出生日期]）=1997
```

查询结果如图 3-76 所示。

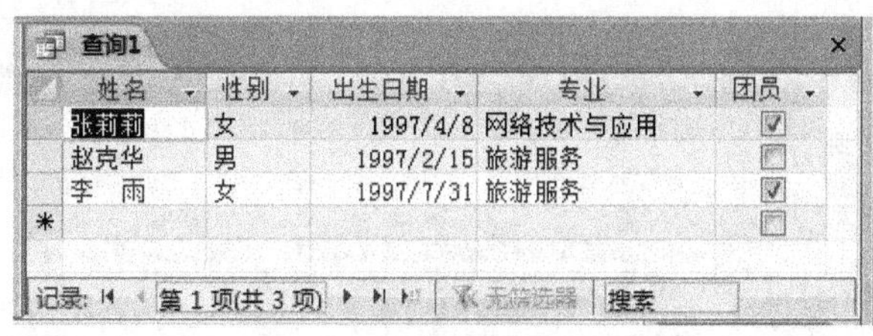

查询1

姓名	性别	出生日期	专业	团员
张莉莉	女	1997/4/8	网络技术与应用	☑
赵克华	男	1997/2/15	旅游服务	☐
李　雨	女	1997/7/31	旅游服务	☑
*				☐

记录: 第 1 项(共 3 项)　无筛选器　搜索

图 3-76　SELECT 条件查询结果

在 SELECT 语句中使用 WHERE 指定条件，除了是单条件外还可以是多条件，条件中可以使用下列运算符：

- 关系运算符：=、<>、>、>=、<、<=
- 逻辑运算符：NOT、AND、OR

  例如，查找身高在 1.65 至 1.70 之间的记录，可以使用 SELECT 语句：

```
SELECT  *  FROM 学生 WHERE 身高>=1.65 And 身高<=1.70
```

- 指定区间：BETWEEN … AND …

  BETWEEN … AND … 用来判断数据是否在 BETWEEN 指定的范围内。

  例如，查找身高在 1.65 至 1.70 之间的记录，还可以使用 SELECT 语句：

```
SELECT  *  FROM 学生 WHERE 身高 BETWEEN 1.65 And 1.70
```

- 格式匹配：LIKE

  LIKE 用来断数据是否符合 LIKE 指定的字符串格式。

  例如，WHERE 姓名 LIKE "李*"，表示查找“李”姓的记录。

- 包含：IN（）、NOT IN（）

IN（）用来判断是否是 IN（）列表中的一个。例如，WHERE nl IN（5,30,15,20），判断 nl 是否是 5、30、15、20 其中的一个。

- 空值：IS NULL、IS NOT NULL

IS NULL 用来判断某字段值是否为空值。

【例 25】查询显示“学生”表中“张”姓学生中的男生记录信息。

分析：

这是一个多条件的查询，查询条件为：WHERE 姓名 LIKE "张*" And 性别="男"

输入语句：

```
SELECT * FROM 学生 WHERE 姓名 LIKE "张*" And 性别="男"
```

在 SELECT 语句中，利用 WHERE <条件>选项可以建立多个表之间的联接。例如，按“学号”字段建立“成绩”表与“学生”表之间的联接，使用 WHERE 选项表示为“WHERE 成绩.学号=学生.学号”。

【例 26】查询“学生”表中每个学生的学号、姓名、专业和“成绩”表中对应学生的成绩字段。

分析：

这是对两个表的查询，在查询条件中需要对要查询的两个表建立关联，关联字段为“学号”，查询条件为：WHERE 成绩.学号=学生.学号。

输入语句：

```
SELECT 学生.学号, 姓名, 专业,成绩 FROM 学生,成绩 WHERE 成绩.学号=学生.学号
```

查询结果如图 3-77 所示。

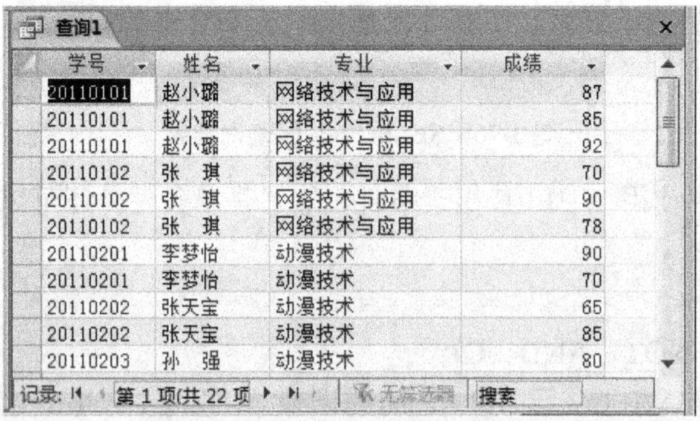

查询1

学号	姓名	专业	成绩
20110101	赵小璐	网络技术与应用	87
20110101	赵小璐	网络技术与应用	85
20110101	赵小璐	网络技术与应用	92
20110102	张　琪	网络技术与应用	70
20110102	张　琪	网络技术与应用	90
20110102	张　琪	网络技术与应用	78
20110201	李梦怡	动漫技术	90
20110201	李梦怡	动漫技术	70
20110202	张天宝	动漫技术	65
20110202	张天宝	动漫技术	85
20110203	孙　强	动漫技术	80

记录: 第 1 项(共 22 项 无筛选器 搜索

图 3-77　两个表的联接查询结果

上述语句中“学号”字段前加别名“学生”，而“姓名”、“专业”和“成绩”字段不用加别名，这是由于两个关联表中都含有“学号”字段，在该字段名前加表名为别名来区分字段。

如果要显示表中的全部字段内容，可以使用通配符“*”号。

例如，输入语句：

```
SELECT * FROM 学生,成绩 WHERE 成绩.学号=学生.学号
```

查询结果中包含有“学生”表中的全部字段和“成绩”表中的全部字段。

3.6.3 查询排序

使用 SELECT 语句可以对查询结果排序，格式如下：

```
SELECT [DISTINCT]
    <查询项 1> [AS <列标题 1>], [<查询项 2> [AS <列标题 2>]…]
    FROM <表名> [WHERE <条件> ]
    ORDER BY <排序项 1> [ASC | DESC], [<排序项 2> [ASC | DESC] …]
```

说明：

（1）该语句对查询结果按指定的排序项进行升序或降序排序。

（2）ASC 项表示按<排序项>升序排序记录，DESC 项表示按<排序项>降序排序记录。如果省略 ASC 或 DESC 项，则系统默认对查询结果按<排序项>升序排序。

【例 27】查询“学生”表中姓名、性别、出生日期和专业字段内容，按出生日期字段降序输出。

分析：

这是一个对结果进行排序的查询，语句中需要使用“ORDER BY 出生日期”选项。

输入语句：

```
SELECT 姓名,性别,出生日期,专业 FROM 学生 ORDER BY 出生日期 DESC
```

查询结果如图 3-78 所示。

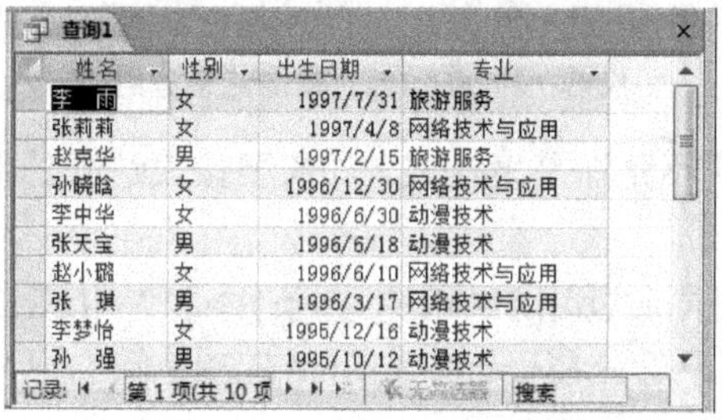

查询1

姓名	性别	出生日期	专业
李 雨	女	1997/7/31	旅游服务
张莉莉	女	1997/4/8	网络技术与应用
赵克华	男	1997/2/15	旅游服务
孙晓晗	女	1996/12/30	网络技术与应用
李中华	女	1996/6/30	动漫技术
张天宝	男	1996/6/18	动漫技术
赵小豔	女	1996/6/10	网络技术与应用
张 琪	男	1996/3/17	网络技术与应用
李梦怡	女	1995/12/16	动漫技术
孙 强	男	1995/10/12	动漫技术

记录: 第 1 项(共 10 项 无筛选器 搜索

图 3-78 按出生日期降序排序查询结果

从查询结果可以看出，全部记录按“出生日期”字段内容降序排列。

上述查询语句等价于：

```
SELECT 姓名,性别,出生日期,专业 FROM 学生 ORDER BY 3 DESC
```

在 ORDER BY 中，排序项可以用输出字段或表达式的排列序号来表示。在输出的“姓名”、“性别”、“出生日期”和“专业”字段中，“出生日期”字段的排列序号为 3。

3.6.4 查询分组

使用 SELECT 语句可以对查询结果进行分组，格式如下：

```
SELECT [DISTINCT]
    <查询项 1> [AS <列标题 1>], [<查询项 2> [AS <列标题 2>]…]
    FROM <表名> [WHERE <条件> ]
    GROUP BY <分组项 1>, [ <分组项 2>] [HAVING <条件>]
```

说明：

（1）该语句对查询结果进行分组操作。

（2）HAVING <条件>选项表示在分组结果中，对满足条件的组进行操作。HAVING <条件>选项总是跟在 GROUP BY 之后，不能单独使用。

（3）在分组查询中可以使用 COUNT（）、SUM（）、AVG（）、MAX（）、MIN（）等统计函数，计算每组的汇总值。

【例 28】统计“学生”表中每个专业学生最高身高和平均身高。

分析：

根据题目要求，需要对“学生”表按“专业”字段进行分组，然后使用统计函数来计算最高身高和平均身高。

输入语句：

```
SELECT 专业,MAX（身高）AS 最高身高,AVG（身高）AS 平均身高 FROM 学生
    GROUP BY 专业
```

查询结果如图 3-79 所示。

查询1

专业	最高身高	平均身高
动漫技术	1.72	1.66750001907349
旅游服务	1.76	1.7049999833107
网络技术与应用	1.73	1.62999999523163

记录: 第 1 项(共 3 项) 无筛选器 搜索

图 3-79　SELECT 查询结果分组

GROUP BY 中的分组项不允许是表达式，如果要按表达式的值进行分组，则可以使用该表达式的列标题或排列序号。

如果 SELECT 语句中可同时使用 HAVING <条件>和 WHERE <条件>选项，HAVING <条件>和 WHERE <条件>不矛盾，在查询中先用 WHERE 筛选记录，然后进行分组，最后再用 HAVING <条件>限定分组。

3.6.5　嵌套查询

嵌套查询是一个包含 SELECT 子查询的 SELECT 查询。子查询是一个返回单个值的 SELECT 语句，它可以用在任何允许表达式存在的地方，又称为内层查询。包含子查询的查询称为外层查询。

【例 29】查找“动漫技术”专业学生各门课程的成绩。

分析：

需要在“学生”表中查找“动漫技术”专业的学生，根据查找到的学号，在“成绩”表中查找对应的记录。

输入语句：

```
SELECT * FROM 成绩 WHERE 学号 IN（SELECT 学号 FROM 学生
    WHERE 专业="动漫技术"）
```

查询结果如图 3-80 所示。

查询1

学号	课程号	成绩
20110201	DY03	90
20110201	JS04	70
20110202	DY03	65
20110202	JS04	85
20110203	DY03	80
20110203	JS04	90

记录: 第 1 项(共 6 项) 无筛选器 搜索

图 3-80　SELECT 嵌套查询

上述查询语句等价于：

```
SELECT * FROM 成绩 WHERE  LEFT（学号,6）="201102"
```

语句中的 LEFT（）是字符串截取函数，LEFT（学号,6）="201102"是从“学号”字段左侧开始截取 6 个字符。

课堂练习

1. 使用 SELECT 语句分别查询“学生”表、“成绩”表中的全部记录。
2. 查询“学生”表中每个学生的学号、姓名、专业和“成绩”表中对应学生的成绩字段以及“课程”表中对应的课程名。
3. 从“成绩”表中统计每个学生所有课程的平均成绩。
4. 在 3 题查询中对查询结果按平均成绩由高到低降序排序输出。
5. 查询“学生”表姓名、性别、出生日期和专业字段内容，按出生日期字段降序输出。
6. 查询“学生”表中学号、姓名、性别、出生日期和年龄，按年龄升序输出。
7. 查询“学生”表中每个学生的学号、姓名、出生日期、专业和“成绩”表中对应记录的学号和“成绩”字段，按专业字段升序、出生日期字段降序输出。
8. 统计“成绩”表中每门课程的最高成绩和平均成绩。

习题 3

一、填空题

1. 在 Access 中可以创建________、________、________、________和________五种查询。

2. 选择查询是从________中检索所需要的数据，运行时返回一个结果集，不能更改结果集内包含的数据。在设计视图中创建选择查询时，Access 能自动生成相应的________语句，可以在______视图中查看该语句。

3．在查询设计视图的_______单元格中，选中复选标记表示在查询中显示该字段。

4．在书写查询准则时，日期值应该用______符号引起来。

5．当用逻辑运算符 Not 连接的表达式为真时，则整个表达式的值为______。

6．Between #2012-1-1# and #2012-12-31#，它的含义是___________________。

7．特殊运算符 Is Null 用于指定一个字段为_________。

8．查询不仅能简单地检索记录，还能通过创建________对数据进行统计运算。

9．参数查询是通过运行查询时输入_________来创建的动态查询结果。

10．将来源于某个表中的字段进行分组，一组列在数据表的左侧，一列在数据表的上部，然后在数据表行与列的交叉处显示表中某个字段统计值，该查询是___________。

11．每个查询都有 3 种视图，分别是___________、___________和 SQL 视图。

12．操作查询包括___________、___________、___________和___________4 种类型。

13．查询语句 SELECT * FROM 成绩，其中“*”表示___________________；查询语句 SELECT * FROM 学生,成绩，“*”表示___________________________。

14．SELECT 语句的 ORDER BY 子句中，DECS 表示按_________输出，省略 DECS 表示按________输出。

15．SELECT 语句中可以使用一些统计函数，这些函数包括________、_______、AVG（）、MAX（）和 MIN（）等。

二、选择题

1．每个查询都有 3 种视图，下列不属于查询视图的是（　　）。

A．设计视图　　B．模板视图　　C．数据表视图　　D．SQL 视图

2．为了和一般的数值数据区分，Access 规定日期类型的数据两端各加一个符号（　　）。

A．*　　B．#　　C．"　　D．?

3．“A　And　B”准则表达式表示（　　）。

A．表示查询表中的记录必须同时满足 And 两端的准则 A 和 B，才能进入查询结果集

B．表示查询表中的记录只需满足准则 A 和 B 中的一个，即可进入查询结果集

C．表示查询表中记录的数据介于 A、B 之间的记录才能进入查询结果集

D．表示查询表中的记录当满足由 And 两端的准则 A 和 B 不相等时，即进入查询结果集

4．若要在表“姓名”字段中查找以“李”开头的所有人名，则应在查找内容框中输入的字符串（　　）。

A．李?　　B．李*　　C．李[]　　D．李#

5．表示以字母 N 开头的条件是（　　）。

A．Like　"N*"　　B．Like　"*N"

C．Like　"[L-N]*"　　D．Like　"*N*"

6．在查询中设置年龄在 18~60 岁之间的条件可以表示为（　　）。

A、>18 Or <60　　B、>18 And <60

C．>18 Not <60　　D．>18 Like <60

7．条件“Not 工资>3000”的含义是（　　）。

A．除了工资大于3000之外的记录

B．工资大于3000的记录

C．工资小于3000的记录

D．工资小于3000并且不能为零的记录

8．特殊运算符In的含义是（　　）。

A．用于指定一个字段值的范围，指定的范围之间用And连接

B．用于指定一个字段值的列表，列表中的任一值都可与查询的字段相匹配

C．用于指定一个字段为空

D．用于指定一个字段为非空

9．在Access的查询中，能从一个或多个表中检索数据，在一定的限制条件下，还可以通过此查询方式来更改相关表中记录的是（　　）。

A．选择查询　　B．参数查询　　C．操作查询　　D．SQL查询

10．应用查询将表中的数据进行修改，应使用的操作查询是（　　）。

A．删除查询　　B．追加查询

C．更新查询　　D．生成表查询

11．要将查询结果保存在一个表中，应使用的操作查询是（　　）。

A．删除查询　　B．追加查询

C．更新查询　　D．生成表查询

12．如果要将两个表中的数据合并到一个表中，应使用的操作查询是（　　）。

A．删除查询　　B．追加查询

C．更新查询　　D．生成表查询

13．在使用SELECT查询时，WHERE子句指出的是（　　）。

A．查询目标　　B．查询结果　　C．查询条件　　D．查询视图

14．SELECT查询中HAVING子句通常出现在短语（　　）。

A．ORDER BY中　　B．GROUP BY中

C．SORT中　　D．INDEX中

15．SELECT查询中的条件短语是（　　）。

A．WHERE　　B．WHILE

C．FOR　　D．CONDITION

16．在SELECT查询语句中，能够实现数据表之间关联的选项是（　　）。

A．HAVING　　B．GROUP　BY

C．WHERE　　D．ORDER　BY

三、操作题

1．打开“图书订购”数据库，使用向导创建一个选择查询，在“图书”表中查询图书明细，包含有“图书ID”、“书名”、“作译者”、“定价”、“出版日期”和“版次”字段。

2．使用设计视图创建一个选择查询，查询中包括“订单”表的“单位”、“图书ID”、“册数”、“订购日期”和“发货日期”字段，及“图书”表的“书名”和“定价”字段。

3．修改上题建立的查询中，要求按“单位”字段和“订购日期”升序排序。

4．使用设计视图创建一个选择查询，查询2012年5月1日以后订购图书情况，包括“订单”表的“单位”、“图书ID”、“册数”、“订购日期”和“发货日期”字段，及“图书”表的“书名”和“定价”字段。

5．在“订单”表中查询某种图书订购数量在200册以上的信息。

6．在“订单”表中查询订购日期在2012年5月1日至2012年12月31日之间的记录。

7．在“图书”表中检索出“电子工业出版社”在2012年所出版的图书。

8．创建一个查询，计算各单位已领取图书的金额（每种图书总的金额为：[册数]*[定价]）。

9．创建一个查询，每次运行该查询时，通过对话框提示输入要查找的图书ID，查询结果中包含订购该图书的有关信息。

10．创建两个参数的查询，查询某一个时间范围内订购图书的有关信息。

11．将“图书”表中“电子工业出版社”（“出版社ID”为“01”）的记录筛选到一个新表中，表名为“图书01”，包含“图书”表中的“书名”、“作译者”、“定价”、“出版社ID”、“版次”和“出版社”表中的“出版社”字段。

12．将“图书”表中版次为“01-01”的记录，追加到“图书01”表中。

13．删除“图书01”表中“出版社”字段值为空的记录。

14．将“图书01”表中版次为“01-01”的定价上调10%。

15．使用SELECT语句分别查询“图书”表中的全部记录。

16．使用SELECT语句在“图书”表中查询“高等教育出版社”和“电子工业出版社”的图书。

17．使用SELECT语句查询各种图书的最高单价、平均单价。

18．使用SELECT语句在“订单”表中查询某单位订购图书的总册数。

第 4 章 创建窗体

窗体是 Access 数据库系统的一个重要对象，是用户和数据库之间进行交互操作的窗口。通过窗体可以显示数据、编辑数据、添加数据，也可以将窗体用作切换面板来管理数据库中的其他对象，或者用来接受用户输入信息，并根据输入的信息执行相应的操作。通过本章学习，你将能够：

- 了解窗体的功能和类型
- 使用窗体工具创建窗体
- 创建分割窗体
- 创建多个项目窗体
- 使用窗体向导创建窗体
- 创建数据透视表窗体
- 能对窗体进行布局与修饰
- 能使用窗体控件设计窗体
- 创建主/子窗体
- 创建切换面板

4.1 认识窗体

4.1.1 窗体的功能

Access 中的窗体主要有以下功能：

- 显示和编辑数据。窗体的基本功能是用来显示与编辑数据。窗体可以显示来自多个数据表中的数据。此外，用户可以利用窗体对数据库中的相关数据进行添加、删除和修改，并可以设置数据的属性。用窗体来显示并浏览数据比用表和查询的数据表格式显示数据更加灵活。

- 添加数据。用户可以根据需要设计窗体，作为数据库中数据输入的接口，这种方式可以节省数据录入的时间并提高数据输入的准确度。窗体的数据输入功能，是它与报表的主要区别。
- 控制程序执行流程。窗体可以与宏或函数结合，作为切换面板，控制程序的执行流程，使数据库中的各个对象紧密地结合起来，形成一个完整的应用系统。
- 提示信息和打印数据。在窗体中可以显示一些警告或解释信息，或根据输入的数据来执行相应的操作。此外，窗体也可以用来执行打印数据库数据的功能。

4.1.2 窗体类型

Access2007 中的窗体有多种类型，不同类型的窗体适用于不同的应用需求。从窗体的设计和表现形式来看，窗体主要分为纵栏式窗体、表格式窗体、数据表窗体、多页窗体、主/子窗体、分割窗体、数据透视表窗体等多种类型。

（1）纵栏式窗体。窗体内容按列排列，每一列包含两部分内容，左边显示字段名，右边显示字段内容，包括图片和备注内容，如图 4-1 所示。

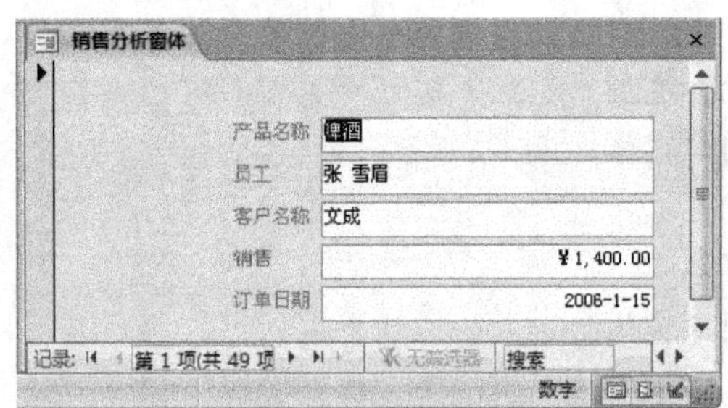

图 4-1　纵栏式窗体

（2）表格式窗体。一个窗体内可以显示多条记录，每条记录显示在一行中，且只显示字段的内容，而字段名显示在窗体的顶端，如图 4-2 所示。

库存列表

添加产品

产品	总库存	已分派库存	可用库存	供应商所欠库存	总计
苹果汁	25	25	0	41	41
蕃茄酱	50	0	50	50	100
盐	0	0	0	40	40
麻油	15	0	15	0	15
酱油	0	0	0	10	10
海鲜粉	0	0	0	0	0

数字

图 4-2　表格式窗体

（3）数据表窗体。数据表窗体和查询显示数据的界面相同，主要用来作为一个窗体的子窗体，如图 4-3 所示。

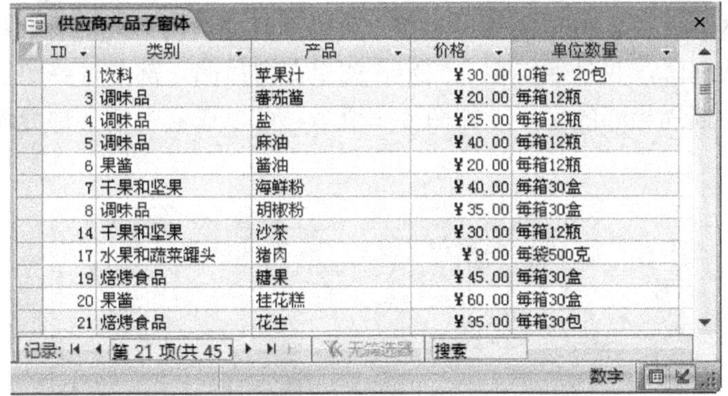

图 4-3　数据表窗体

（4）多页窗体。如果一条记录中有许多字段，利用单页窗体无法显示所有的信息，可以使用选项卡或分页符控件来创建多页窗体，在每一页中只显示一条记录中的部分信息，如图 4-4 所示。

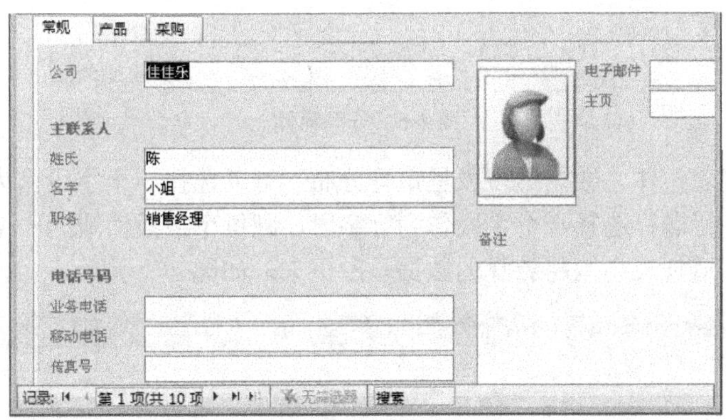

图 4-4　多页窗体

（5）主/子窗体。一般用来显示来自多个表中具有一对多关系的数据。子窗体是指包含在窗体中的窗体，包含窗体的窗体称为主窗体。主窗体一般用来显示联接关系中“一”端表格中的数据，而子窗体用于显示联接关系中“多”端表格中的数据，如图 4-5 所示。

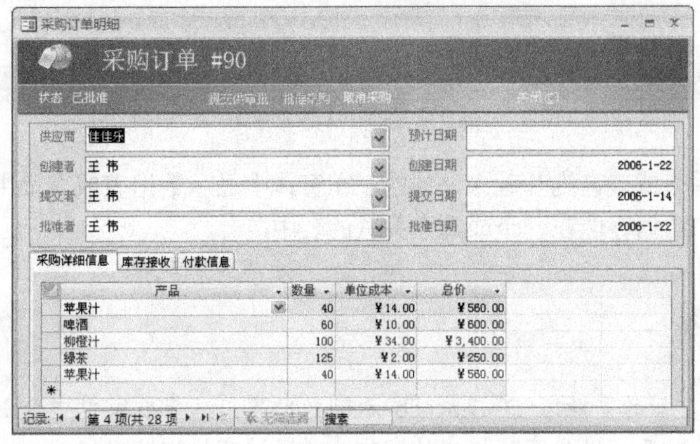

图 4-5 主/子窗体

（6）分割窗体。Access 2007 新增的功能，可以同时提供窗体视图和数据表视图。这两种视图连接到同一数据源，并且保持相互同步。如果在窗体的一部分选择了一个字段，则会在窗体的另一部分中选择相同的字段，如图 4-6 所示。可以在其中的一部分添加、编辑或删除数据。

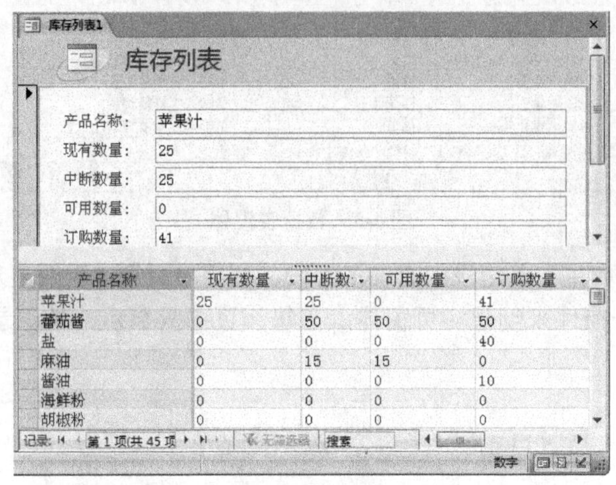

产品名称	现有数量	中断数	可用数量	订购数量
苹果汁	25	25	0	41
蕃茄酱	0	50	50	50
盐	0	0	0	40
麻油	0	15	15	0
酱油	0	0	0	10
海鲜粉	0	0	0	0
胡椒粉	0	0	0	0

图 4-6 分割窗体

（7）数据透视表窗体。数据透视表呈矩阵分布，可以选择一个字段作为列字段，则每个字段值成为一个列标题；选择一个字段作为行字段，则每个字段值成为一个行标题。在行和列的交汇处，数据透视表会运将计算的数据显示出来，如图 4-7 所示。

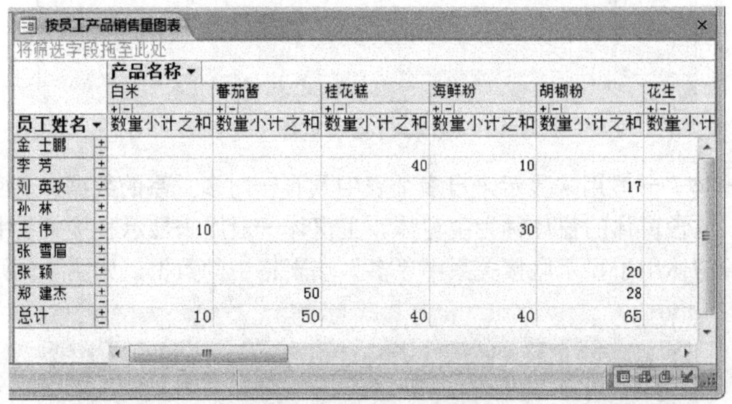

员工姓名	白米 数量小计之和	蕃茄酱 数量小计之和	桂花糕 数量小计之和	海鲜粉 数量小计之和	胡椒粉 数量小计之和	花生 数量小计
金 士鹏						
李 芳			40	10		
刘 英玫					17	
孙 林						
王 伟	10			30		
张 雪眉						
张 颖					20	
郑 建杰		50			28	
总计	10	50	40	40	65	

图 4-7 数据透视表窗体

窗体是以数据表或查询为基础来创建的，在窗体中显示数据表或查询中的数据，窗体本身并不存储数据，数据存储在一个或几个关联的表中。

课堂练习

1. 打开系统自带的罗斯文 2007.accdb 示例数据库，从导航窗口中分别查看“客户与订单”、“库存与采购”及“供应商”栏中的窗体，并通过窗体浏览数据。

2. 打开罗斯文2007.accdb示例数据库中的窗体，了解分别属于哪种类型的窗体。

4.2 创 建 窗 体

在Access 2007中，创建窗体的方法有使用窗体工具、窗体向导和设计视图。

4.2.1 快速创建窗体

使用“创建”选项卡“窗体”选项组提供的创建窗体工具可以快速创建窗体、分割窗体、创建多个项目窗体等。

1. 使用窗体工具创建窗体

使用窗体工具创建一个简单的窗体是最快捷创建窗体的方法。选定一个表或查询后，单击“窗体”工具，一个包含所选表或查询中所有字段的纵栏式窗体就生成了。

【例1】 在“成绩管理”数据库中，使用窗体工具创建一个基于“学生”表的窗体。

分析：

使用窗体工具可以快速创建一个窗体，创建的窗体中将显示数据源表或查询中的所有字段和记录。

步骤：

（1）打开“成绩管理”数据库，在左侧导航窗格中，单击窗体数据源“学生”表。

（2）单击“创建”选项卡 “窗体”选项组的“窗体”按钮，系统自动创建窗体，并以布局视图显示该窗体，如图4-8所示。

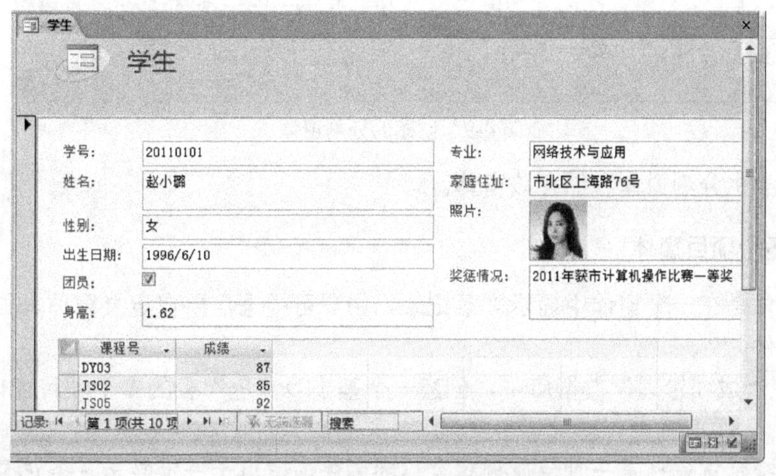

图4-8 使用窗体工具创建的窗体

（3）以“学生窗体”保存该窗体。

该窗体中包含两个窗体，主窗体为“学生”表信息，子窗体为“成绩”表信息，由于“学

生”表与“成绩”表具有一对多关系，因此在窗体中除了学生信息外，还在子窗体中以数据表视图的形式显示学生信息，

2. 创建分割窗体

分割窗体就是将相同的数据同时以两种视图显示。分割窗体上半部是窗体视图，其作用是描述一条记录的详细信息，并能够浏览、添加、编辑或删除数据；分割窗体的下半部是数据表视图，其作用是一次浏览全部记录，并且能够快速在记录之间移动并定位于某条记录。

【例 2】在“成绩管理”数据库中，创建一个基于“学生”表的分割窗体。

分析：

分割窗体使用相同的数据源，同时显示窗体视图和数据表视图，彼此之间的数据能够同时更新。

步骤：

（1）打开“成绩管理”数据库，在左侧导航窗格中，单击窗体数据源“学生”表。

（2）单击“创建”选项卡 “窗体”选项组的“分割窗体”按钮，系统自动创建分割窗体，并以布局视图显示该窗体，如图 4-9 所示。

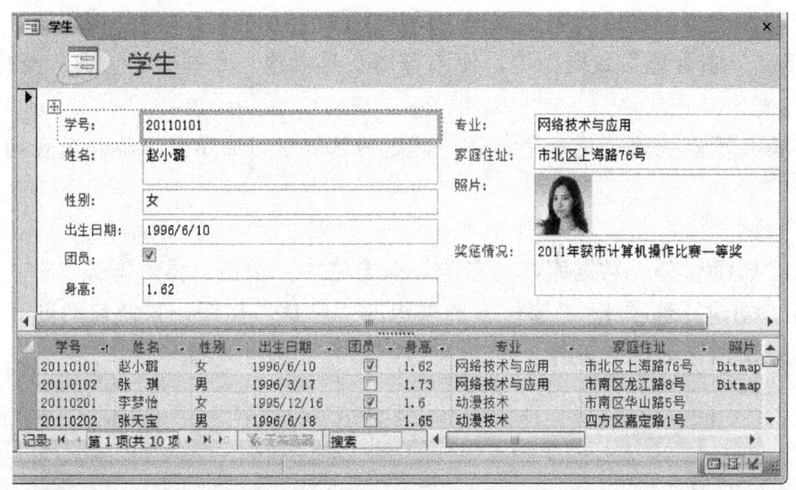

图 4-9 创建的分割窗体

（3）以“学生分割窗体”保存该窗体。

3. 创建多个项目窗体

多项目窗体是在一个窗体中显示多条记录，用户可根据需要自定义窗体，如添加按钮、图形和其他控件。

【例 3】在“成绩管理”数据库中，创建一个基于“课程”表的多个项目窗体。

分析：

创建多个项目窗体也是一种快速创建窗体的方法，适用于一次显示多条记录。多项目窗体与数据表窗体相似，但又比数据表窗体可定制更多的项目。

步骤：

（1）打开“成绩管理”数据库，在左侧导航窗格中，单击窗体数据源“课程”表。

（2）单击“创建”选项卡“窗体”选项组的“多个项目”按钮，系统自动创建多个项目窗体，并以布局视图显示该窗体，如图4-10所示。

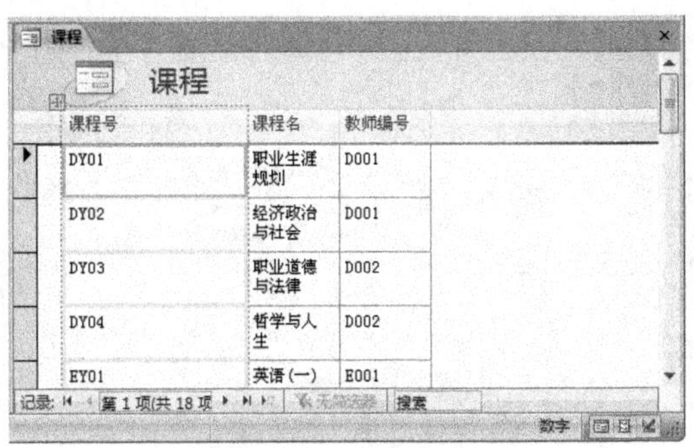

图4-10 多个项目窗体

4.2.2 使用向导创建窗体

使用向导创建窗体，根据向导提示的有关记录源、字段、指定数据的组合和排列方式、有关创建关系、布局及格式等信息，并根据提示创建窗体。使用向导可以创建纵栏式、表格式、数据表以及两端对齐式窗体。

1. 创建单一数据源窗体

【例4】以“学生”表为数据源，使用向导创建一个纵栏式窗体。

分析：

这是创建基于一个表的窗体，纵栏式窗体的特点是指定表或查询的字段内容按列排列，每一列包含两部分内容，左边显示字段名，右边显示字段内容，它包括图片和备注内容。通过导航按钮，可以浏览其他记录。

步骤：

（1）打开“成绩管理”数据库，在“创建”选项卡的“窗体”选项组中，单击“其他窗体”按钮，选择“窗体向导”选项，打开“窗体向导”对话框，选择“学生”表中的字段，添加到“选定字段”列表框中，如图4-11所示。

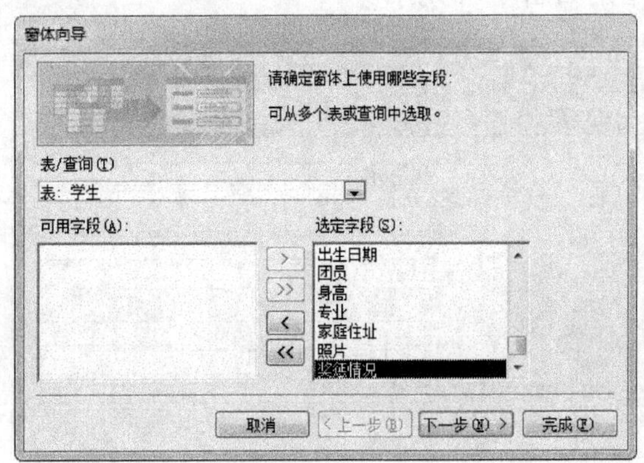

图4-11 确定窗体使用的字段对话框

（2）单击“下一步”按钮，打开如图 4-12 所示的对话框，确定窗体布局，这里选择“纵栏表”选项。

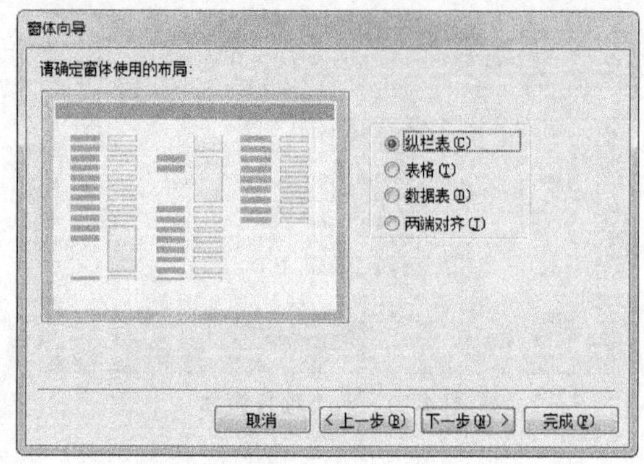

图 4-12　确定窗体使用布局对话框

（3）单击“下一步”按钮，打开如图 4-13 所示的对话框，选择窗体使用样式对话框，这里选择“平衡”选项。

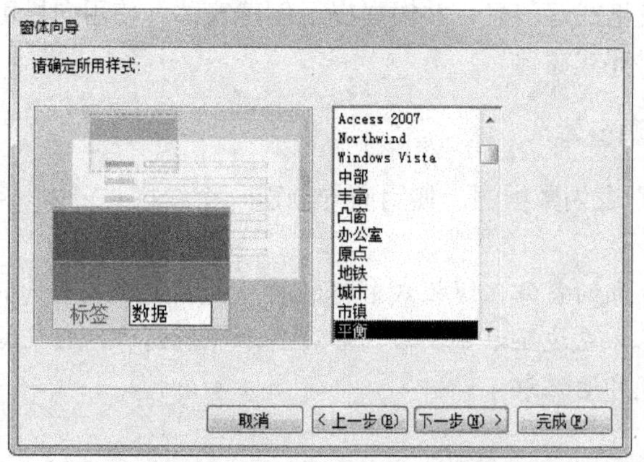

图 4-13　确定窗体使用样式对话框

（4）单击“下一步”按钮，打开为窗体指定标题对话框，确定标题后，单击“完成”按钮，完成窗体的创建，结果如图 4-14 所示。

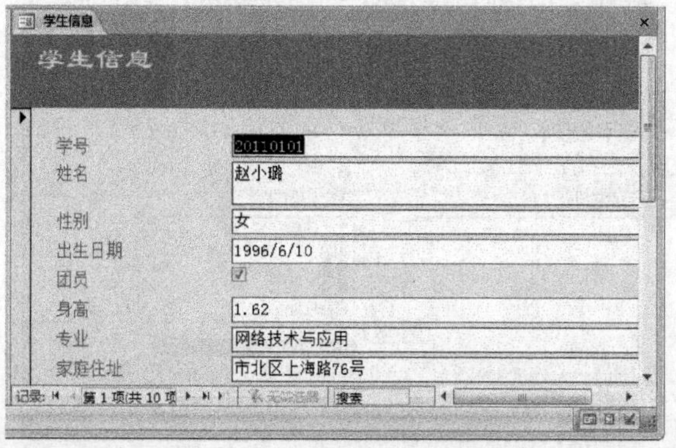

图 4-14　确定窗体标题对话框

上述创建的窗体是基于一个表的窗体，另外，使用向导还可以创建基于多个表或查询的窗体。

2．创建主/子窗体

使用窗体向导还可以创建主/子窗体，主/子窗体就是含有主窗体中含有关联的子窗体，主要用于显示一对多关系表中的数据，主/子窗体需要使用多个数据源。

【例5】使用窗体向导创建一个如图4-15所示的窗体，用于查看每位学生的成绩信息。

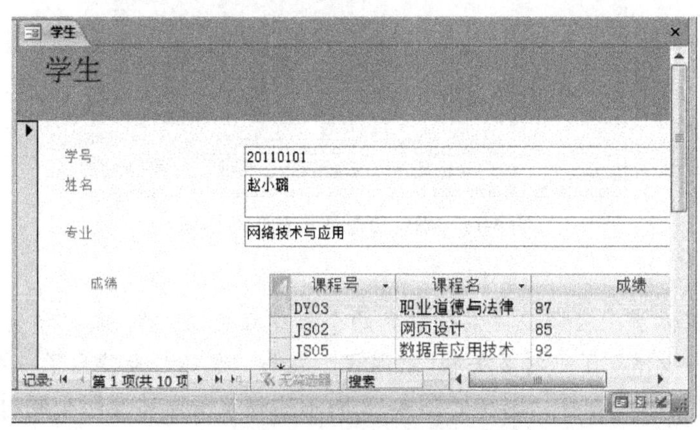

图4-15　含有成绩子窗体的窗体

分析：

该窗体为主/子窗体，其中主窗体中显示每个学生的有关信息，子窗体显示学生成绩；主窗体的数据源为“学生”表，而子窗体的数据源为“课程”表和“成绩”表。

步骤：

（1）在“创建”选项卡的“窗体”选项组中，单击“其他窗体”按钮，选择“窗体向导”选项，打开“窗体向导”对话框，分别将“学生”表中的“学号”、“姓名”和“专业”字段，“课程”表中的“课程号”和“课程名”字段以及“成绩”表中的“成绩”字段添加到“选定字段”列表中，如图4-16所示。

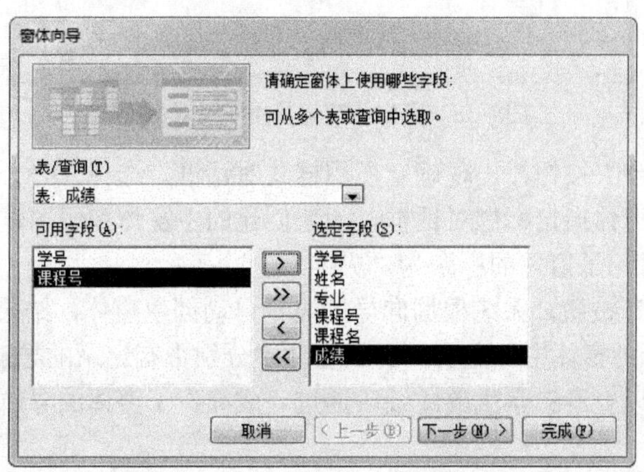

图4-16　确定窗体使用的字段对话框

（2）单击“下一步”按钮，出现如图 4-17 所示的查看数据方式对话框。选择“通过学生”查看数据，并选择“带有子窗体的窗体”选项。

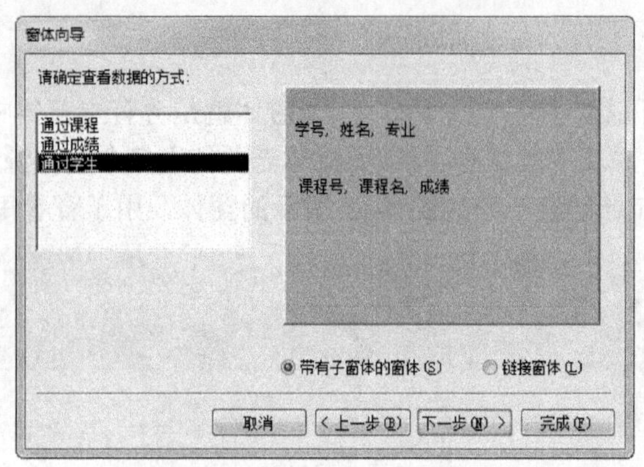

图 4-17　确定查看数据方式对话框

提示：

在建立主子窗体前，应保证提供数据的两个表建立关联。例如，“学生”表和“成绩”表通过“学号”字段建立了一对多关联，“课程”表与“成绩”表建立了一对多关联。

（3）单击“下一步”按钮，出现如图 4-18 所示的确定子窗体使用布局对话框，这里选择“数据表”布局。

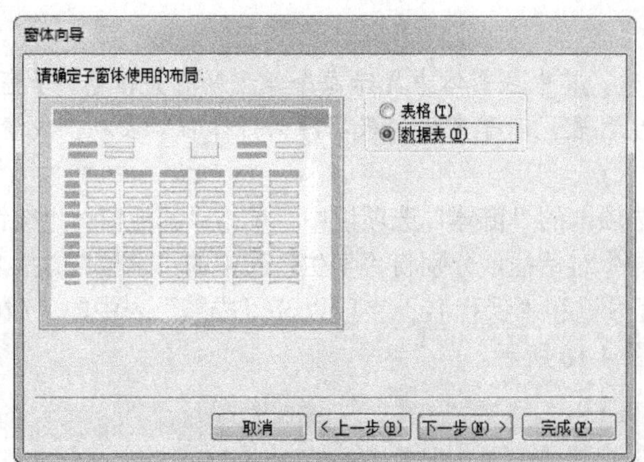

图 4-18　确定子窗体使用布局对话框

（4）单击“下一步”按钮，出现确定所用样式对话框，选择“办公室”样式。单击“下一步”按钮，出现为窗体指定标题对话框，为新创建的主窗体和子窗体指定标题。例如，主窗体的标题为“学生”，子窗体的标题为“成绩”。

（5）单击“完成”按钮，系统根据向导的设置自动创建窗体，结果如图 4-15 所示。

在如图 4-15 所示的窗体中，主窗体和子窗体中分别带有记录的导航按钮，通过“学生”窗体的导航按钮，可以查看该学生的成绩。通过“成绩”子窗体的导航按钮，可以确定具体的成绩记录。

在图 4-17 中如果选择“链接窗体”选项，则在主窗体中添加一个“成绩”切换按钮，通过该切换按钮打开子窗体，如图 4-19 所示。

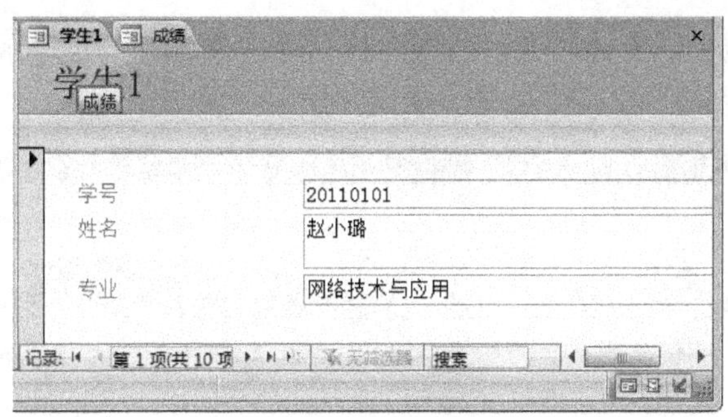

图4-19 链接窗体

在图4-17所示的窗体中，两个窗体是分离的，可以任意改变每个窗体的大小和位置，或关闭其中的任何一个窗体。

课堂练习

1. 以“学生”表为数据源，创建一个表格式窗体。

2. 以“学生”表为数据源，创建一个数据表窗体，并观察分析纵栏式表窗体、表格窗体和数据表窗体有什么不同。

3. 创建一个如图4-19所示的链接窗体。

4. 在如图4-17所示的对话框中，如果选择“通过成绩”选项，将创建什么样的窗体？

5. 使用窗体向导创建一个如图4-20所示的窗体，子窗体包含“课程”表、“成绩”表和“教师”表的信息。

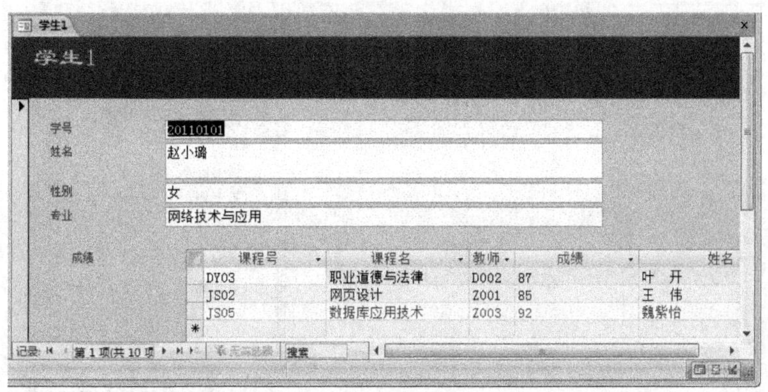

图4-20 使用向导创建的含有子窗体的窗体

4.3 创建数据透视表窗体

数据透视表是一种交互式的表，可以水平或垂直显示字段值，然后汇总每一行或列的合计；也可以将字段值作为行标题或列标题，在每个行与列交汇处计算出各自的数据，然后计算小计和总计。

【例 6】创建数据透视表窗体，将姓名作为行标题，课程名作为列标题，课程成绩为汇总字段，如图 4-21 所示。

学生成绩查询

专业 ▾
全部

姓名 ▾	课程名 ▾ 概率论 成绩 ▾	旅游概论 成绩 ▾	数据库应用技术 成绩 ▾	网络技术基础 成绩 ▾	网页设计 成绩 ▾	影视制作 成绩 ▾	语文(一) 成绩 ▾	职业道德与法律 成绩 ▾	总计 无汇总信息
李 雨	60	80							
李梦怡						70		90	
孙 强						90		80	
孙晓晗	86			77			82		
张 琪			78		90			70	
张莉莉	78			83			95		
张天宝						85		65	
赵克华	90	56							
赵小璐			92		85			87	
总计									

图 4-21　学生成绩数据透视表

分析：

图表中含有“姓名”、“课程名”和“成绩” 3 个字段，而在“成绩管理”数据库中，没有一个表包含有这 3 个字段。因此，作为该窗体的数据源可以使用前面创建的“学生成绩查询”。

步骤：

（1）在数据库窗口中，单击左侧导航窗格中的“学生成绩查询”查询对象。

（2）在“创建”选项卡的“窗体”选项组中，单击“其他窗体”按钮，选择“数据透视表”选项，进入数据透视表建立窗体，如图 4-22 所示。

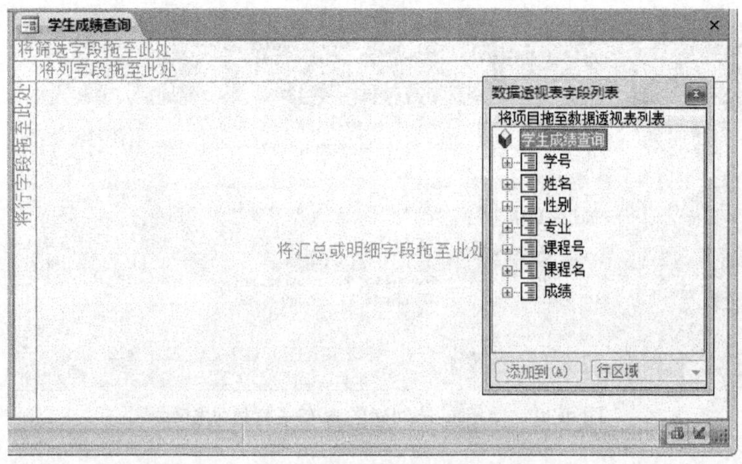

图 4-22　数据透视表建立窗体结构图

提示：

如果要隐藏或显示“数据透视表字段列表”窗格，在“数据透视表工具”的“设计”选项卡中，单击“显示/隐藏”选项组中“字段列表”按钮即可。

（3）将“数据透视表字段列表”窗格中的“姓名”字段拖放到“将行字段拖至此处”位置。

（4）将“数据透视表字段列表”窗格中的“课程名”字段拖放到“将列字段拖至此处”位置。

（5）将“数据透视表字段列表”窗格中的“成绩”字段拖放到“将汇总或明细字段拖至此处”位置。

（6）将“数据透视表字段列表”窗格中的“专业”字段拖放到“将筛选字段拖至此处”位置，如图 4-21 所示。

至此已创建学生成绩数据透视表。如果要查看某一专业学生的成绩，在数据透视表中单击“专业”下拉按钮，取消“全部”选择，只选择“网络技术与应用”专业，这时将筛选出专业为“网络技术与应用”的记录，如图 4-23 所示。

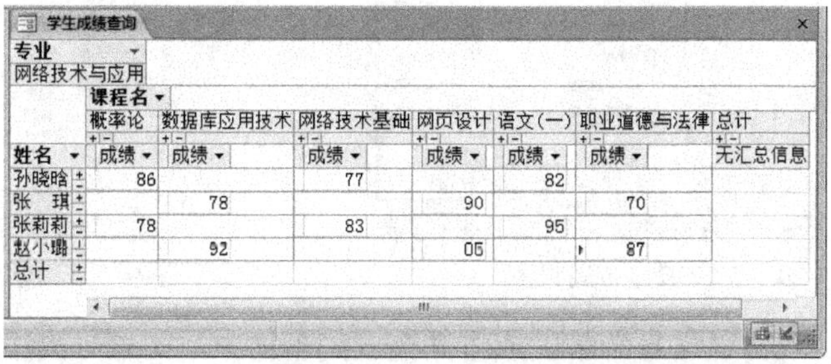

学生成绩查询

专业
网络技术与应用

课程名	概率论	数据库应用技术	网络技术基础	网页设计	语文（一）	职业道德与法律	总计
姓名	成绩	成绩	成绩	成绩	成绩	成绩	无汇总信息
孙晓晗	86		77		82		
张　琪		78		90		70	
张莉莉	78		83		95		
赵小珊		92		06		87	
总计							

图 4-23　“网络技术与应用”专业学生成绩数据透视表

在数据透视表视图中，单击各标题选项后的“+”或“–”，将展开或隐藏相应的数据。

提示：

在数据透视表任意对象上右击，选择快捷菜单中的“隐藏详细资料”或“显示详细资料”选项，可以隐藏或显示汇总字段的详细信息。

 **课堂练习**

创建一个基于“学生”表的数据透视表，以“姓名”字段为行标题，“性别”字段为列标题，汇总数据为学生的身高。

4.4　使用设计视图创建窗体

使用设计视图创建窗体时，可以先创建一个空白窗体，然后指定窗体的数据来源，在窗体中添加、删除控件，利用这些控件既可以方便对数据库中的数据进行编辑、查询等，又能使工作界面美观大方。

4.4.1　创建空白窗体

空白窗体是指窗体中还没有添加其他控件的窗体，创建操作步骤如下：

在“创建”选项卡的“窗体”选项组中，单击“空白窗体”按钮，系统在布局视图中打开一个空白窗体，并显示“字段列表”窗格，如图4-24所示。

在空白窗体中，用户可以添加数据表字段等控件。例如，将“学生”表中的学号、姓名、性别、出生日期、专业字段添加到空白窗体中。操作步骤如下：

（1）在如图4-24所示的空白窗体中，展开“字段列表”窗格中的“学生”表，如图4-25所示。

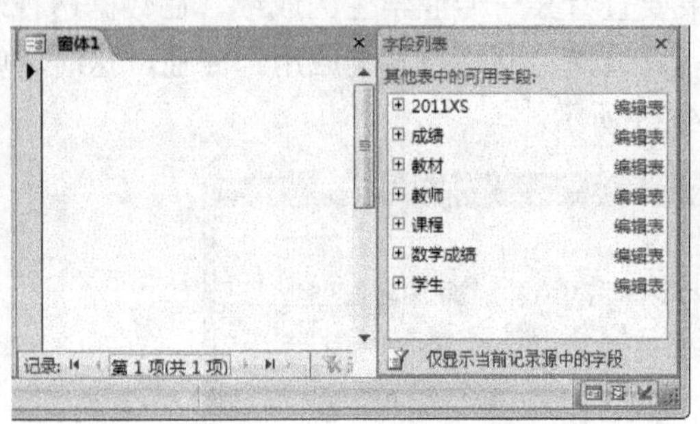

图4-24　空白窗体布局视图

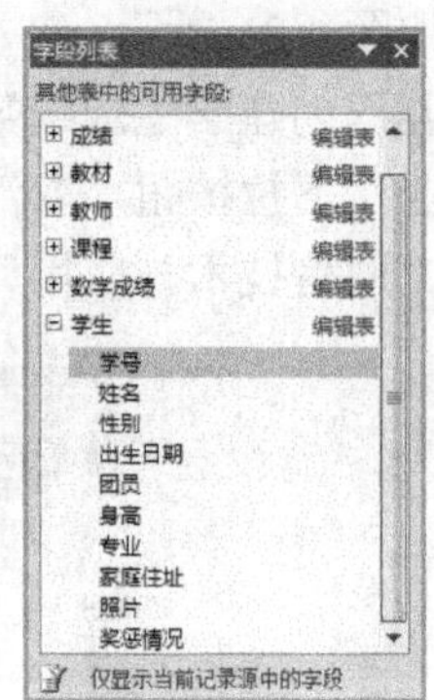

图4-25　“学生”表字段列表

（2）添加字段。双击“学号”字段或将其拖放到窗体中。如果一次添加多个字段，则按住Ctrl键的同时单击所需的字段，选定多个字段，然后将它们同时拖放到窗体上，如图4-26所示。

（3）保存该窗体，窗体名称为“学生a”。

在“开始”选项卡“视图”选项组中，单击“视图”下拉按钮，选择“窗体视图”选项，切换到窗体视图，结果如图4-27所示。

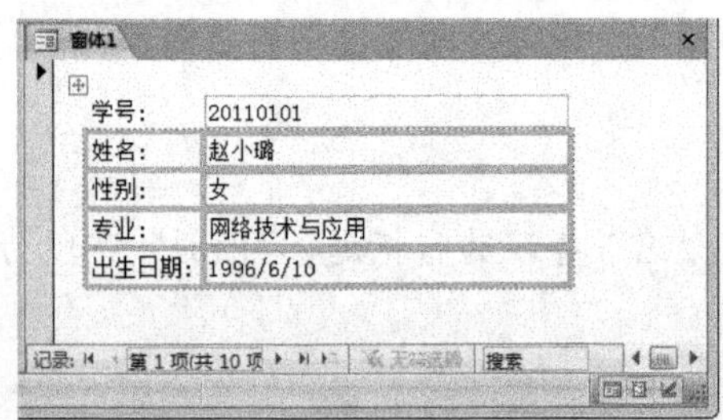

图4-26　在窗体中添加的字段

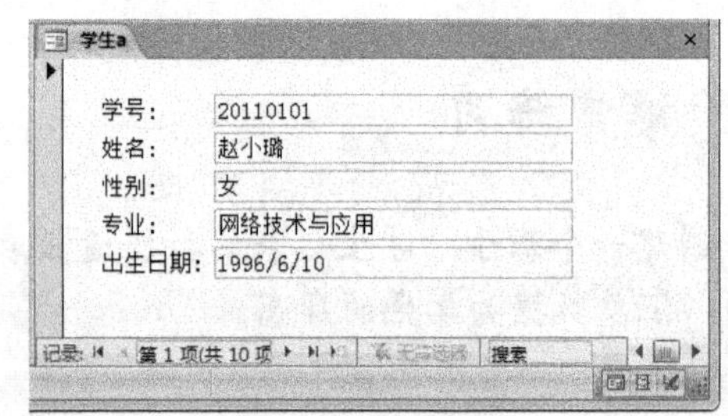

图4-27　窗体视图

用同样的方法，切换到窗体设计视图，结果如图4-28所示。

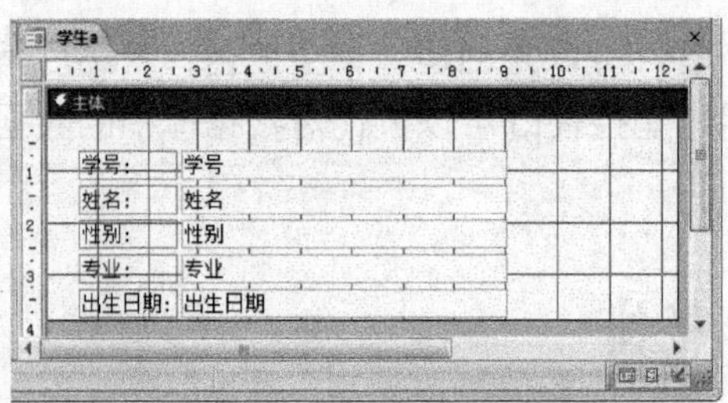

图4-28　窗体设计视图

该窗体只有一个“主体”节。

4.4.2 使用设计视图创建窗体

使用设计视图可以创建不同样式的窗体，不同的窗体包含的对象不同，创建的过程有所不同，但步骤大致相同。一般操作步骤如下：

1．打开窗体设计视图

选择“创建”选项卡“窗体”选项组中的“窗体设计”选项，打开窗体设计视图，如图 4-29 所示。

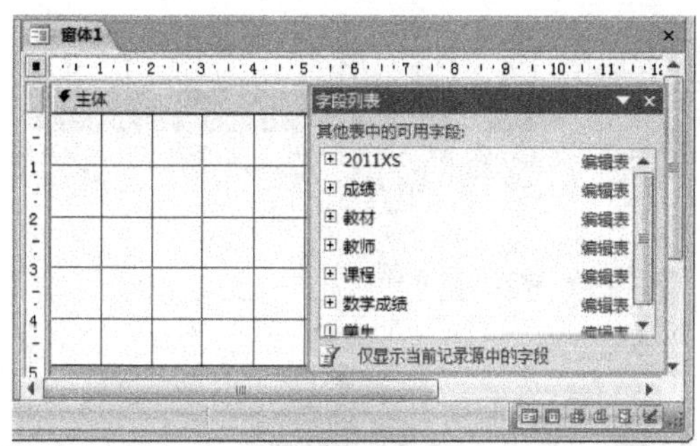

图 4-29　窗体设计视图

打开窗体设计视图时，在系统菜单上出现“设计”和“排列”两个窗体设计工具选项卡，如图 4-30 所示。

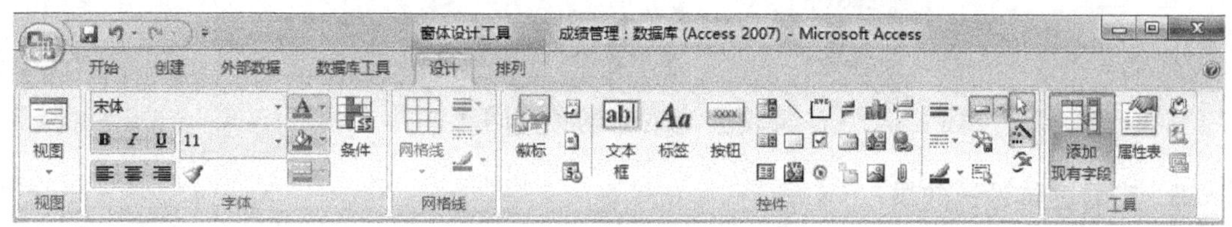

图 4-30　“设计”选项卡

2．选择窗体数据源

在窗体设计视图下，选择“设计”选项卡“工具”选项组中的“添加现有字段”选项，打开当前数据库所有数据表字段列表，如图 4-31 所示。可以选择指定字段列表中的字段来确定窗体设计视图的数据源。

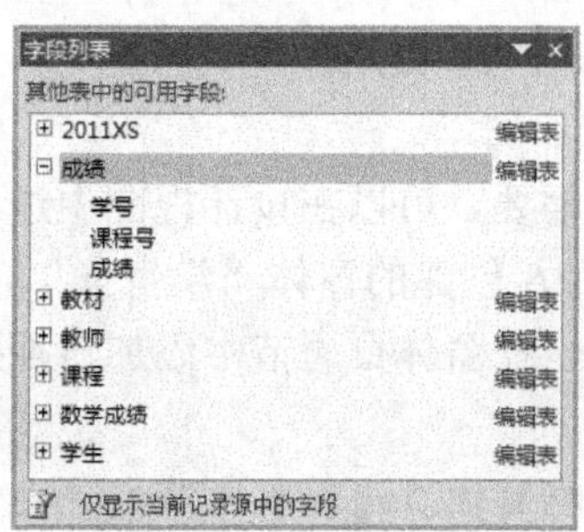

图 4-31　“字段列表”窗格

3．添加窗体控件

在窗体上添加控件，一种方法是将“字段列表”窗格中表的字段拖放到窗体上，系统会根据字段的类型自动生成相应的控件，并在控件和字段之间建立关联；另一种方法是从“控件”选项组中，将需要的控件添加到窗体中。

4．设置对象属性

激活当前窗体对象或某个控件对象，选择“设计”选项卡“工具”选项组中的“属性表”选项，打开当前选中的对象或控件对象的属性表，可以进行窗体或控件的属性设置，如图 4-32 所示。

图 4-32 窗体对象“属性表”

5．查看窗体设计效果

单击“设计”选项卡“视图”选项组中的“窗体视图”选项，切换到窗体视图，查看窗体视图效果。

6．保存窗体

将设计好的窗体命名后进行保存。

4.4.3 在设计视图中修改窗体

如果对创建的窗体不能满足需要，可以在设计视图中进行修改。

【例 7】使用设计视图修改例 6 创建的窗体“学生 a”，在窗体主体节中添加“学生”表的“奖惩情况”和“照片”字段，在窗体页眉节中添加日期控件。

分析：

窗体由多个节构成，其中包括窗体页眉和页脚节。使用设计视图可以创建空白窗体，也可以在已创建的窗体中添加或删除控件等，可以比较灵活地添加窗体控件。

步骤：

（1）打开“学生 a”窗体，切换到设计视图（如图 4-28 所示），将鼠标移到窗体“主体”节右边缘处，当指针变为左右箭头时，按下左键左右拖动，调整“主体”节宽度。同样的方法，调整“主体”节的高度，适中为止。

（2）在“字段列表”窗格中，分别将“学生”表中的“奖惩情况”字段和“照片”字段拖放到窗体的“主体”节中；再单击添加的字段控件及其标签，分别调整其大小和位置，如图 4-33 所示。

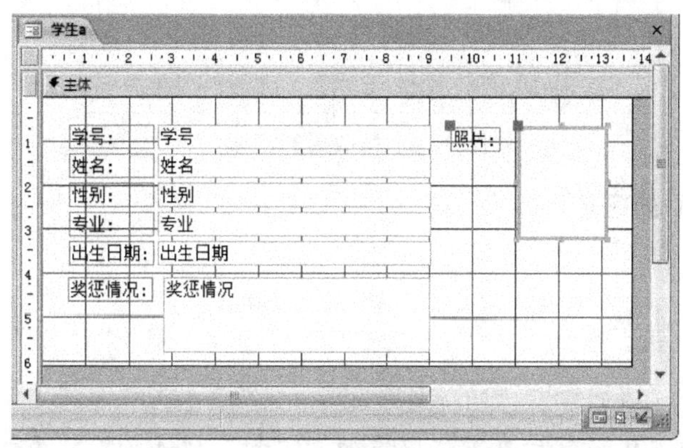

图 4-33　在窗体设计视图中添加字段控件

提示：

在窗体设计视图下，如果没有出现“字段列表”窗格，单击“设计”选项组中“工具”选项卡的“添加现有字段”按钮即可。

（3）单击“排列”选项卡 “显示/隐藏”选项组中的“窗体页眉/页脚”按钮，在窗体中添加窗体页眉和页脚。

（4）单击窗体页眉节，再在“设计”选项卡的“控件”选项组中，单击“日期和时间”按钮，打开如图 4-34 所示的“日期和时间”对话框。

（5）选中“包含日期”复选框，单击“确定”按钮，在窗体页眉节中添加日期控件；再单击该日期控件，调整控件的大小和位置，如图 4-35 所示。

图 4-34　“日期和时间”对话框

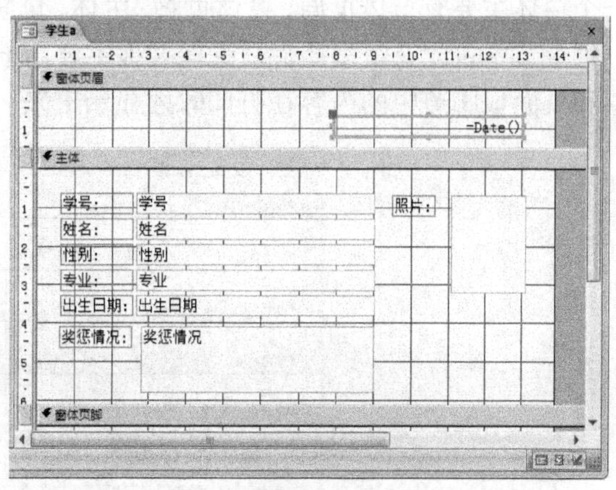

图 4-35　在窗体设计视图中添加的日期控件

（6）切换到窗体视图，查看设计结果，如图 4-36 所示。

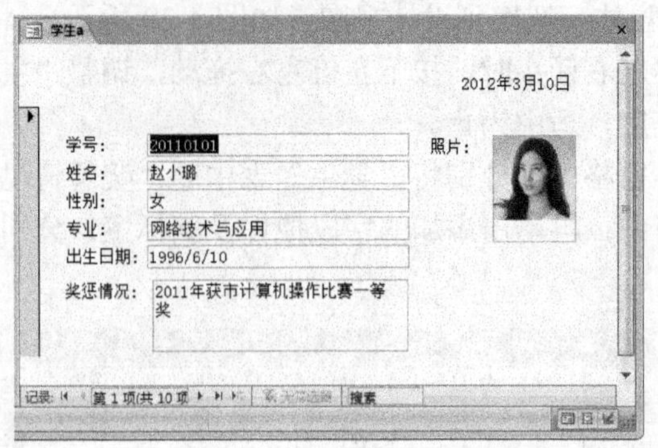

图 4-36　修改后的窗体

（7）保存该修改后的窗体。

课堂练习

1. 了解使用设计视图创建窗体的一般步骤。

2. 创建一个空白窗体，然后在窗体中添加“学号”、“姓名”、“团员”、“家庭住址”和“照片”字段。

3. 在设计视图修改上题创建的窗体，在窗体主体节中添加“专业”和“身高”字段，在窗体页眉节中添加日期控件，在窗体页脚节中添加时间控件。

4.5　设置窗体属性

4.5.1　认识窗体结构

一个窗体主要有窗体页眉、窗体页脚、主体、页面页眉和页面页脚五个节组成，如图 4-37 所示。每个节中包含有很多控件，这些控件主要用于显示数据、执行操作、修饰窗体等。页面页眉和页面页脚节中的内容在打印时才显示出来。

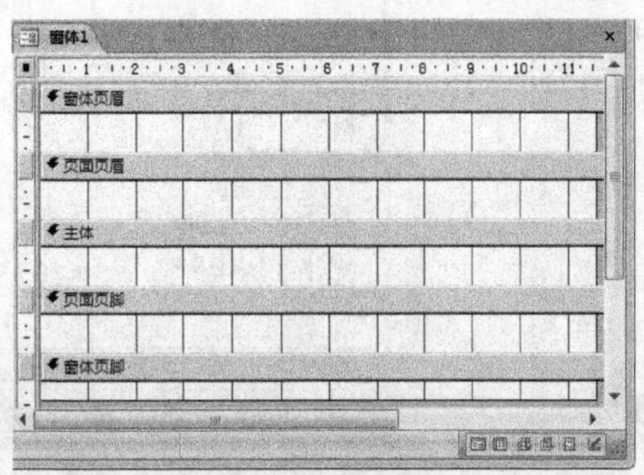

图 4-37　窗体的结构

1．窗体页眉

窗体页眉位于窗体的上方，常用来显示窗体的名称、提示信息或放置命令按钮。打印时该节的内容只打印在第一页。在设计视图下，通过“排列”选项卡“显示/隐藏”选项组中的“窗体页眉/页脚”按钮，可以切换是否显示窗体页眉和窗体页脚节。

2．页面页眉

页面页眉的内容可用来显示每一页的标题、字段名等信息，在打印时才会出现，而且会打印在每一页的顶端。通过“排列”选项卡“显示/隐藏”选项组中的“页面页眉/页脚”按钮，可以切换是否显示页面页眉和页面页脚节。

3．主体

设置数据的主要区域，每个窗体都必须有一个主体节，主要用来显示表或查询中的字段、记录等信息，也可以设置其他一些控件。

4．页面页脚

页面页脚与页面页眉前后对应，该节的内容只出现在打印时每一页的底端，通常用来显示页码、日期等信息。

5．窗体页脚

窗体页脚与窗体页眉相对应，位于窗体的最底端，一般用来汇总主体节的数据。例如，总人数、平均成绩、销售总量等，也可以设置命令按钮、提示信息等。

每个节包含节栏和节背景两部分，节栏的左端显示节的标题和一个向下的箭头，下方为该节的背景区。

每个节都有一个默认的高度，在添加控件时，可以调整节的高度。具体操作方法是将鼠标指针指在节的下边缘上，当指针变成 ✛ 时，按下左键上下拖动至适当位置即可；拖动节的右边缘即可调整节的宽度；拖动节的右下角调整节的高度和宽度。

通常在窗体的各个节中包含有窗体控件。例如，打开前面创建的“学生”窗体视图及其设计视图，分别如图 4-38 和图 4-39 所示。

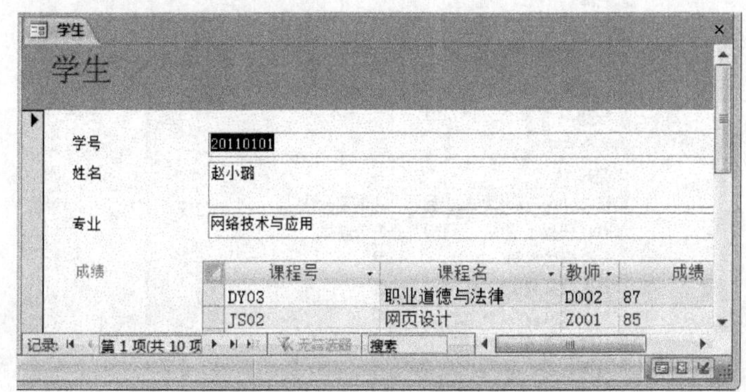

图 4-38　“学生”窗体视图

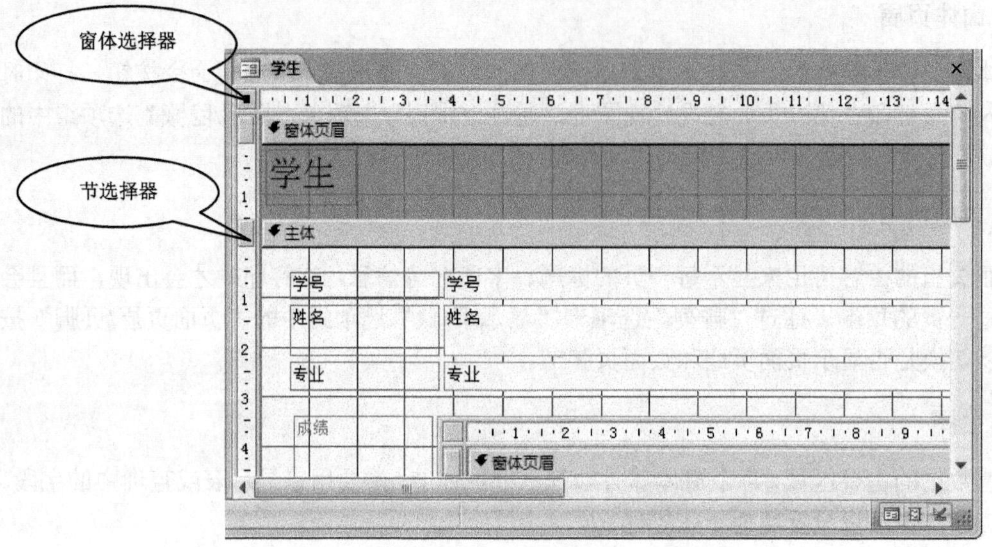

图 4-39 “学生”窗体设计视图

该窗体设计视图中由窗体页眉、主体和窗体页脚三个节组成，主体节中还包含标签、文本框控件以及子窗体等对象。

4.5.2 设置窗体属性

创建窗体后，可以在布局视图或设计视图中对布局进一步调整，通常使用“格式”选项卡、“设计”选项卡、“排列”选项卡和“属性表”对窗体、节和控件进行属性设置。下面主要介绍使用“属性表”对话框对窗体属性进行设置。

打开窗体设计视图，双击窗体选择器按钮打开窗体的“属性表”对话框，如图 4-40 所示。“属性表”对话框包括“格式”、“数据”、“事件”、“其他”和“全部”五个选项卡，在不同的选项卡中设置相应的属性，在“全部”选项卡浏览或设置所有属性项目。

属性表

所选内容的类型：窗体

窗体

格式 数据 事件 其他 全部

记录源	SELECT 学生.学号,
标题	
弹出方式	否
模式	否
在 SharePoint 网站上显示	遵循表设置
默认视图	单个窗体
允许窗体视图	是
允许数据表视图	否
允许数据透视表视图	否
允许数据透视图视图	否
允许布局视图	是

图 4-40 窗体“属性表”对话框

下面介绍常用的部分属性及其设置。

1．设置窗体数据源

在创建窗体后，如果窗体没有数据源，需要为窗体指定数据源。如果窗体已经有了数据源，当需要指定其他数据源字段时，就需要修改窗体数据源。

例如，在设计视图中打开已创建的“学生 a”窗体，查看该窗体的数据源。

（1）打开“学生 a”窗体设计视图，如图 4-41 所示，双击窗体选择器，打开“属性表”对话框（如图 4-40 所示）。

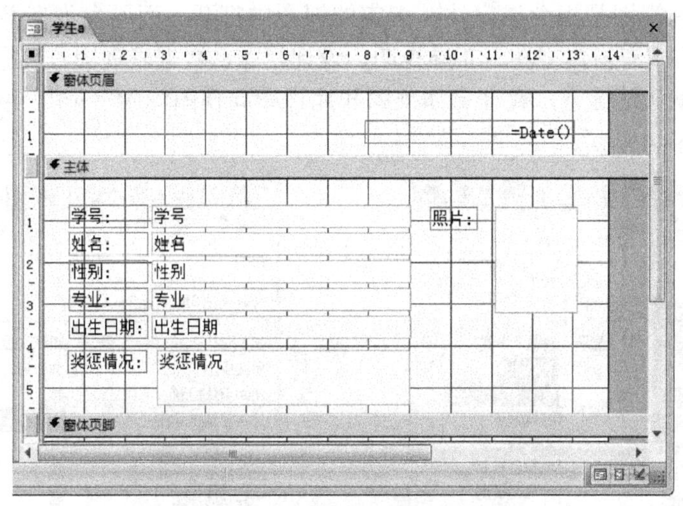

图 4-41 “学生 a”窗体设计视图

（2）单击“记录源”属性框右侧的“生成器”按钮，打开“查询生成器”窗口，如图 4-42 所示。

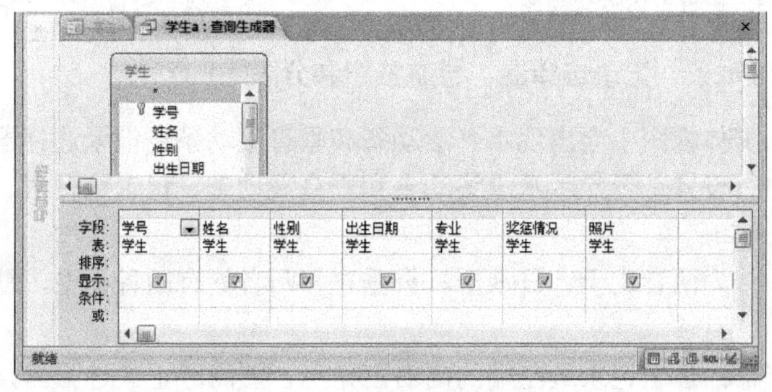

图 4-42 “查询生成器”窗口

从查询生成器设计窗格中可以看出，该查询为窗体提供了所需的全部字段。如果需要，还可以从字段列表中选择字段。

2．设置窗体默认视图

设置窗体默认的视图是指窗体打开时使用的视图方式，有单个窗体、连续窗体、数据表、数据透视表、数据透视图和分割窗体等，如图 4-43 所示。

- 单个窗体：指一次显示一条完整的记录。
- 连续窗体：指在主体节中显示所有能容纳的完整记录。
- 数据表：以行和列的形式显示记录。
- 数据透视表：在数据透视表视图中打开窗体。
- 数据透视图：在数据透视图视图中打开窗体。
- 分割窗体：以分割窗体形式打开窗体。

3．设置窗体允许视图

设置窗体允许视图是指允许窗体在指定的视图中打开，而不允许在其他视图中打开窗体。窗体的视图方式有窗体视图、布局视图、设计视图、数据表视图、数据透视表视图和数据透视图视图。默认情况下，允许窗体视图和允许布局视图均为“是”，可以根据需要进行选择设置，如图 4-44 所示。

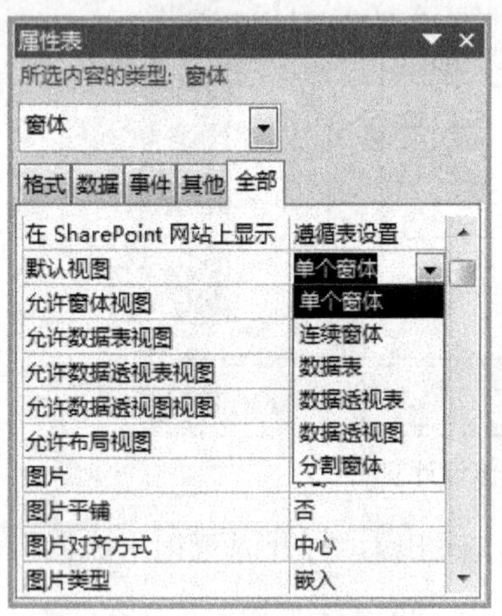

图 4-43 设置窗体默认视图

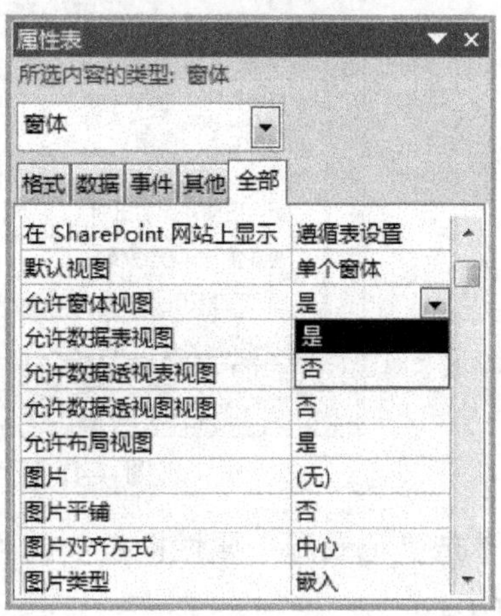

图 4-44 设置窗体允许视图

4．设置窗体滚动条、记录选择器、导航按钮和分隔线

默认情况下，窗体视图中会出现水平滚动条和垂直滚动条、记录选择器、导航按钮。根据需要用户可以自行设置是否显示水平滚动条和垂直滚动条、记录选择器、导航按钮、分隔线等。

- 滚动条：分为两者均无、只水平、只垂直和两者均有四种类型，默认值为“两者均有”。
- 记录选择器：位于记录最左端的向右三角形，要隐藏记录选择器，将该属性设置为“否”。
- 导航按钮：用来浏览记录。如果窗体中不要用来显示记录，或已添加了其他导航按钮，可以将该属性设置为“否”。
- 分隔线：在窗体中各个节之间使用线条隔开，也可用在连续窗体中将各个记录隔开。

例如，设置窗体的记录选择器、导航按钮和分隔线 3 个选项的默认值都为“是”，对应窗体视图如图 4-45 所示，如果这 3 个选项的属性值设置为“否”，对应窗体视图如图 4-46 所示。

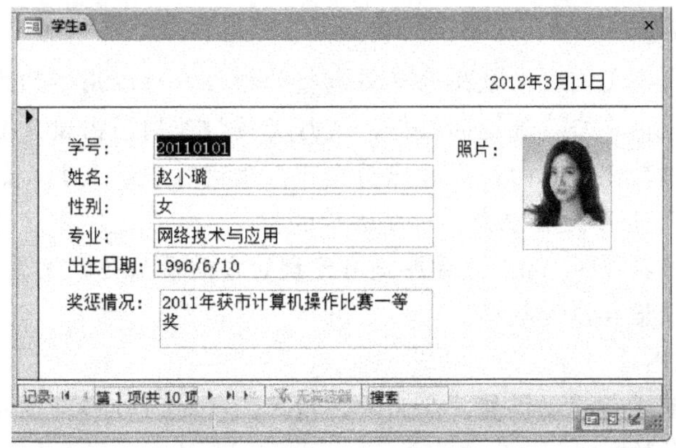

图 4-45　设置记录选择器、导航按钮和分隔线的窗体

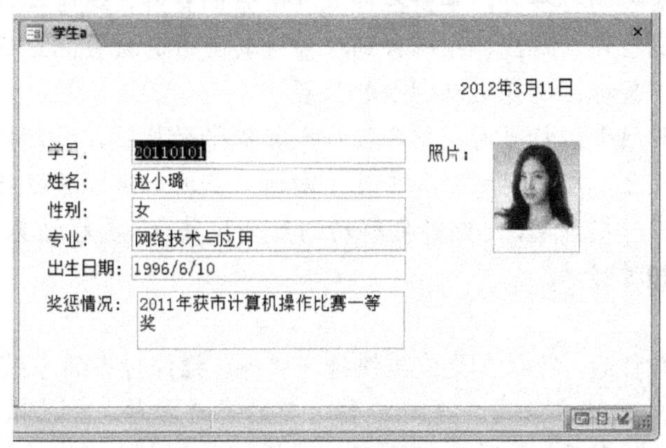

图 4-46　取消设置记录选择器、导航按钮和分隔线的窗体

5．设置数据使用权限

设置数据使用权限是指在窗体视图中允许对数据进行添加、编辑、删除等操作。

- 数据输入。默认值为“是”，设置是否在打开窗体时增加一条空白记录。
- 允许添加。以“是”或“否”设置增加记录权限。
- 允许编辑。以“是”或“否”设置数据编辑权限。
- 允许删除。以“是”或“否”设置数据删除权限。
- 允许筛选。设置是否可在窗体中应用筛选，默认值为“是”。

另外，还可以通过“标题”属性，设置窗体标题栏上显示的文字信息。由于窗体属性很多，在使用过程中逐步掌握。

同样窗体各个节也都有自己的属性，如高度、颜色、背景颜色、特殊效果或打印设置等。设置节的属性时，双击窗体设计视图中的节选择器，打开节的属性对话框进行设置。

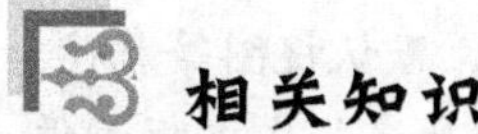

相关知识

窗体布局

在窗体上添加控件后，有时需要对窗体上的各个控件进行适当地调整和修饰，从而达到美化窗体的目的。如调整控件的大小，改变控件的位置，设置字体和颜色等。

1. 调整控件大小

在调整窗体控件大小之前，必须先选择要调整的控件，可以用下列方法选择控件。

在窗体设计视图中，单击要选择的控件，这时在该控件周围出现8个控点，可将鼠标指针置于控制点上，当指针变为双向箭头时拖动，可以改变对象的大小。如果要同时选择两个及以上的控件，在按下Shift键后依次单击要选择的控件。如果使用拖动鼠标的方法调整控件大小不够精细，这时可以按下Shift键后再使用键盘的方向箭头键。设置控件更精确的大小，可以在“属性表”中设置具体的数据。

2. 移动控件位置

对窗体控件的位置进行移动调整，分为两种情况：一是同时移动控件和附带的标签，二是分别移动控件和附带的标签。

同时移动控件和附带的标签时，单击控件或其附带的标签，这时控件或其附带的标签都被选中，在控件上出现控点，将鼠标指针移到控件或其附带的标签的边框上，出现水平和垂直方向的箭头时，按下鼠标左键并拖动到新的位置。

分别移动控件或其附带的标签时，单击控件或其附带的标签，将鼠标指针移到控件或附带的标签左上角的控点上，当出现水平和垂直方向的箭头时，可以单独移动一个控件。

如果要将多个控件一起移动，先选择要移动的多个控件，只要移动其中的任意一个控件，这时其他控件也随之相对移动。

3. 对齐控件

窗体中添加多个控件后，往往需要使控件排列整齐。控件对齐的方式有上对齐、下对齐、左对齐和右对齐。另外一种方法是，先选中要对齐的多个控件，右击其中的一个控件，从快捷菜单中选择“对齐”选项，如图4-47所示，选择一种对齐方式，使所选对象向所需方向对齐。

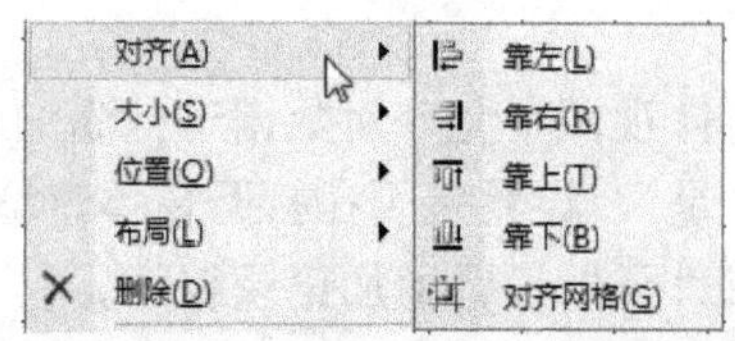

图4-47 “对齐”子菜单选项

4. 删除控件

当要删除控件时，先选择一个或多个要删除的控件，按下键盘的Del键，或右击选择“删除”命令，完成删除操作。

课堂练习

1. 打开“学生信息”窗体设计视图，分别查看窗体的记录源、标题、默认视图等属性。
2. 打开在“学生信息”窗体设计视图，查看主体节的属性设置及“姓名”文本框控件的所有属性值。
3. 在“学生信息”窗体设计视图中，调整各控件的大小及对齐方式。

4.6 窗 体 修 饰

修饰窗体是为了使窗体更加美观，包括设置窗体背景色、背景图片、控件的字体、字号、颜色及特殊效果等。

【例 8】修饰“学生 a”窗体，设置标签控件字体为华文细黑、11 号、深蓝色，文本框控件为楷体、11 号、深红色，并设置窗体背景图片，如图 4-48 所示。

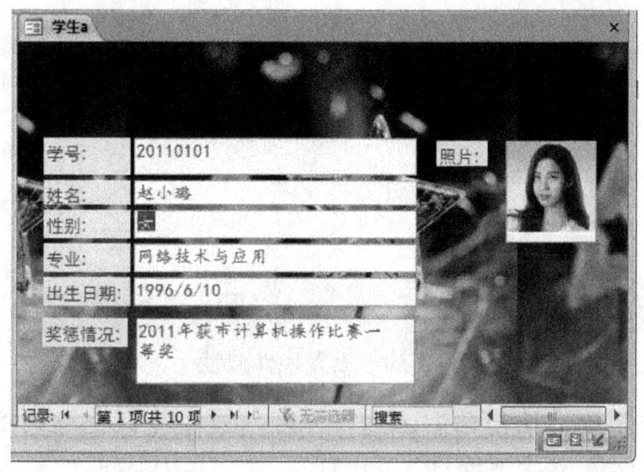

图 4-48　修饰后的“学生 a”窗体

分析：

修饰窗体及控件，可以在窗体的设计视图或布局视图的“设计”选项卡、“格式”选项卡或通过“属性表”进行设置。

步骤：

（1）设置字体和字号。打开“学生 a”窗体布局视图，选择全部字段的附加标签，在窗体布局工具“格式”选项卡“字体”选项组中，设置字体为华文细黑、11 号，也可以打开“属性表”进行设置，如图 4-49 所示。

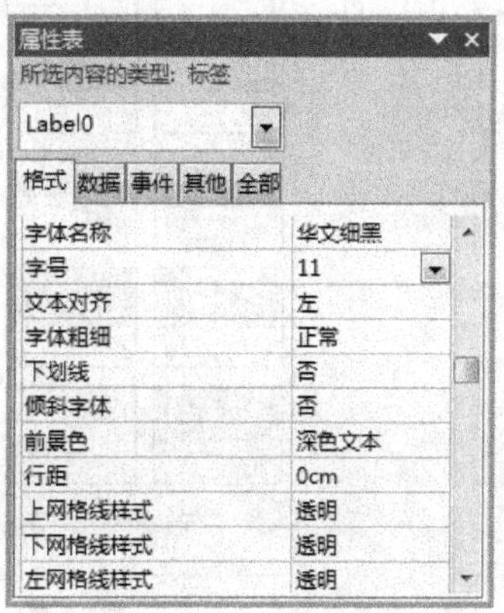

图 4-49　设置字段附加标签属性

用同样的方法，设置字段控件的文本框控件字体为楷体、11 号等。

（2）设置颜色。选择标签控件，单击“格式”选项卡“字体”选项组中“字体颜色”下拉按钮箭头，从打开的调色板中选择深蓝色。同样的方法将文本框控件设置为深红色，也可以通过“属性表”窗口来设置控件颜色。

如果要填充控件颜色，单击“格式”选项卡“字体”选项组中“填充/背景色”下拉按钮箭头，选择适当的颜色来填充，如选择标签控件填充色为褐色，结果如图 4-50 所示。

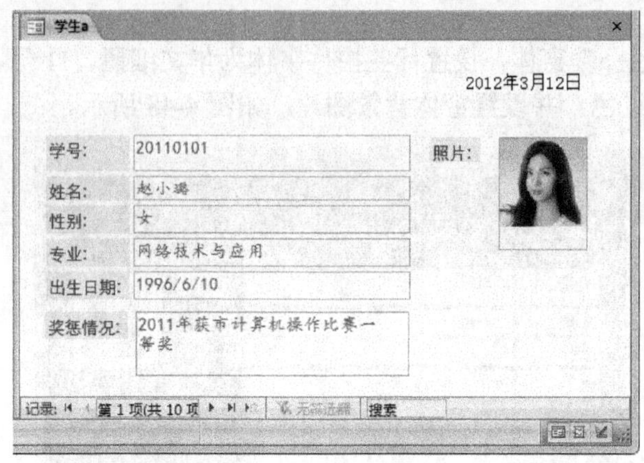

图 4-50　设置控件属性

（3）设置窗体背景图片。切换到窗体设计视图，双击窗体选择器按钮，打开“属性表”属性窗口。在“图片”属性框选择要插入的图片；在“图片类型”框中有嵌入和链接两种选择，选择嵌入；在“图片平铺”框中选择“是”选项；“图片缩放模式”框中有剪辑、拉伸、缩放、水平拉伸和垂直拉伸 5 种模式，这里选择缩放模式，如图 4-51 所示。

（4）切换到窗体视图，窗体的设置效果如图 4-48 所示。

另外，设置窗体格式时还可以自动套用窗体格式，在窗体设计视图“排列”选项卡“自动套用格式”选项组中选择一种格式；或在窗体布局工具“格式”选项卡“自动套用格式”选项组中选择一种格式，如图 4-52 所示。

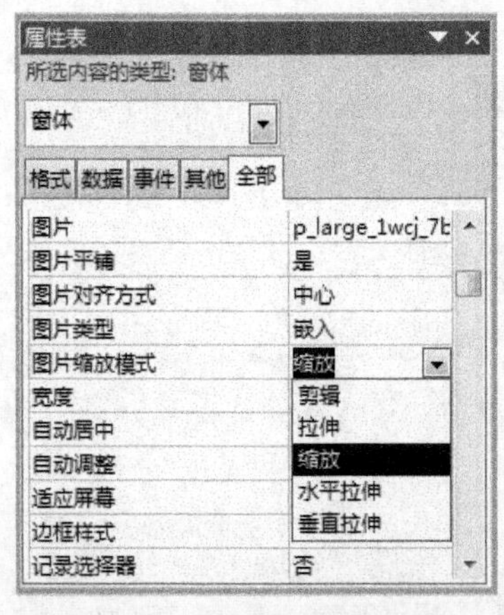

图 4-51　设置窗体背景图片

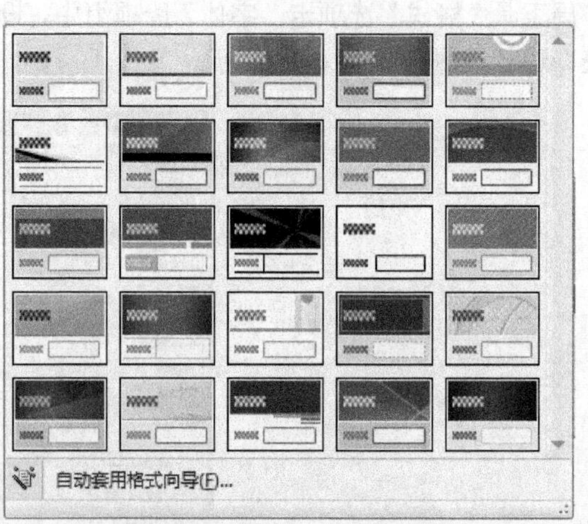

图 4-52　自动套用格式列表

例如，为“学生 a”窗体分别套用“广场”和“活力”格式，结果分别如图 4-53 和图 4-54 所示。

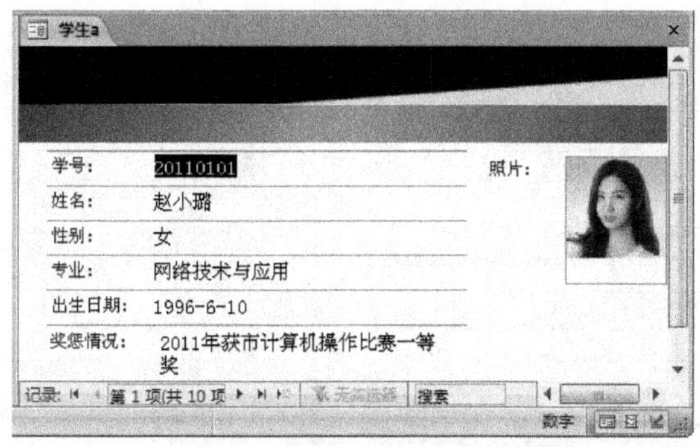

图 4-53　套用“广场”窗体格式

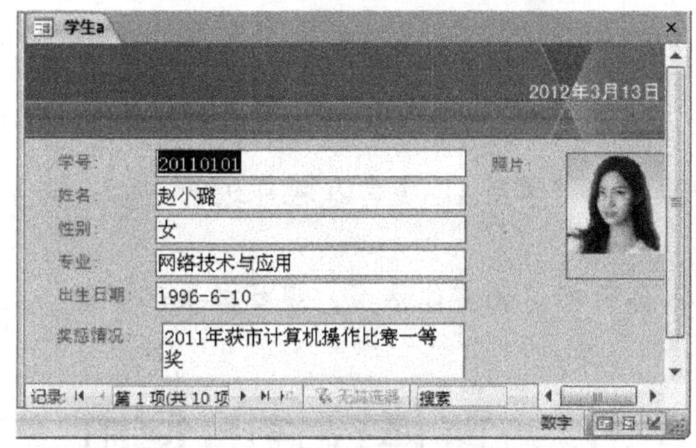

图 4-54　套用“活力”窗体格式

相关知识

窗体特殊效果的设置

在修饰窗体时，可以设置控件凸起、凹陷或蚀刻等特殊效果，使控件看起来更有立体感。Access 提供了平面、凸起、凹陷、蚀刻、阴影和凿痕等效果。设置特殊效果的方法是：首先选择要设置特殊效果的控件，然后打开“属性表”窗口，在“特殊效果”列表中选择一种效果，如图 4-55 所示。

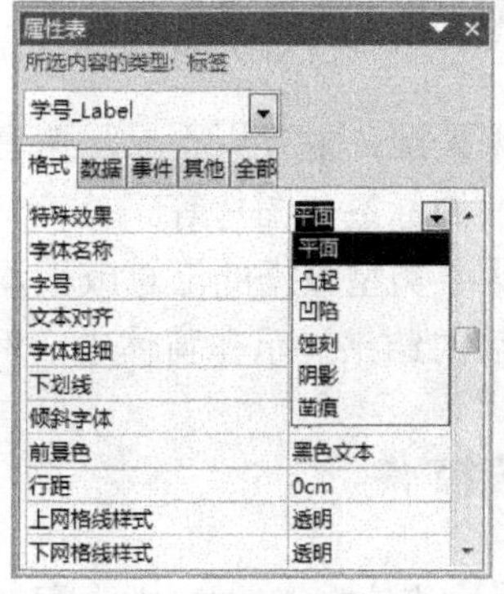

图 4-55　设置控件特殊效果

如设置文本框是凹陷效果，如图 4-56、图 4-57 所示的窗体是设置特殊效果的前后对比。还可以对字体、字号及颜色修饰，窗体将更加美观。

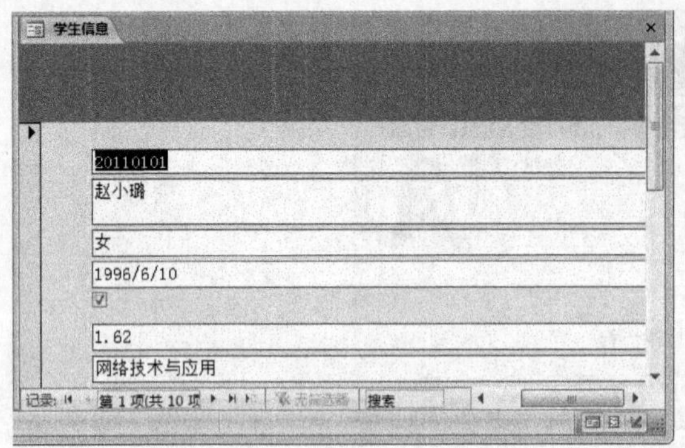

图 4-56　控件设置特殊效果前

图 4-57　控件设置特殊效果后

课堂练习

1. 使用窗体设计视图，对“学生 1”窗体及控件进行字体、字号、填充色设置，并设置窗体背景图片。

2. 对“学生 1”窗体套用不同的窗体格式，观察效果的不同。

4.7　窗体控件的使用

控件是在窗体、报表或数据访问页上用于显示数据、执行操作或作为装饰的对象，窗体或报表中的所有信息都包含在控件中。例如，可以在窗体、报表或数据访问页上使用文本框显示数据，在窗体上使用命令按钮打开另一个窗体或报表，或者使用线条或矩形来隔离和分组控件，以增强它们的可读性。

Access 中的控件根据数据来源及属性不同，可以分为绑定型控件、非绑定型控件和计算型控件 3 种类型。

- 绑定型控件：与表或查询中的字段相连，主要用来输入、显示或更新数据表中的字段内容。当把一个数值输入给一个绑定型控件时，系统自动更新对应表中记录字段内容。
- 非绑定型控件：没有数据来源，主要用于显示信息、线条及图像等，它不会修改数据表中记录字段的内容，如标签、图片等。
- 计算型控件：用于显示数字类型数据的汇总或平均值，其来源是表达式而不是字段值，Access 只是将运算后的结果显示在窗体中。例如，计算课程的平均分。

4.7.1　标签和文本框控件

标签可以附加到另一个控件上。例如，在创建文本框时，文本框有一个附加的标签，用来显示该文本框的标题。该标签在窗体的数据表视图中作为列标题显示。在使用“标签”工具 Aa 创建标签时，该标签将单独存在，并不是附加到任何其他控件上。可以使用独立的标签显示信息（如窗体、报表或数据访问页的标题）或其他说明性文本。在数据表视图中将不显示独立的标签。

1．标签控件

【例 9】 使用设计视图新建窗体，在窗体“窗体页眉”节中添加一个标题为“学生信息管理”标签，字体为“隶书”、字体大小为 24、字体颜色为深蓝色。

分析：

标签是非绑定型控件，可以在窗体、报表或数据访问页上使用标签来显示说明性文本，如标题、题注或简短的说明。标签并不显示字段或表达式的值；它们总是未绑定的，而且当用户从一条记录移到另一条记录时，它们不会有任何改变。

步骤：

（1）使用设计视图新建一个窗体，添加窗体页眉和页脚，单击“设计”选项卡“控件”选项组中的“标签”按钮 Aa，再将鼠标指针移到窗体的“窗体页眉”节中，按下鼠标左键并拖动鼠标，添加一个空白标签。

（2）在空白标签中输入标签文本内容。例如，输入“学生信息管理”文本。

（3）双击该标签对象，打开“属性表”窗口，设置该标签字体为“隶书”、字体大小为 24、字体颜色为深蓝色，如图 4-58 所示。

（4）调整控件的位置，使其居中，切换到窗体视图，设计效果如图 4-59 所示，以文件名“信息管理”保存该窗体。

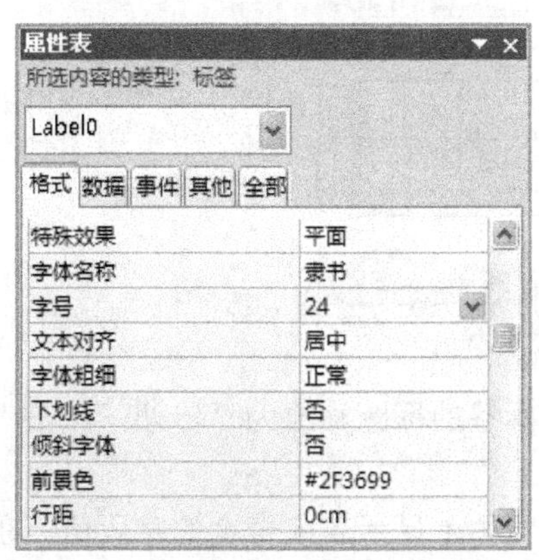

图 4-58　标签“属性表”窗口

图 4-59　只含有标签控件的窗体

在标签控件中输入文本时，如果一行文字超过标签的宽度时，自动增加行宽；如果超过窗体的宽度时，自动换行。

2．文本框控件

【例 10】 在“信息管理”窗体中分别添加标签和文本框，其中文本框用来显示系统日期和学生有关信息，如图 4-60 所示。

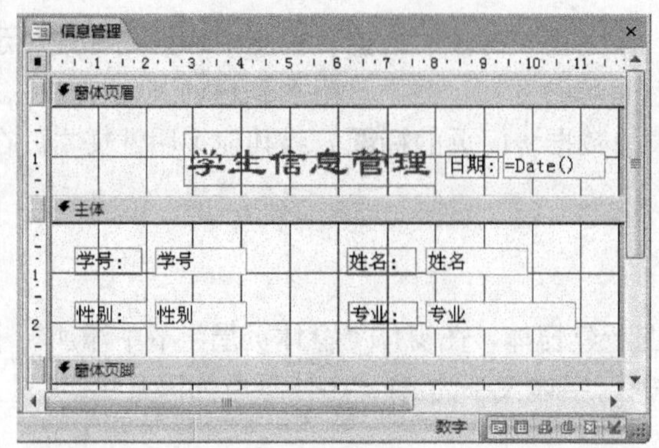

图 4-60　添加标签和文本框控件的窗体设计视图

分析：

文本框分为绑定型文本框和非绑定型文本框。绑定型文本框可以直接在窗体上显示表或查询的字段值。非绑定型文本框可以用来显示计算结果、当前日期时间或接受用户所输入的数据，该数据是一个用来传递的中间数据，一般不需要存储。“窗体页眉”节中的文本框是非绑定型控件，用来显示系统当前日期，系统当前日期对应的表达式为：=date ( );“主体”节中的控件来自“学生”表，是绑定型控件。

步骤：

（1）打开“信息管理”窗体设计视图，单击“控件”选项组中的“文本框”按钮 ab| （“使用控件向导”按钮处于未选中状态），在窗体“窗体页眉”节中单击，添加一个默认的非绑定型文本框及附加标签，如图 4-61 所示。

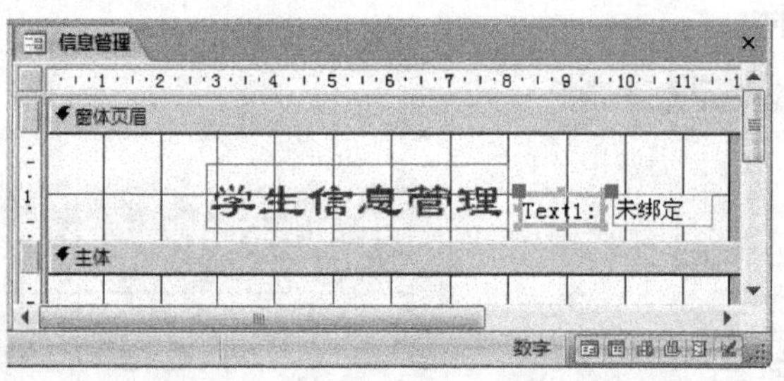

图 4-61　添加的非绑定型文本框

（2）调整文本框及附加标签的位置及大小，然后将标签的标题修改为“日期:”，在“未绑定”文本框中输入日期表达式：=date（）。

（3）添加绑定型文本框。绑定型文本框可以直接在窗体上显示表或查询的字段值。在本章前面已经介绍了将表或查询设置为记录源，从“字段列表”拖动字段到窗体设计视图的方法。添加的文本框都是绑定型文本框，同时系统还自动添加了附加的标签作为字段的标题。下面介绍另一种方法。

先为窗体指定数据源。双击窗体选择器按钮，打开“窗体表”属性对话框，设置窗体的记录源为“学生”表，如图 4-62 所示。

提示：

必须为窗体设置记录源，否则，即使给文本框设置了控件来源，也将不能正确显示记录数据。

图 4-62　设置窗体记录源

在“主体”节中添加一个文本框，修改标签标题后，再打开文本框的“属性”对话框，设置“控件来源”属性。例如，将标签“学号:”对应文本框的“控件来源”属性设置为“学号”，如图 4-63 所示。

图 4-63　设置“学号”文本框控件来源

（4）切换到窗体视图，结果如图 4-64 所示。

图 4-64　窗体视图效果

（5）用同样的方法，根据图 4-60 所示，添加其他标签和文本框，并设置文本框的“控件来源”属性。

（6）切换到窗口视图，观察窗体设计效果，如图 4-65 所示，最后保存该窗体。

在图 4-65 所示的窗体中，设置窗体属性，可以取消窗体的记录选择器和分隔线。

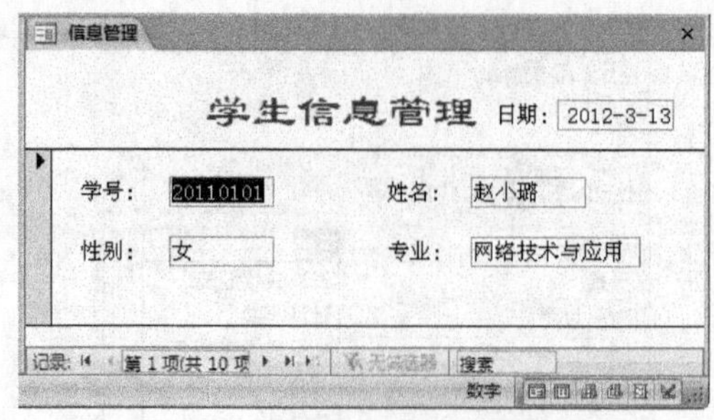

图 4-65 “信息管理”窗体视图

3. 创建计算型控件

文本框常用来显示计算结果，这种文本框也称为计算型文本框。

【例 11】在“信息管理”窗体“主体”节中添加一个显示学生年龄的文本框，用于显示学生的年龄。

分析：

“学生”表字段中没有年龄字段，其年龄可以由出生日期字段计算得出，其表达式为：=Year（Date（））-Year（[出生日期]）。因此，创建的年龄文本框为计算型控件。

步骤：

（1）在设计视图中打开“管理信息”窗体，单击“控件”选项组中的“文本框”按钮，在窗体“主体”节中单击，添加一个大小适中的文本框，并将附加标签的文本改为“年龄：”。

（2）在文本框中输入表达式：=Year（Date（））-Year（[出生日期]），如图 4-66 所示。

（3）切换到布局视图，查看添加计算型控件的结果，单击选中年龄文本框，调整其大小，如图 4-67 所示。

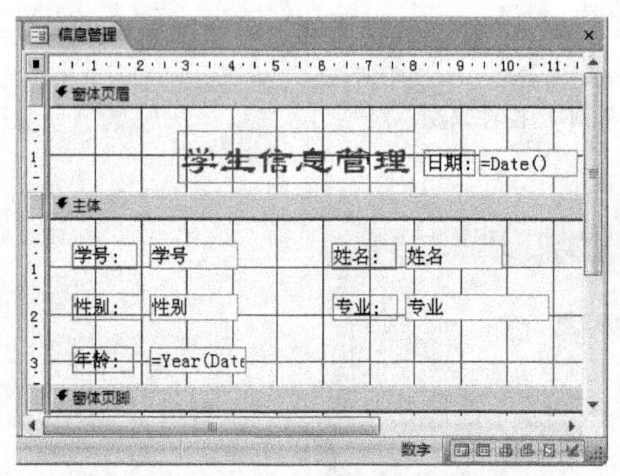

图 4-66 “信息管理”窗体设计视图

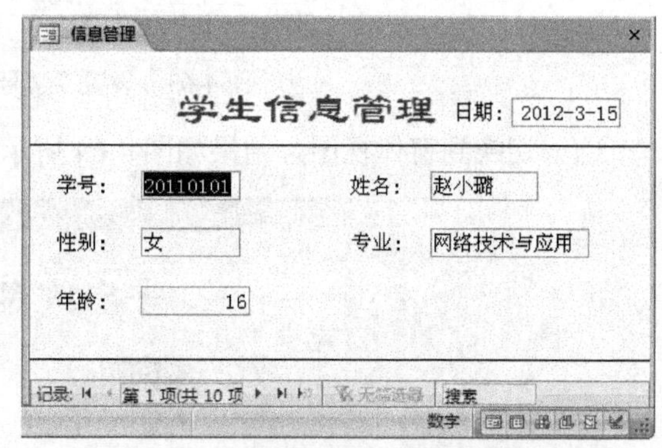

图 4-67 “信息管理”窗体布局视图

（4）保存该窗体。

相关知识

窗体控件

在窗体设计视图“设计”选项卡“控件”选项组中，列出了窗体控件按钮，如图 4-68

所示。包括各种控件按钮，如标签、文本框、选项组、复选框、组合框、列表框、绑定对象框、未绑定对象框、切换按钮、命令按钮、选项按钮、图像、选项卡控件及直线等。

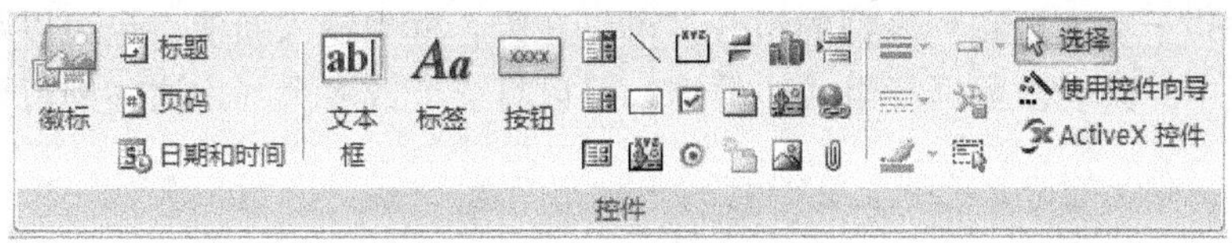

图 4-68　窗体控件

要设计功能齐全、界面美观的窗体，需要了解各控件的功能，表 4-1 列出了窗体控件及其功能。

表 4-1　窗体控件及其功能

控件名称	功能
选择对象	移动或改变控件大小
控件向导	使用控件向导建立控件
标签	创建一个标签控件
文本框	创建一个文本框控件
命令按钮	创建一个执行命令按钮
选项按钮	创建一个包含多个选项的按钮
选项组	创建包含多个选项按钮、复选框或开关按钮
切换按钮	创建一个双态按钮（开/关），常用于图形或图标
子窗体/子报表	在一个窗体或报表中建立另一个窗体或报表
复选框	创建一个供选择开/关状态的复选框控件
组合框	创建一个下拉式列表框或组合框，供选择或输入数值
列表框	创建一个上下滚动的列表框
选项卡控件	创建一个显示文本文字的选项卡控件
图像	在窗体上建立位图图像
分页符	将窗体用分页符分隔
未绑定对象框	添加一个不随记录变化的 OLE 对象
绑定对象框	添加一个随记录变化的 OLE 对象
插入图表	创建一个图表
插入超链接	创建指向网页、图片、电子邮件地址或程序的连接
附件	添加一个绑定数据表中附件字段的控件
直线	在窗体上画各种线条，用于分隔
矩形	在窗体上画任意大小的矩形

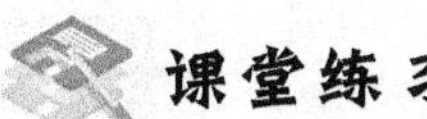

课堂练习

1. 在“信息管理”窗体“主体”节中添加一个标签和文本框，文本框用来显示学生的出生日期。

2. 在“信息管理”窗体“窗体页脚”节中添加一个文本框，显示当前系统时间，其表达式为：=Time ( )。

4.7.2　组合框和列表框控件

组合框类似于文本框和列表框的组合，可以在组合框中输入新值，也可以从列表选择一个值。组合框中的列表由数据行组成。数据行可以有一个或多个列，这些列可以显示或不显示标题。

1．组合框控件

创建绑定到字段的组合框，既可以通过向导来创建，也可以不使用向导创建，通过列表框的属性表来设置属性。

【例 12】将“信息管理”窗体中的“专业”文本框设置为组合框，如图 4-69 所示。

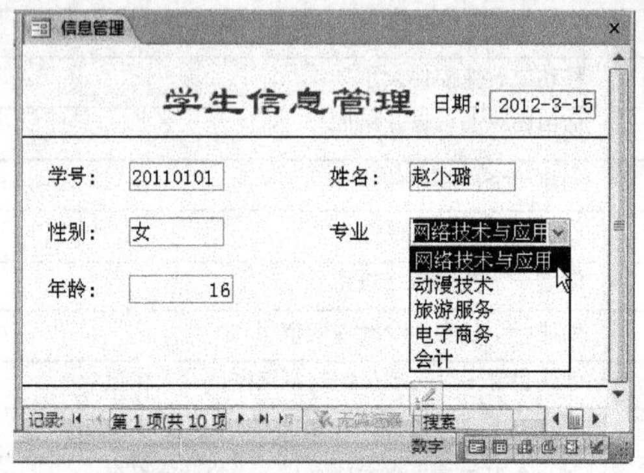

图 4-69　添加的组合框窗体

分析：

组合框中有一个下拉箭头，通过下拉箭头选择所需的选项或输入数值，所以比文本框和列表框更节省空间。

步骤：

（1）打开“信息管理”窗体设计视图，先删除“专业”文本框，按下“控件”选项卡中的“使用控件向导”按钮，再单击“组合框”按钮，在窗体上要放置组合框的位置单击并拖动至适当大小，此时打开“组合框向导”对话框，如图 4-70 所示。

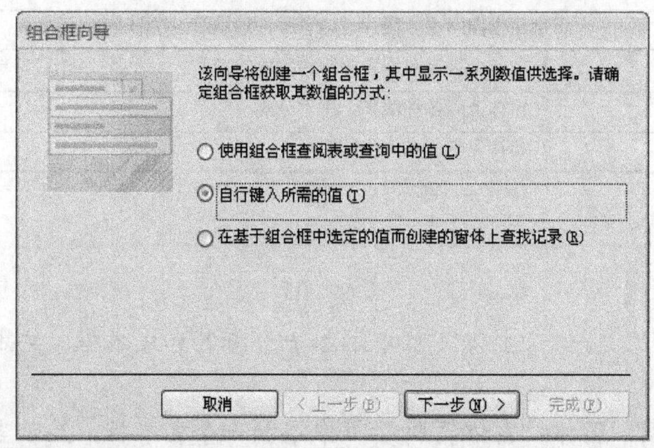

图 4-70　设置组合框获取数值方式对话框

（2）选择“自行键入所需的值”选项，单击“下一步”按钮，出现为组合框提供数值对话框，在“第1列”中输入为列提供的值，如图4-71所示。

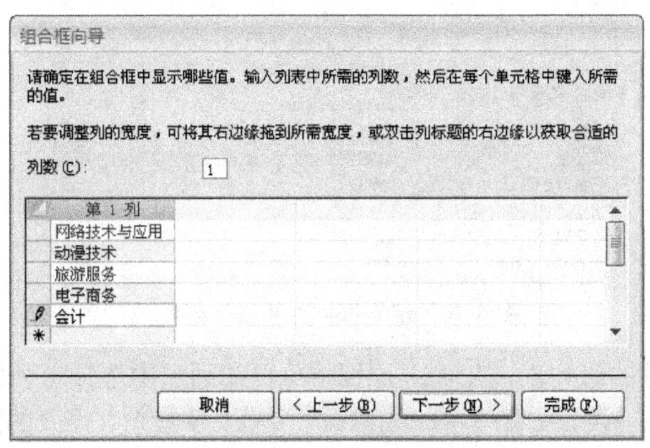

图4-71 为组合框提供数值对话框

（3）单击“下一步”按钮，在选择组合框中数值的保存方式时，选择“将该数值保存在这个字段中”，如图4-72所示。

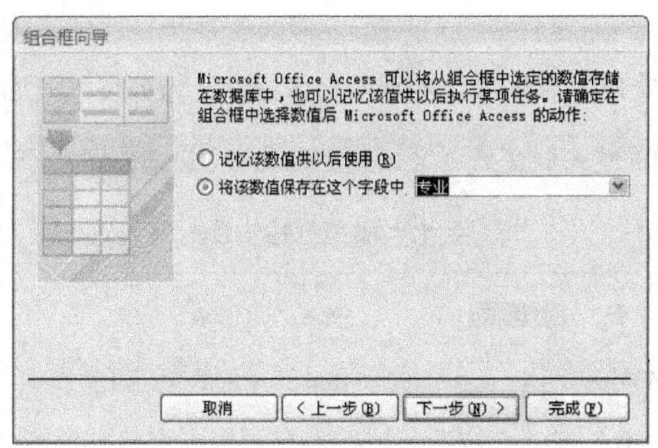

图4-72 选择组合框中数值的保存方式

（4）单击“下一步”按钮，在出现的对话框中为组合框指定一个标签标题。例如，“专业”，单击“完成”按钮，结束组合框的创建操作，如图4-73所示。

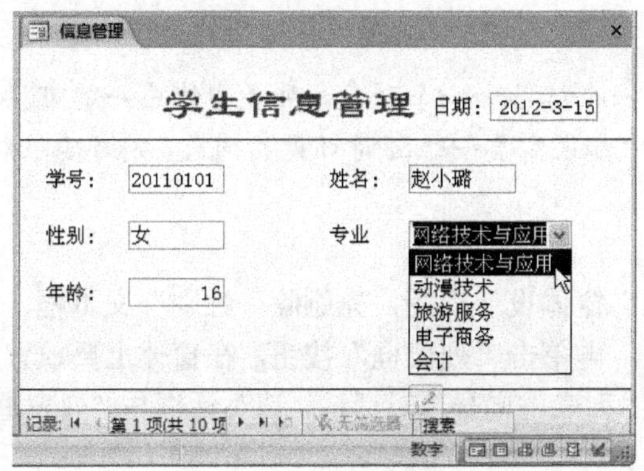

图4-73 添加组合框的窗体设计视图

该组合框对应的“属性表”如图 4-74 所示。

属性表

所选内容的类型：组合框

Combo16

格式 数据 事件 其他 全部

控件来源	专业
行来源	"网络技术与应用";"动漫技术";"旅游服务";
行来源类型	值列表
绑定列	1
限于列表	否
允许编辑值列表	是

图 4-74　组合框控件的属性列表

组合框中包含控件的值列表，在输入过程中可以在列表中选择一个值，这样不仅提高输入效率，也避免了输入错误。在窗体中如果修改“专业”字段值，修改的结果直接回存在“学生”表的“专业”字段中。

列表框与组合框类似，通过提供一组数据选项供用户选择。如果显示的数据选项较多，可以通过滚动条上下移动，选择选项，但不允许用户在列表框中输入数据。

2. 列表框控件

【例 13】将“信息管理”窗体中“性别”文本框设置为列表框，如图 4-75 所示。

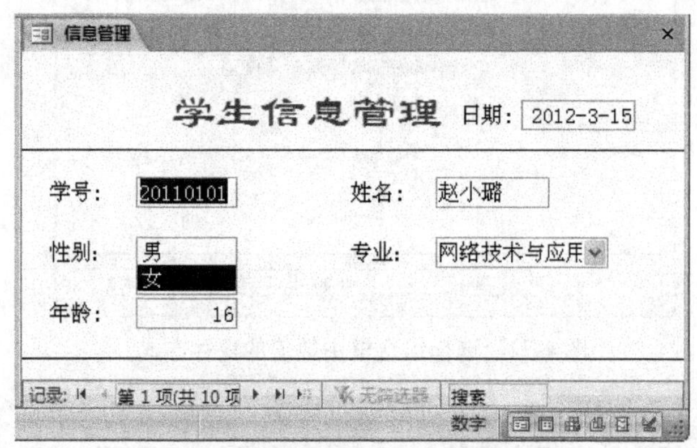

图 4-75　添加的列表框窗体

分析：

列表框控件可以包含一个标签和一个列表，列表中给出一些可供选择的选项，标签用于描述列表的选项。在窗体中如果需要一个随时可见的列表，或者要限制数据项为列表中的值，可以使用列表框。

步骤：

（1）打开“信息管理”窗体设计视图，先删除“性别”文本框，按下“控件”选项卡中的“使用控件向导”按钮，再单击“列表框”按钮，在窗体上要放置列表框的位置单击并拖动至适当大小，此时打开“列表框向导”对话框，该对话框与“列表框向导”对话框类似（如图 4-70 所示）。

（2）选择“自行键入所需的值”选项，单击“下一步”按钮，出现为列表框提供数值对话框，输入为列提供的值，如图 4-76 所示。

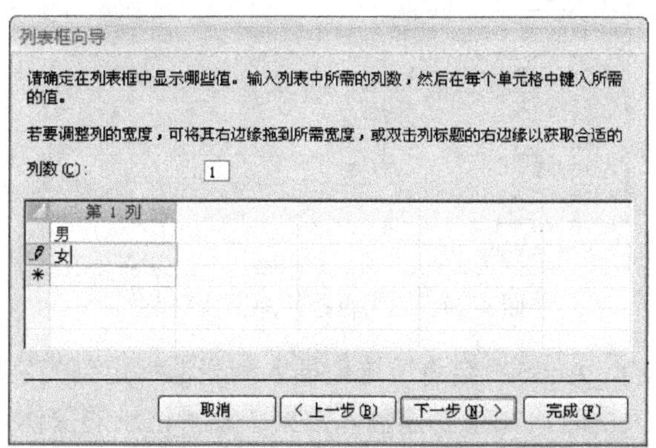

图 4-76　为列表框提供数值对话框

（3）单击“下一步”按钮，选择“将该数值保存在这个字段中”，并选择“性别”字段，如图 4-77 所示。

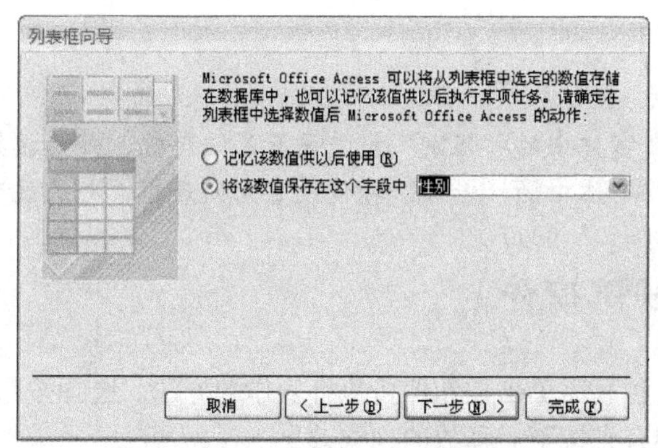

图 4-77　选择列表框中数值的保存方式

（4）单击“下一步”按钮，在出现的对话框中为列表框指定一个标签标题。例如，“性别”，单击“完成”按钮，结束列表框的创建操作，如图 4-78 所示。

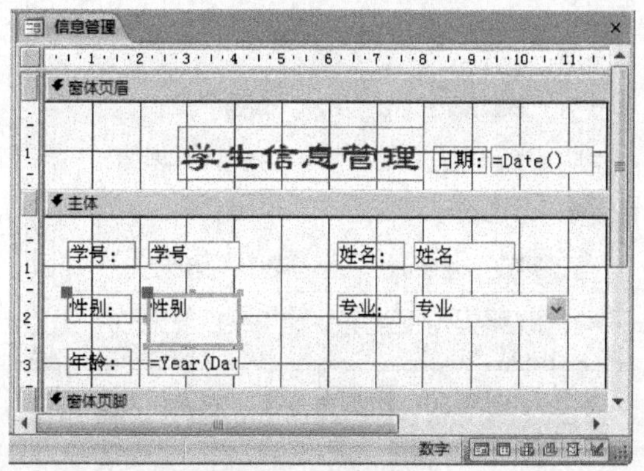

图 4-78　添加列表框的窗体设计视图

该“性别”列表框控件对应的“属性表”如图 4-79 所示。

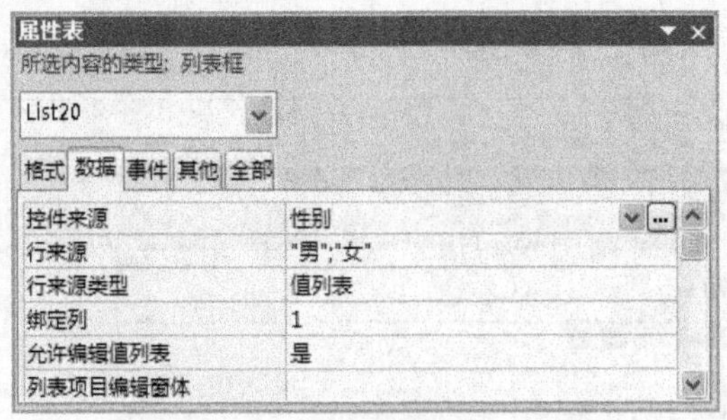

图 4-79　列表框控件的属性列表

如果列表框是绑定的，Access 会将所选值插入列表框绑定到的字段。

在创建组合框或列表框时，如果创建输入数据或编辑记录的窗体，一般选择“自行键入所需的值”选项，这样列表中列出的数据不会重复，此时从列表中直接选择所需的选项即可；如果要创建显示记录的窗体，则可以选择“使用组合框查阅表或查询中的值”或“使用列表框查阅表或查询中的值”选项，这样组合框或列表框中显示的将是存储在表或查询中的实际值。

课堂练习

1. 将“信息管理”窗体中的“性别”控件设置为组合框，并为该组合框提供列表值。
2. 将“信息管理”窗体中的“专业”控件设置为列表框，并为该列表框提供列表值。

4.7.3　命令按钮控件

命令按钮提供了一种只需单击按钮即可执行操作的方法。选择按钮时，它不仅会执行相应的操作，其外观也会有先按下后释放的视觉效果。

【例 14】在“信息管理”窗体中添加一组记录操作命令按钮，并实现相应的功能，如图 4-80 所示。

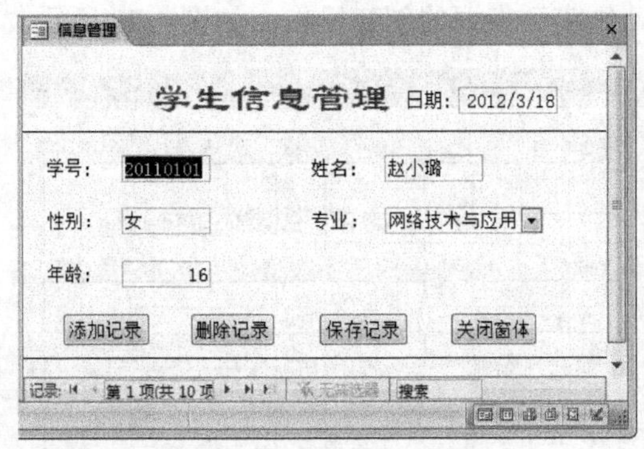

图 4-80　添加命令按钮的窗体

分析：

在窗体中设置命令按钮，可以通过单击命令按钮，执行浏览记录、记录操作、窗体操作、报表操作、退出应用程序及运行查询等。使用向导可以快速创建执行特定操作的命令按钮。

步骤：

（1）打开“信息管理”窗体设计视图，按下“控件”选项卡中的“使用控件向导”按钮，再单击“按钮”，在窗体上要放置命令按钮的位置单击并拖动至适当大小，此时打开“命令按钮向导”对话框，如图 4-81 所示。在该对话框中有两个列表框，一个是命令按钮的类型，另一个是具体的操作。例如，在“类型”列表框中选择“记录操作”，在“操作”列表框中选择“添加新记录”。

（2）单击“下一步”按钮，在出现的对话框中选择按钮上设置文本或图片，选中“文本”单选按钮，并输入文本“添加记录”，如图 4-82 所示。

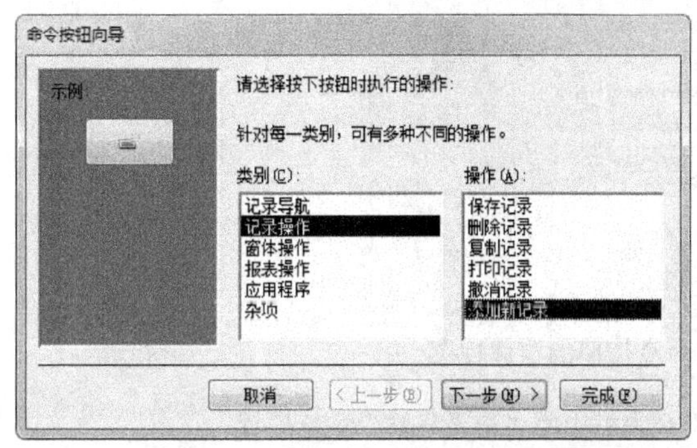

图 4-81 “命令按钮向导”对话框

图 4-82 选择按钮的呈现方式

（3）单击“下一步”按钮，在出现的对话框中为按钮指定一个名称，这个名称是系统内部作为识别该按钮的标识，建议不要修改，最后单击“完成”按钮。至此，添加了一个命令按钮，如图 4-83 所示。

（4）同样的方法，依次添加并设置其他命令按钮，其中“关闭窗体”按钮需要通过“类别”列表框“窗体操作”来添加（如图 4-81 所示），设置命令按钮控件的大小、对齐方式，结果如图 4-84 所示。

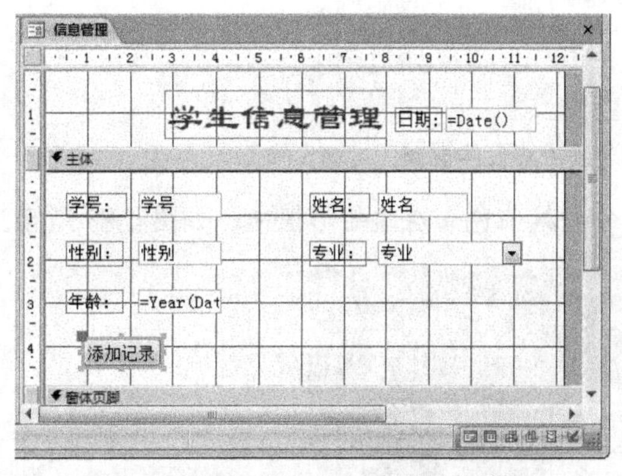

图 4-83 添加了一个命令按钮的窗体

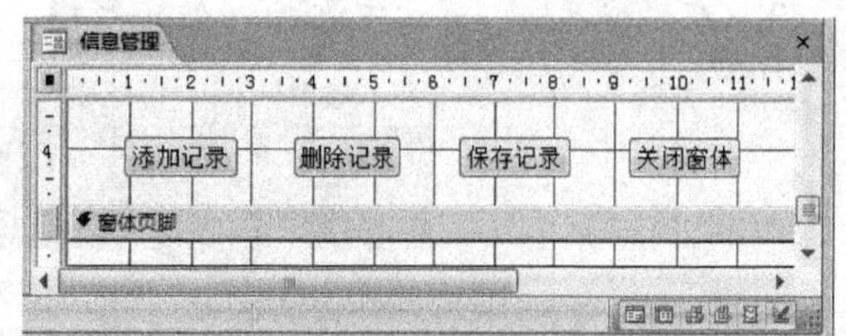

图 4-84 添加命令按钮的窗体设计视图

在窗体视图中通过命令按钮新增加一条记录，然后切换到数据表视图，打开“学生”表，观察是否新增加一条记录，再通过“删除记录”按钮删除该记录。

课堂练习

1. 在“学社 a”窗体中添加一组记录浏览记录的导航命令按钮，如图 4-85 所示，并实现相应的功能。

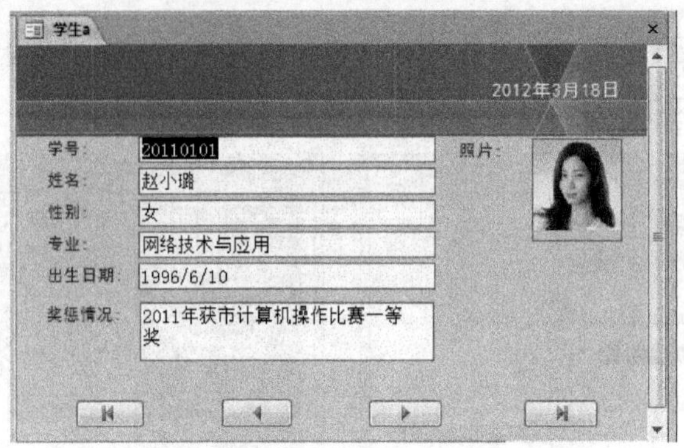

图 4-85　添加记录导航命令按钮的窗体视图

注：在“命令按钮向导”对话框中，选择“类型”列表框中的“记录导航”进行设置。

2. 在上题的基础上再添加一组记录操作命令按钮，并实现相应的功能，如图 4-86 所示。

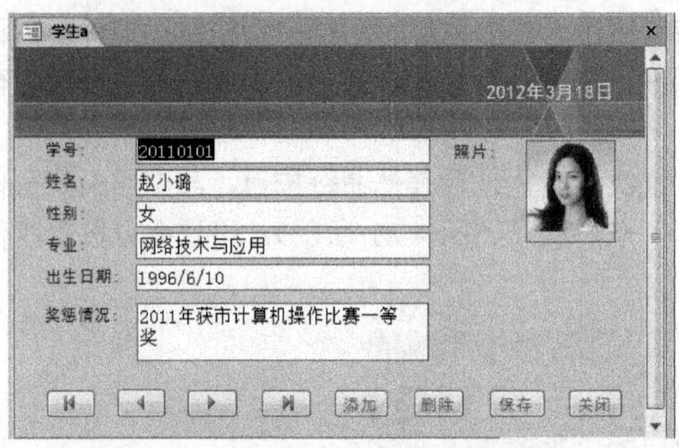

图 4-86　添加两组命令按钮的窗体视图

3. 在“学生 a”窗体中添加一个矩形框，使命令按钮包含在该矩形框中，如图 4-87 所示。

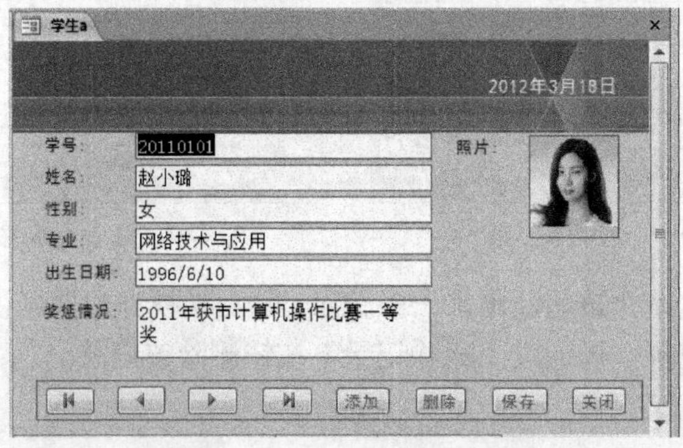

图 4-87　添加矩形框按钮的窗体

注：在“控件”选项组中使用“矩形”按钮添加矩形框控件。

4. 在“学生 a”窗体中添加“学生窗体”和“成绩查询”两个命令按钮，如图 4-88 所示，单击后分别打开“学生窗体”和“学生成绩查询”。

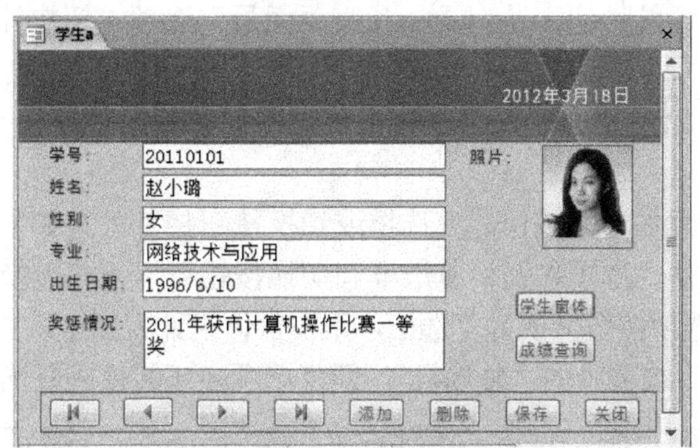

图 4-88　添加的命令按钮

4.7.4　复选框、选项按钮、切换按钮和选项组按钮控件

复选框、选项按钮和切换按钮这三个控件都可以显示“是/否”数据类型的字段值。其中复选框可用于多选操作，如职工的学历有高中、大专、本科、研究生等；选项按钮用于单选操作，如性别等；切换按钮与复选框类似，但以按钮的形式表示。

【例 15】“学生”表中的“团员”字段为“是/否”类型，设计一个“学生 b”的窗体，通过“团员”选项按钮来确定该学生是否是团员，如图 4-89 所示。

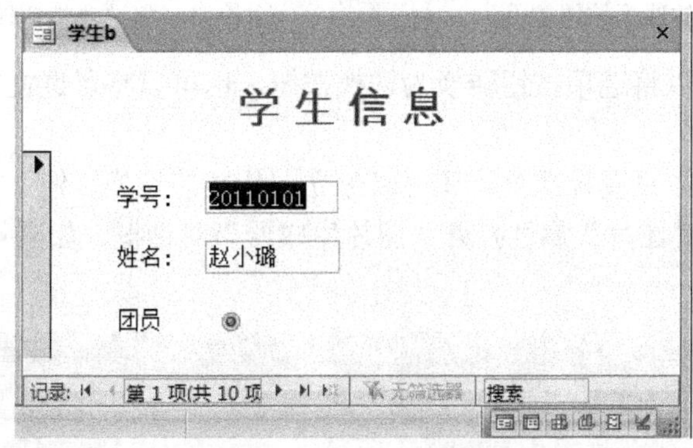

图 4-89　“学生 b”窗体

分析：

在窗体中添加的“团员”控件是一个选项按钮，可以将选项按钮用作独立的控件来显示记录源的“是”/“否”值。

步骤：

(1) 新建一个窗体 XS1，设置窗体数据源“学生”表，并添加窗体页眉和页脚。

(2) 在窗体页眉节中添加“学生信息”标签，再打开“字段列表”窗口，从“字段列表”窗口中分别将“学号”、和“姓名”字段拖放到主体节中，并进行属性设置。

（3）按下“控件”选项卡中的选项按钮，从“字段列表”中将“团员”字段拖放到主体节中，产生一个选项按钮，并将标签标题设置为“团员”，调整控件位置，如图 4-90 所示。

（4）保存该窗体。

通过窗体中的记录导航按钮浏览记录，观察“团员”选项按钮控件的变化。

在窗体或报表中，可以将复选框用作独立的控件来显示来自基础表、查询或 SQL 语句中的“是”或“否”值。如果复选框内包含复选标记，则其值为“是”；如果不包含，则其值为“否”。

除了在窗体中分别添加选项按钮、复选框或切换按钮控件外，如果已添加了其中的一个控件，要更改为其他控件，选项按钮、复选框和切换按钮可以互相转换。例如，如果将“学生 b”窗体中“团员”选项按钮转换为复选框，则在窗体设计视图中，右击该选项按钮，从快捷菜单中选择“更改为”选项中的“复选框”，即将选项按钮转换为复选框，如图 4-91 所示。

图 4-90　添加的选项按钮控件

图 4-91　将选项按钮转换为复选框控件

用同样的方法，可以将选项按钮转换为切换按钮，也可以将复选框控件转换为选项按钮或切换按钮。

对于切换按钮，除了设置标题外，还可以建立图片式的切换按钮。方法是打开切换按钮的“属性”窗口，通过“图片”属性打开“图片生成器”对话框，如图 4-92 所示，选择一幅图片。

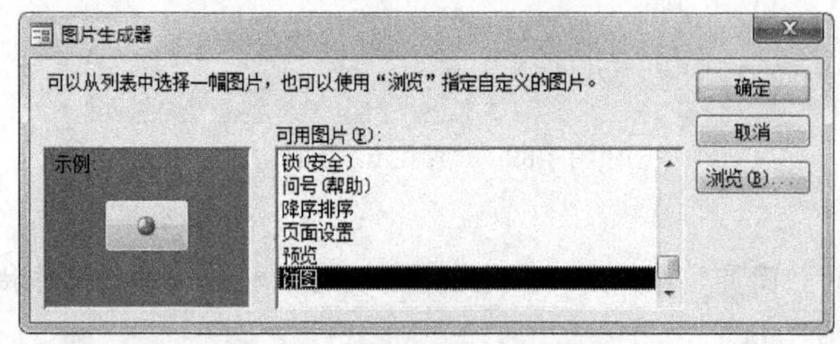

图 4-92　“图片生成器”对话框

【例 16】在“学生”表中增加一个“技能证书”字段，再在“学生 b”窗体中添加一个选项组控件，利用该控件来确定“学生”表中“技能证书”字段值，如图 4-93 所示。

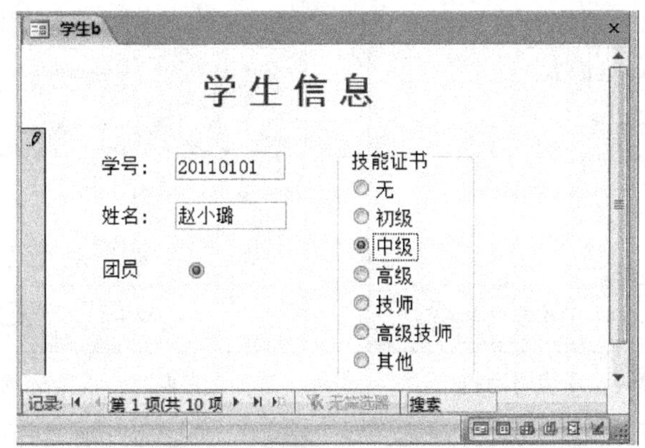

图 4-93　添加选项组按钮的窗体

分析:

选项组由一个组框架及一个复选框、选项按钮或切换按钮组成。使用选项组可以在窗体或报表中用来显示一组限定性的选项值，每次只能选择一个选项。在输入数据时，使用选项组可以方便地确定字段的值。

步骤:

（1）打开“学生”表，添加一个文本类型的“技能证书”字段。

（2）打开“学生 b”窗体设计视图，选中“控件”选项卡中的“使用控件向导”按钮，再单击选项组按钮，在窗体要放置选项组的位置，单击并拖动鼠标拉出一个方框至所需大小，此时出现“选项组向导”对话框，在“标签名称”中输入所需的选项值，如图 4-94 所示。

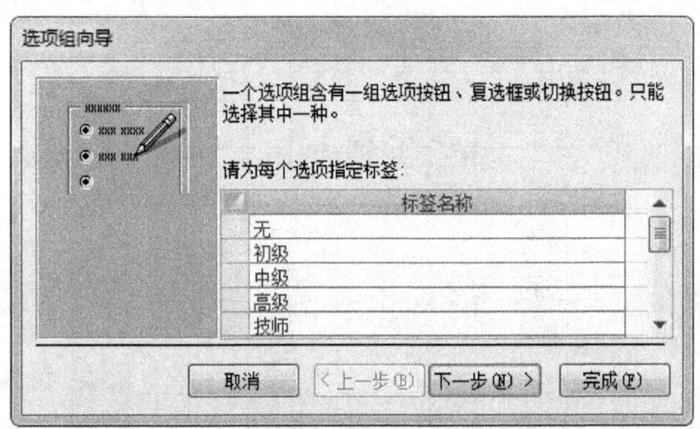

图 4-94　输入选项标签对话框

（3）单击“下一步”按钮，在出现的对话框中指定一个默认的选项（当用户还没有任何选择时，该选项处于选择状态），如果不指定，系统把第一个作为默认值，如图 4-95 所示。

（4）单击“下一步”按钮，出现设定选项对应值对话框，如图 4-96 所示。这是当事件发生后，用来判断哪个值被选中，对话框中第 1 列为选项序列，第 2 列为选项所对应的数值。向导指定第一个选项所对应的值为 1，依次递增。这里选择系统默认的设定值。

（5）单击“下一步”按钮，出现设置保存字段对话框，如图 4-97 所示。选择“在此字段中保存该值”选项，选中的值保存到“技能证书”字段中。

（6）单击“下一步”按钮，出现选项组类型和样式对话框，如图 4-98 所示。

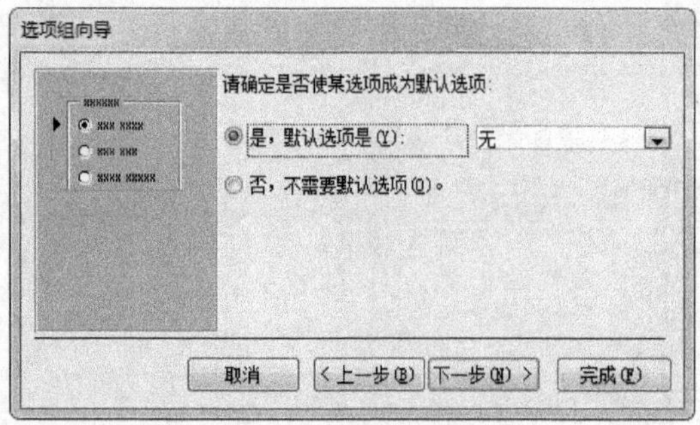

图 4-95　确定默认选项值对话框

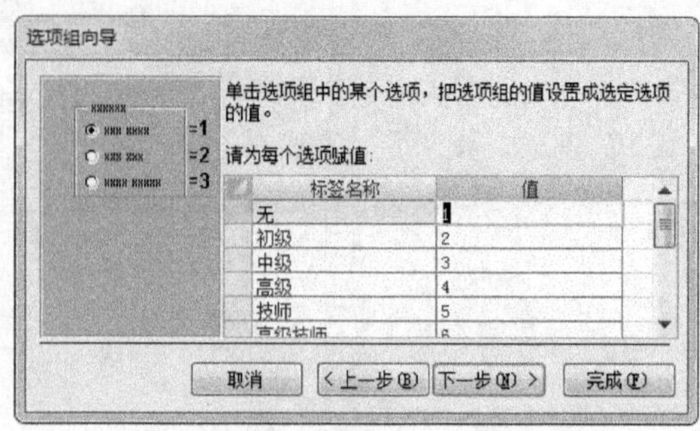

图 4-96　设定选项对应值对话框

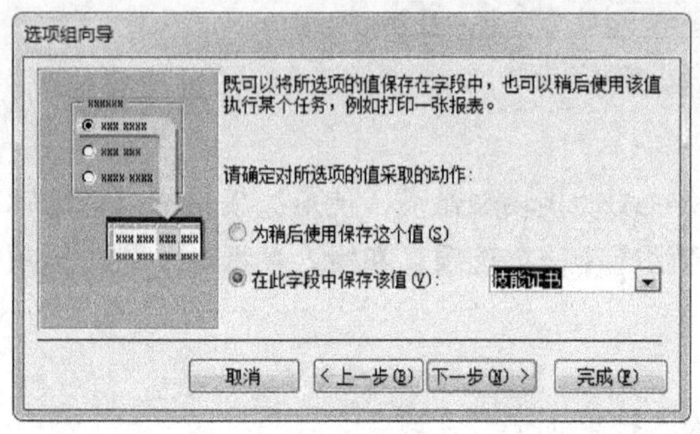

图 4-97　设定选项值的保存字段对话框

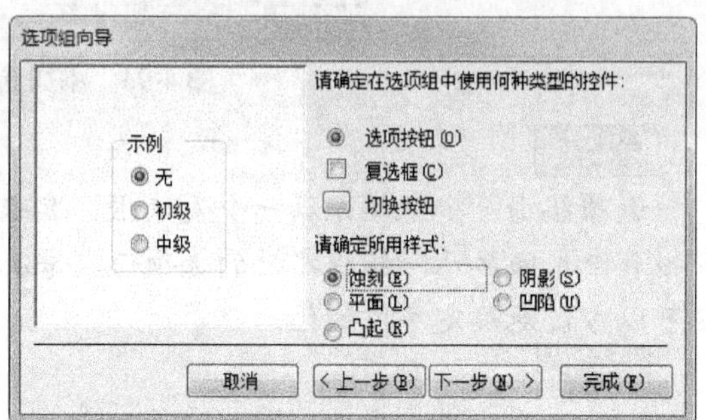

图 4-98　选项组类型和样式对话框

（7）单击“下一步”按钮，在出现的对话框中指定选项组的标题“技能证书”，最后单击“完成”按钮，结果如图 4-99 示。

图 4-99　添加选项组控件后的窗体设计视图

如果选项组绑定到字段，那么只是组框本身绑定到字段，而框内的复选框、切换按钮或选项按钮并没有绑定到字段。因为组框的“控件来源”属性被设为选项组绑定到的字段，所以不能为选项组中的每个控件设置“控件来源”属性。与此相反，应该为每个复选框、切换按钮或选项按钮设置“选项值”（窗体或报表）或“值”（数据访问页）属性。在窗体或报表中，应将控件属性设为对绑定了组框字段有意义的数字。当在选项组中选择选项时，Access 会将选项组绑定到字段的值设为已选择选项的“选项值”或“值”属性的值。

“选项值”或“值”属性之所以设为数字，是因为选项组的值只能是数字，而不能是文本。Access 将该数字存储在基础表中。上例中如果要在“学生”表中显示技能证书的名称而不是“学生”表中的数字，可以创建一个单独的“证书”表来存储技能证书的名称，然后将“学生”表中的“技能证书”字段作为“查阅”字段来查找“证书”表中的数据。

课堂练习

1. 分别将图 4-89“学生 b”窗体中的“团员”选项按钮更改为复选框和切换按钮。

2. 在例 16 的基础上，再建立一个“证书”表，将“学生”表中的“技能证书”字段作为“查阅”字段来查找“证书”表中的数据。

4.7.5 绑定对象框和图像控件

绑定对象框可在窗体中连接 OLE 对象数据类型的字段，并且将随着记录指针的移动而改变图片内容。

【例 17】修改“信息管理”窗体，分别添加一个绑定对象框和一个图像控件，如图 4-100 所示。

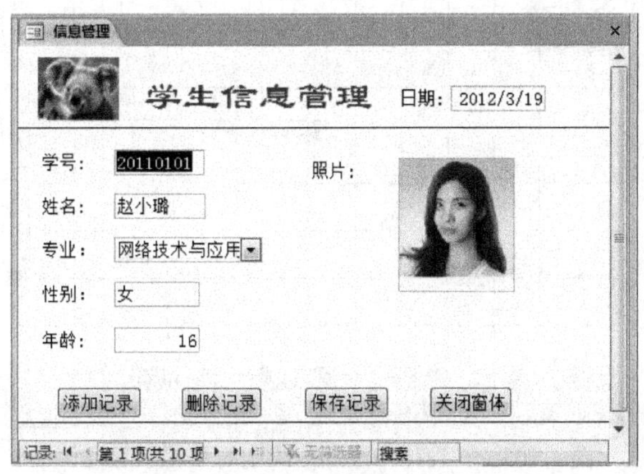

图 4-100 添加绑定对象框和图片的窗体

分析：

该窗体中的照片控件为绑定对象，它存储在表中，随着记录的变化而变化；标题左侧的图片为插入的图像控件，该对象可以嵌入或链接到窗体中，嵌入到窗体中的图片是数据库的一个组成部分，而链接到窗体中的图片，随着图片源的变化而变化。

步骤：

（1）打开“信息管理”窗体设计视图，单击“控件”选项卡中的“图像”按钮，再在“窗体页眉”中单击，打开“插入图片”对话框，选择一幅要插入的图片，并调整图片的大小。

（2）设置插入的图片属性，如图 4-101 所示。通过“属性表”可以设置该图片是“嵌入”还是“链接”方式；在“缩放模式”框中选择“缩放”、“拉伸”或“剪裁”。

（3）调整窗体中的控件布局，然后按下“控件”选项卡中的“绑定对象框”按钮，再在窗体“主体”节中拖放鼠标，在窗体中添加一个绑定型对象框。

（4）设置绑定对象的属性，其中“控件来源”为“照片”字段，如图 4-102 所示；修改其附属标签标题为“照片：”。

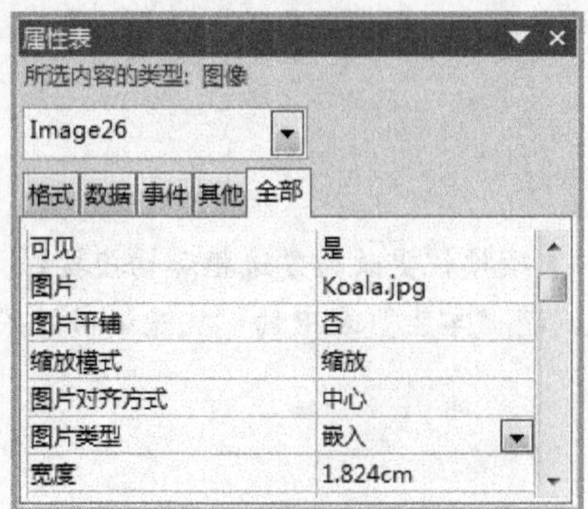

图 4-101　设置图像控件属性

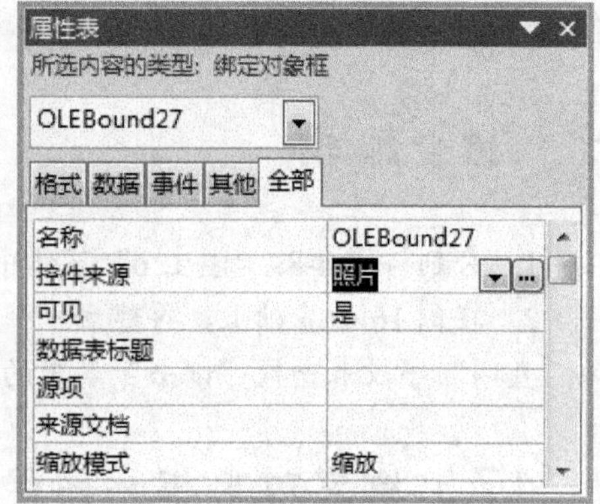

图 4-102　绑定对象属性对话框

（5）调整控件的布局及对齐方式后，结果如图 4-103 所示。

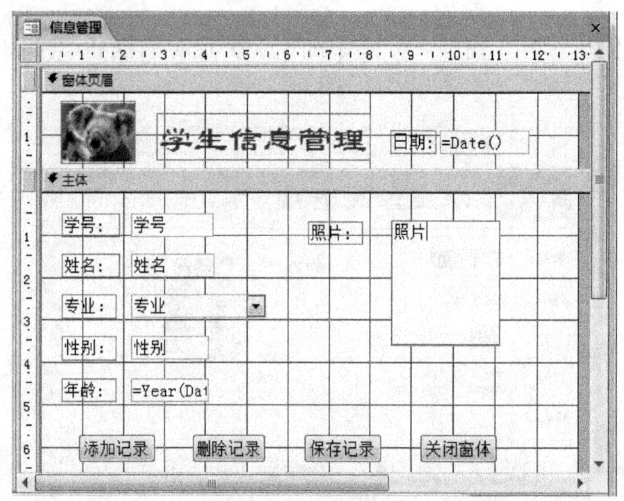

图 4-103　在窗体中添加的绑定对象和图像控件

提示：

在窗体的设计视图中，打开“字段列表”窗口，从“字段列表”窗口中将“照片”字段拖放到窗体“主体”节中，在窗体中就添加了一个绑定对象框。

未绑定对象框和绑定对象框不同，但同样可以在窗体中插入其他应用软件建立的 OLE 对象，只不过该 OLE 对象并没有连接到表或查询中的字段上。因此，它是较为独立的控件。未绑定对象框的内容并不会随着记录指针的移动而改变，因而如果想在随时都能看到该控件的内容，最好将其加在窗体页眉或窗体页脚节中。

如果将图像控件和未绑定对象加入的图片相比，前者显示图片的速度较快，适合保存不需要更新的图片；而后者的优点是可直接在窗体中双击修改，而且图片只是未绑定对象支持的数据类型之一，用户可以根据具体的需要来选择使用。

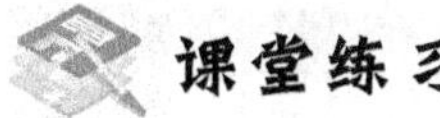

课堂练习

1. 在"学生 b"窗体的"主体"节中添加"学生"表中的"照片"字段。

2. 在"学生 b"窗体的"窗体页眉"节中添加一个未绑定对象框，该对象可以是图片或其他类型的文档。

3. 在"学生 b"窗体的"窗体页眉"节中添加一个图片控件，窗体控件布局合理、美观。

4.7.6 选项卡控件

创建一个多页窗体，可以使用选项卡控件或分符页控件。使用选项卡控件，可以将独立的页全部创建到一个控件中。如果要切换页，单击其中某个选项卡即可。

【例 18】设计一个包含两个页面的选项卡窗体，第 1 页显示"学生"表的有关信息，第 2 页显示学生成绩有关信息，分别如图 4-104 和图 4-105 所示。

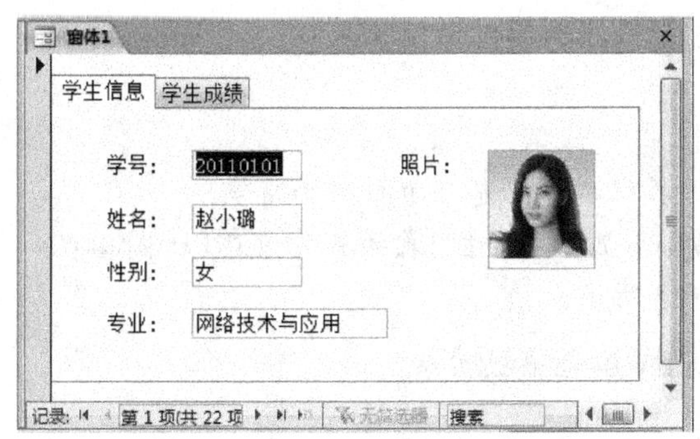

图 4-104 "学生信息"页面窗体

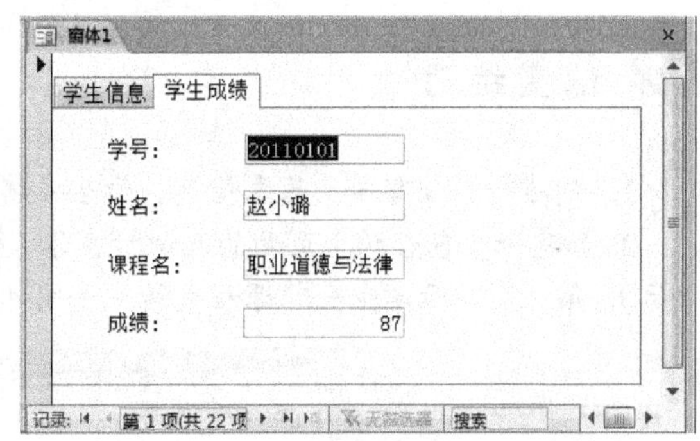

图 4-105 "学生成绩"页面窗体

分析：

使用选项卡控件可以用来构建含若干个页的单个窗体或对话框，每页一个选项卡，每个选项卡都包含类似的控件，如文本框或选项按钮。当用户单击选项卡时，所在页就转入活动状态。

步骤：

（1）新建一个窗体，在设计视图下按下"控件"选项卡中的"选项卡控件"按钮，然后在设计视图中单击，系统自动添加两个页面的选项卡，标题分别默认为"页 1"和"页 2"。

（2）打开属性对话框，分别将两个选项卡的"标题"设置为"学生信息"和"学生成绩"。

（3）打开"字段列表"窗口，从"字段列表"窗口中将"学生"表中的部分字段拖放到第 1 个页面，如图 4-106 所示。同样的方法将"成绩"表的"学号"和"成绩"字段、"学生"表的"姓名"字段以及"课程"表的"课程名"字段拖放到第 2 个页面，并适当调整各控件的大小和位置，如图 4-107 所示。

提示：

如果要增加或删除页面，在设计视图中右击页头标题处，从弹出的快捷菜单中选择"插入页"命令，则插入一个新页；选择"删除页"命令，则将当前页删除。

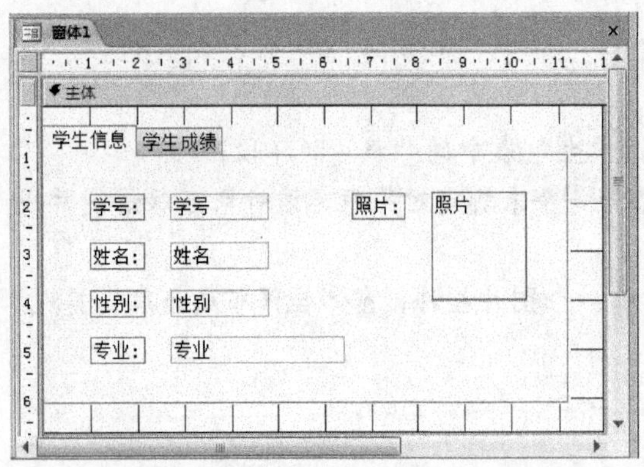

图 4-106 “学生信息”页面窗体设计视图

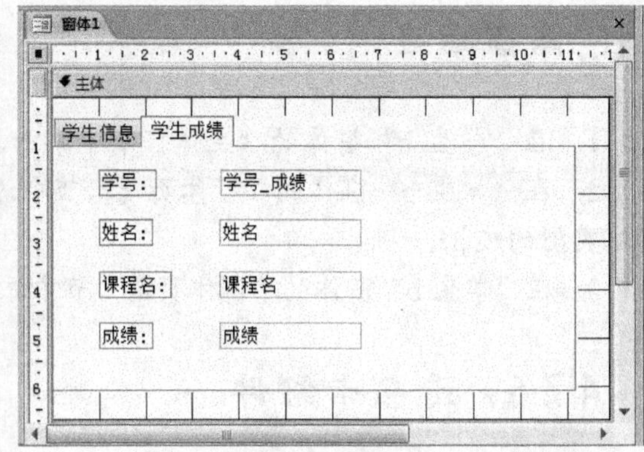

图 4-107 “学生成绩”页面窗体设计视图

（4）以“多页窗体 1”保存该窗体。浏览查看各页面内容，两个页面记录同步移动。

使用分页控件可以将窗体控件之间标识在水平方向隔断。当按 Page Up 或 Page Down 键时，Access 将滚动到分页控件之前或分页控件之后的页。

课堂练习

1. 创建一个含有学生基本信息、学生成绩、授课教师信息三个页面的窗体。

2. 新建一个包含两个页面的选项卡窗体，第 1 页显示“学生”表的有关信息（如图 4-104 所示），第 2 页显示学生全部课程成绩，如图 4-108 所示。

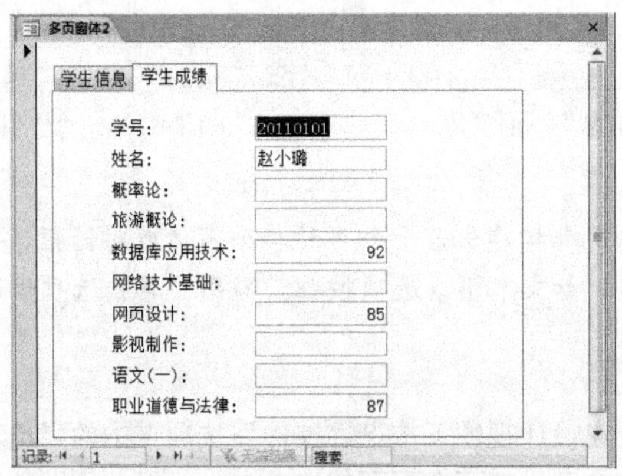

图 4-108 学生各门课程成绩页面窗体

注：设置窗体记录源，单击“记录源”属性框右侧的生成器按钮，将“学生”表和“交叉表成绩查询”添加到“查询生成器”，选择“学生”表中的全部字段及“交叉表成绩查询”中除“学号”和“姓名”外的其他字段，关闭并保存生成 SQL 语句。

4.7.7 创建子窗体

子窗体是窗体中的窗体，包含子窗体的窗体称为主窗体。子窗体一般用于显示具有一对多关系的表或查询中的数据，其中主窗体用于显示具有一对多关系的“一”方，子窗体用于显示具有一对多关系的“多”方。当主窗体中的记录变化时，子窗体中的记录也发生相应的变化，主窗体和子窗体彼此相关联。主窗体中可以包含多个子窗体，子窗体中可以再包含子窗体。

创建主/子窗体时，一是使用窗体向导创建主/子窗体，二是先建立子窗体，再建立主窗体，并将子窗体插入到主窗体中。

1. 使用窗体向导创建主/子窗体

【例 19】创建主/子窗体，在主窗体中显示“学生”表基本信息，子窗体中显示对应学生的课程成绩。

分析：

使用窗体向导可以创建主/子窗体，主/子窗体表之间应建立关联。

操作：

（1）新建窗体，单击“创建”选项卡“窗体”选项组中“其他窗体”的“窗体向导”选项，打开“窗体向导”对话框，在“表/查询”下拉列表中选择“学生”表，并将“学号”、“姓名”和“性别”三个字段添加到“选定字段”列表框中。用同样的方法，再分别将“课程”表中的“课程号”和“课程名”字段及“成绩”表中的“成绩”字段添加到“选定字段”列表框中，如图 4-109 所示。

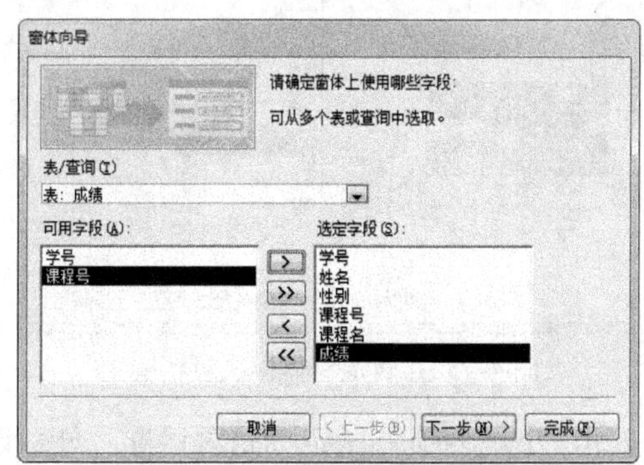

图 4-109 选定字段对话框

（2）单击“下一步”按钮，出现数据布局方式对话框（如果表之间没有建立关系，则要求先建立关联），选择默认设置，如图 4-110 所示。

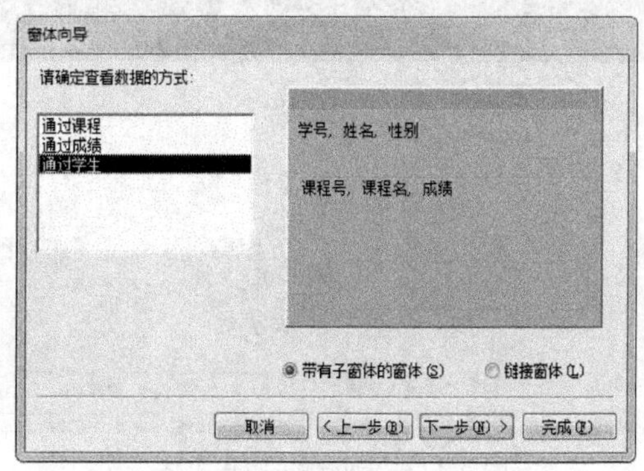

图 4-110 选择数据方式对话框

（3）单击“下一步”按钮，出现选择子窗体布局对话框，默认为“数据表”，如图 4-111 所示。

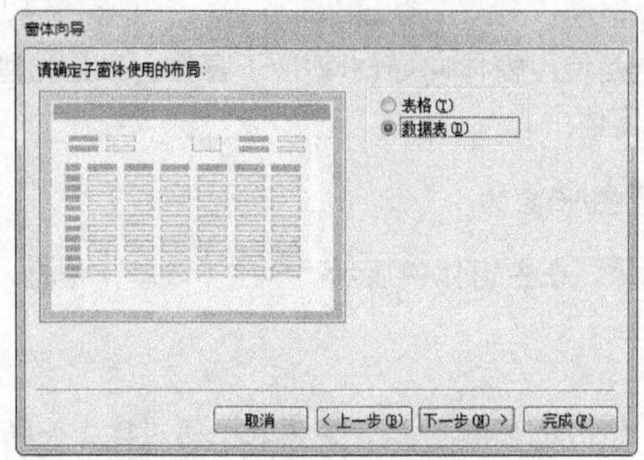

图 4-111　确定子窗体布局对话框

（4）单击“下一步”按钮，出现确定窗体样式对话框，这里选择“广场”，如图 4-112 所示。

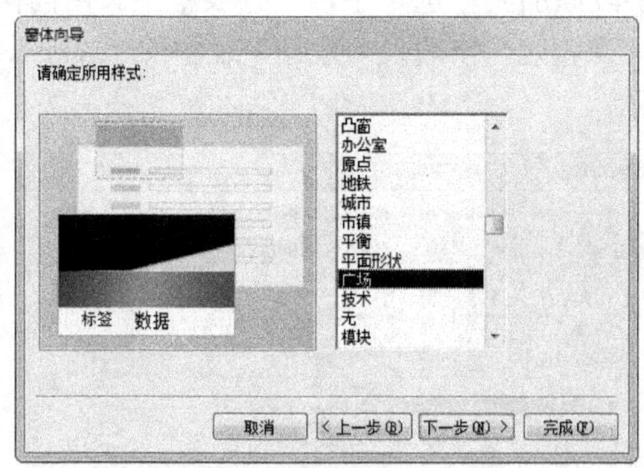

图 4-112　确定窗体样式对话框

（5）单击“下一步”按钮，出现为窗体指定标题对话框，分别设置主窗体的标题为“学生情况”，子窗体的标题为“课程成绩”。

（6）单击“完成”按钮，结束窗体向导，创建的主/子窗体如图 4-113 所示。

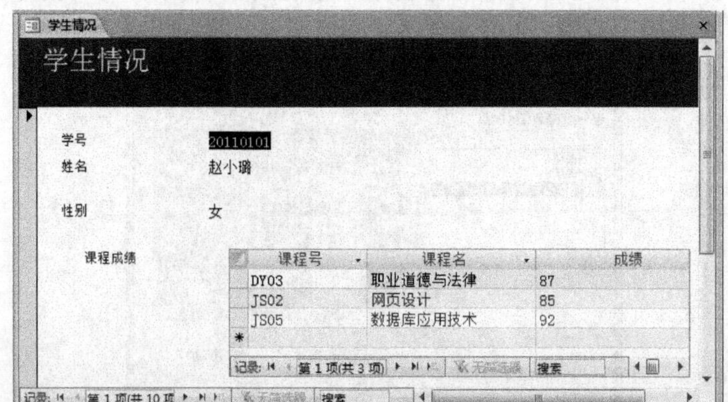

图 4-113　创建的主/子窗体

在“成绩管理”数据库窗口下，新增了两个窗体。双击“课程成绩”子窗体，只能打开单个窗体；如果双击“学生情况”窗体，则打开主/子窗体，在主窗体查看不同学生的记录时，子窗体会随之出现该课程的成绩。

2．使用子窗体向导创建窗体

【例 20】创建一个“学生基本信息”主窗体和“各科成绩”子窗体，如图 4-114 所示。

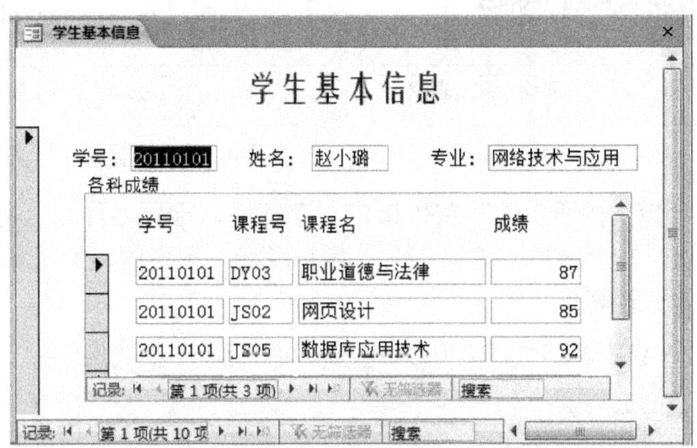

图 4-114　主/子窗体

分析：

先创建一个子窗体，然后再创建一个相关联的子窗体，把该子窗体插入到主窗体中，使用“控件”选项卡中的“子窗体/子报表”控件来完成此操作。

步骤：

（1）新建“各科成绩”子窗体。使用窗体向导快速新建一个表格式窗体，数据源为“成绩”表和“课程”表，如图 4-115 所示。

（2）新建“学生基本信息”主窗体。打开窗体设计视图，设置“学生”表为窗体数据源，添加标签及字段控件，并调整控件大小和位置，设置字体、字号，如图 4-116 所示。

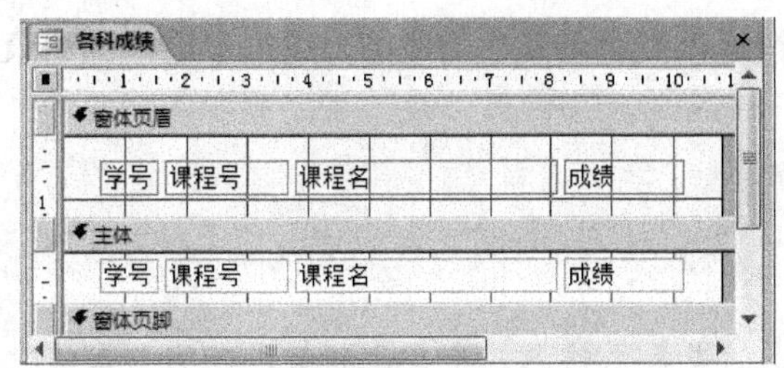

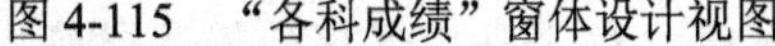
图 4-115　“各科成绩”窗体设计视图

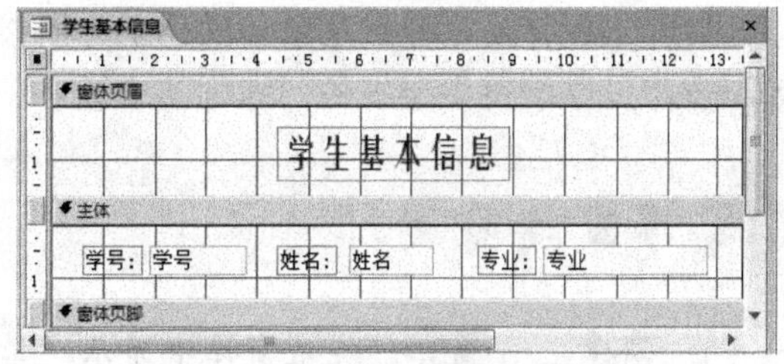

图 4-116　“学生基本信息”窗体设计视图

（3）按下“控件”选项卡中的“使用控件向导”按钮，单击“子窗体/子报表”按钮，在窗体“主体”节的适当位置单击，这时子窗体向导被启动，打开如图 4-117 所示的对话框，选择现有的窗体“各科成绩”。

（4）单击“下一步”按钮，出现如图 4-118 所示的对话框，选择“从列表中选择”选项，两个窗体通过“学号”字段建立关联。

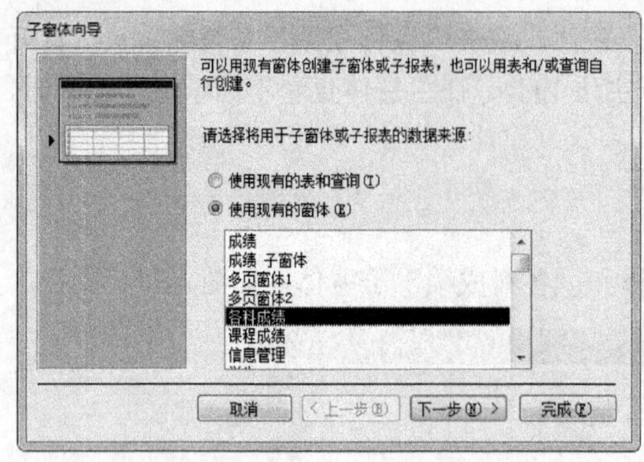

图 4-117　选择子窗体对话框

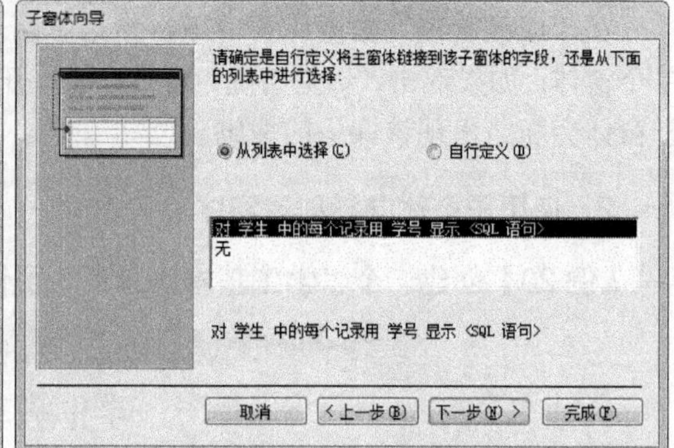

图 4-118　设置将主/子窗体关联字段

（5）单击“下一步”按钮，给子窗体指定一个标题，标题名称为“各科成绩”，最后单击“完成”按钮。这时在主窗体上添加一个“各科成绩”子窗体，如图 4-119 所示，并使主窗体和子窗体保持着记录同步。

图 4-119　主/子窗体设计视图

打开主窗体后，通过主窗体的记录导航按钮可以浏览各学生的成绩，通过子窗体的记录导航按钮可以浏览该学生各门课程的成绩。

 课堂练习

1. 创建主/子窗体，在主窗体中显示“学生”表基本信息，子窗体的数据源为“成绩”表、“课程”表和“教师”表，显示对应学生的课程成绩，包含每门课程的授课教师。

2. 修改例 19 创建的主/子窗体，在主窗体中显示“课程成绩”子窗体中的平均成绩，如图 4-120 所示。

注：

（1）在子窗体上添加文本框控件，将该控件的属性名改为“平均成绩”，在“控件来源”属性框中输入表达式：=Avg（[成绩]），如图 4-121 所示。

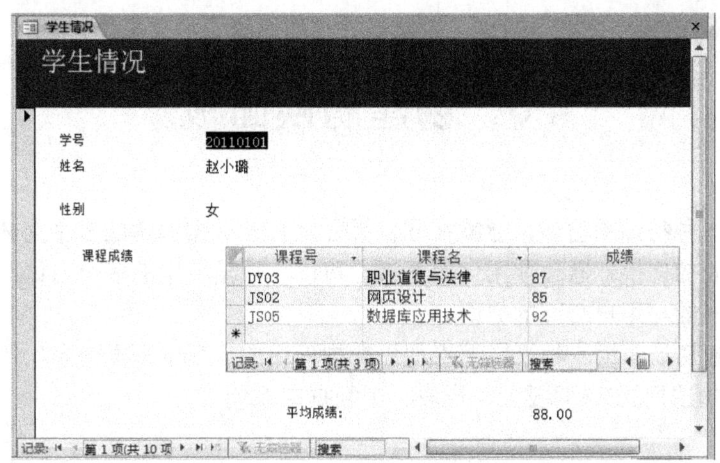

图 4-120　在子窗体的窗体上计算平均成绩

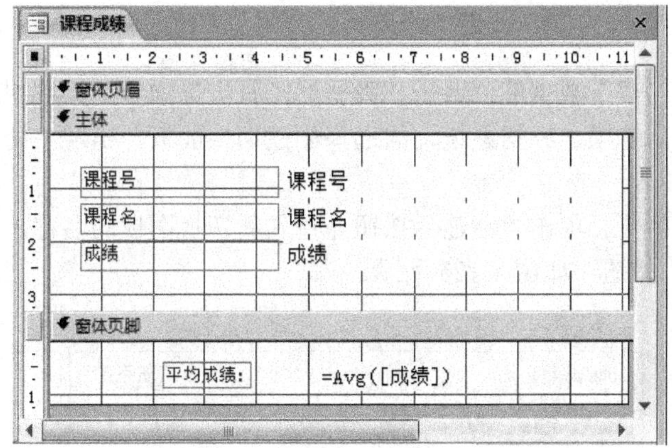

图 4-121　在子窗体添加计算文本框

（2）在主窗体主体节中添加文本框控件，在该控件的“控件来源”属性框中输入表达式：=[课程成绩].[Form]![平均成绩]，如图 4-122 所示，并设置格式为“固定”，2 位小数。

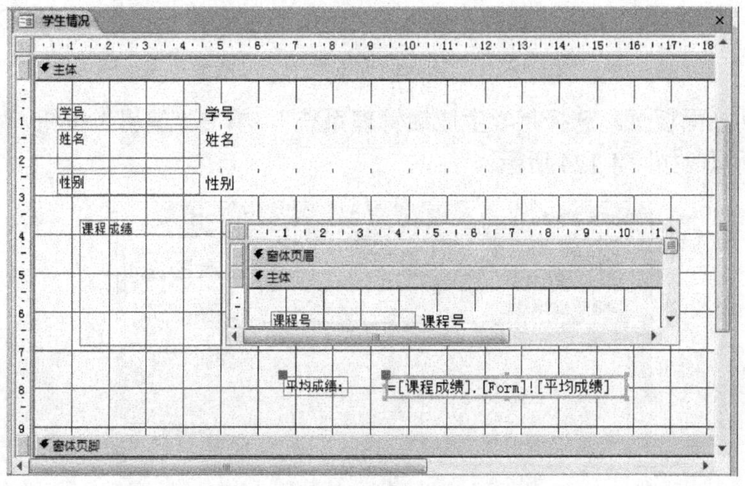

图 4-122　在主窗体添加计算文本框

4.8 创建切换面板

切换面板是一种特殊的窗体，能够在同一界面上打开数据库中的多个窗体或报表，实现不同功能模块之间的切换。通过使用切换面板，可以将数据库中的多个窗体或报表组织在一起，形成一个统一的与用户交互的界面。

【例 21】创建切换面板，将“成绩管理”数据库中的“学生基本信息”、“学生成绩”和“各科成绩”窗体组织现在该面板上，形成一个数据库系统。

分析：

使用切换面板可以创建系统主菜单或程序入口，使用“切换面板管理器”可以创建切换面板。

步骤：

（1）打开“成绩管理”数据库，单击“数据库工具”选项卡上“数据库工具”选项组中的“切换面板管理器”选项，根据系统询问选择创建切换面板，出现“切换面板管理器”对话框。

（2）新建切换面板页。单击“新建”按钮，输入新切换面板的名称，如“学生成绩管理系统”，单击“确定”按钮，如图 4-123 所示。

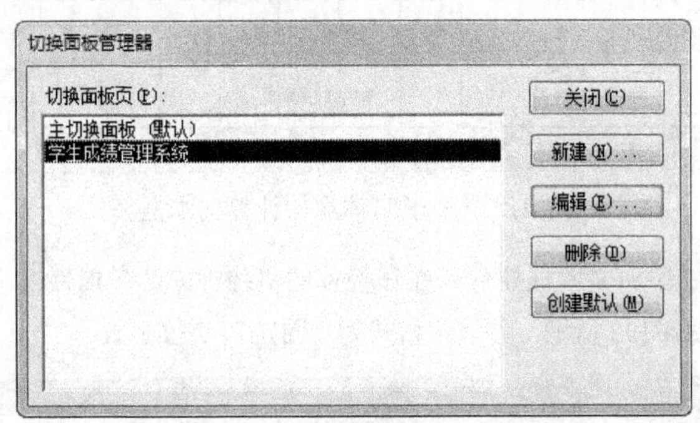

图 4-123 “切换面板管理器”对话框

（3）编辑切换面板页。选择“学生成绩管理系统”，单击“编辑”按钮，打开“编辑切换面板页”对话框，如图 4-124 所示。

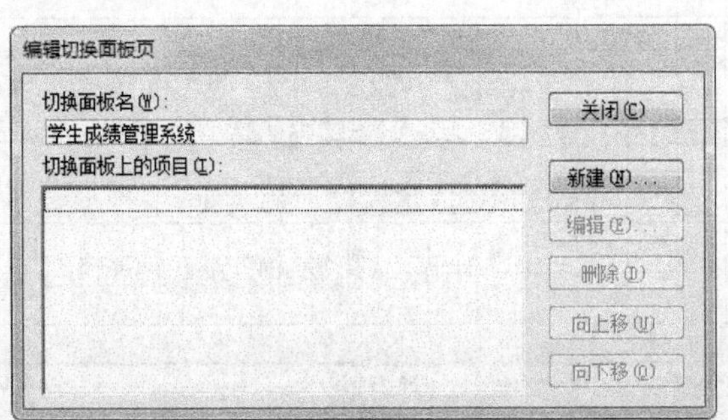

图 4-124 “编辑切换面板页”对话框

（4）添加项目。单击“新建”按钮，打开“编辑切换面板项目”对话框，在“文本”框中输入“学生基本信息”，在“命令”下拉列表中选择“在‘编辑’模式下打开窗体”，在“窗体”下拉列表中选择要打开的“学生基本信息”窗体，如图 4-125 所示，单击“确定”按钮。

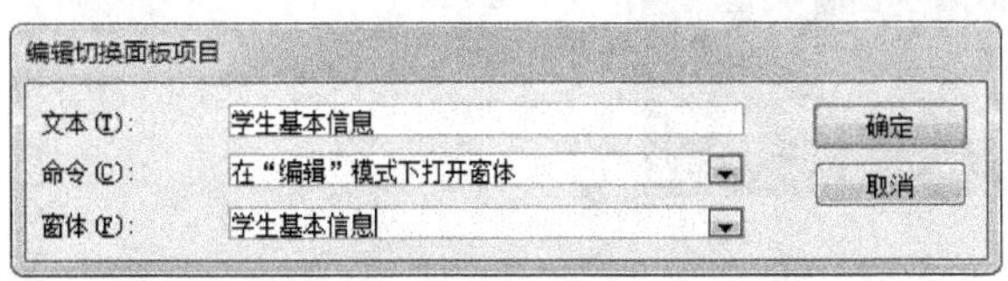

图 4-125 “编辑切换面板项目”对话框

（5）此时在“编辑切换面板页”对话框中添加了“学生基本信息”项目，重复步骤（4）和（5），在“学生成绩管理系统”中再添加“学生成绩”和“全部课程成绩”，分别打开“学生成绩”窗体和“各科成绩”窗体，此时，在“编辑切换面板页”中添加了三个项目，如图 4-126 所示。

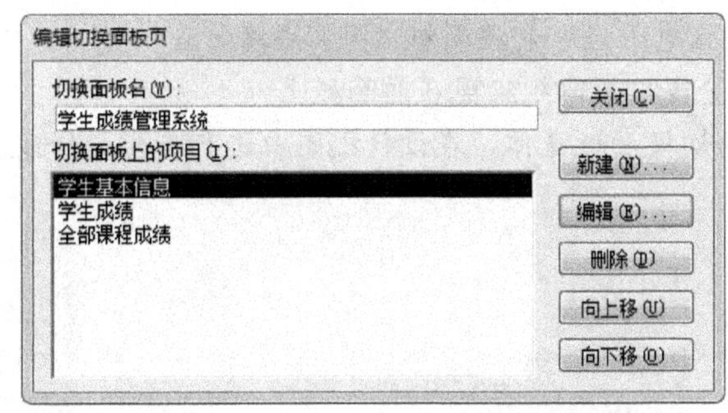

图 4-126 添加项目的编辑切换面板页

（6）创建返回按钮。单击“新建”按钮，打开“编辑切换面板项目”对话框，在“文本”框中输入“退出”，在“命令”下拉列表中选择“退出应用程序”，如图 4-127 所示，单击“确定”按钮。

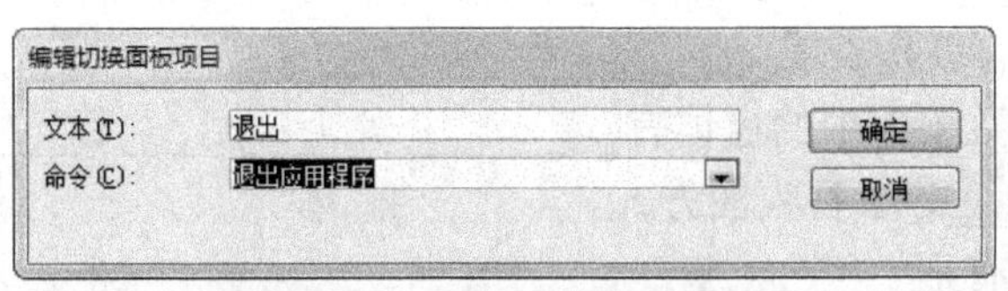

图 4-127 创建返回主面板项目

（7）至此，完成了“学生成绩管理系统”切换面板的编辑，单击“关闭”按钮，返回“切换面板管理器”对话框。

（8）选择“学生成绩管理系统”，单击“创建默认”按钮，使新创建的面板添加到数据库的“窗体”对象中，单击“关闭”按钮。

（9）在数据库左侧窗格中，双击打开“切换面板”窗体，出现如图 4-128 所示的切换面板。

在创建切换面板的同时，系统还生成了一个 Switchboard Items 表。

如果要修改已创建的切换面板窗体，单击“数据库工具”选项卡上“数据库工具”选项组中的“切换面板管理器”选项，打开“切换面板管理器”对话框，选择“编辑”命令进行修改。

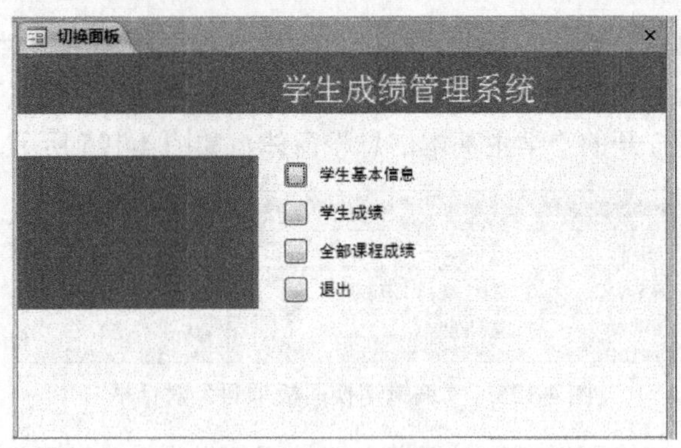

图 4-128　切换面板

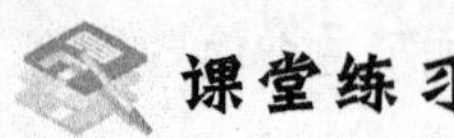

课堂练习

1. 创建一个“学生信息管理”切换面板，将“成绩管理”数据库中的“学生信息”、“学生分割窗体”和“信息管理”窗体组织现在该面板上。

2. 打开上述创建的切换面板窗体，在设计视图中进行美化、修改。

习题 4

一、填空题

1. Access 2007 中的窗体分为__________、__________、__________、__________、__________和__________等多种类型。

2. 窗体的数据源可以是表或__________。

3. 在 Access 2007 数据库中的窗体有__________、__________、__________、__________、__________和__________等多种视图方式。

4. 一个窗体主要有__________、__________、__________、__________和__________五个节组成，其中________是窗体的核心。

5. 文本框分为绑定型文本框和__________。

6. 在 Access 中的控件根据数据来源及属性不同，可以分为__________、__________和__________三种类型。

7. 在窗体中插入图片，其“图片类型”属性有________和________两种方式，“缩放模式”属性有________、________、________、________和________五种模式。

二、选择题

1. 下面关于窗体的作用叙述不正确的是（　　）。

A. 可以接收用户输入的数据或命令　　B. 可以编辑、显示表中的数据

C．可以构造方便、美观的输入/输出界面　　D．可以直接存储数据

2．打开窗体后，通过选项卡上的“视图”按钮可以切换的视图不包括（　　）。

A．设计视图　　B．窗体视图　　C．SQL 视图　　D．数据表视图

3．在窗体中主要用来设置显示表或查询中的字段、记录等信息，也可以设置其他一些控件，它是窗体不可或缺的节，该节称为（　　）

A．窗体页眉　　B．页面页眉　　C．页面页脚　　D．主体

4．窗体是由不同的对象所组成，每一个对象都有自己独特的（　　）。

A．字段窗口　　B．工具栏窗口　　C．属性窗口　　D．节窗口

5．不能用来显示“是/否”数据类型的控件是（　　）。

A．命令按钮　　B．复选框　　C．选项按钮　　D．切换按钮

6．不支持图像控件显示模式的一项是（　　）。

A．剪裁　　B．缩放　　C．拉伸　　D．显示比例

7．属于交互式控件的是（　　）。

A．命令按钮控件　　B．文本框控件　　C．标签控件　　D．图像控件

8．用于显示线条、图像的控件类型是（　　）。

A．绑定型　　B．非绑定型　　C．计算型　　D．附件型

9．属于交互式控件的是（　　）。在窗体中常用来显示来自多个表中具有一对多关系的数据，该窗体是（　　）。

A．纵栏式窗体　　B．多个项目窗体　　C．分割窗体　　D．主/子窗体

10．下面关于子窗体的叙述正确的是（　　）。

A．子窗体只能显示为数据表窗体　　B．子窗体里不能再创建子窗体

C．子窗体可以显示为表格式窗体　　D．子窗体可以存储数据

三、操作题

1．在“图书订购”数据库中，使用窗体向导，创建一个基于“图书”表的纵栏式窗体。

2．使用窗体工具创建一个基于“图书”表的窗体。

3．创建一个基于“图书”表的多个项目窗体。

4．创建一个基于“订单”表的分割窗体。

5．创建一个基于“订单”表的数据透视表窗体。

6．使用窗体向导创建具有一对多关系表的窗体，数据选取“出版社”表中的“出版社ID”、“出版社”、“出版社主页”和“图书”表中的“图书ID”、“书名”、“作译者”、“定价”、“出版日期”、“版次”字段。

7．使用设计视图创建一个窗体，窗体中含有“订单”表中的“订单ID”、“单位”、“图书ID”、“册数”和“图书”表中的“书名”、“作译者”、“定价”、“出版社ID”字段。

8．修饰上题创建的窗体，设置控件字体（标签黑体，文本框、组合框为方正姚体、字号（11）、颜色（标签蓝色，文本框、组合框为红色），并设置窗体背景。

9．创建一个包含“订单”表中的“订单ID”、“单位”、“册数”和“图书ID”字段的图表窗体。

10．使用设计视图创建“图书管理”窗体，如图4-129所示，分别添加标签和文本框控

件，数据源为“图书”表。

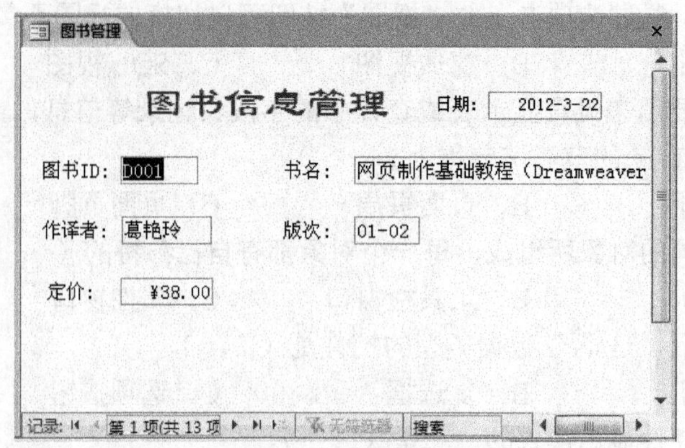

图 4-129 “图书管理”窗体 1

11．修改“图书管理”窗体的基础上，分别添加组合框和命令按钮控件，并实现相应的功能，如图 4-130 所示。

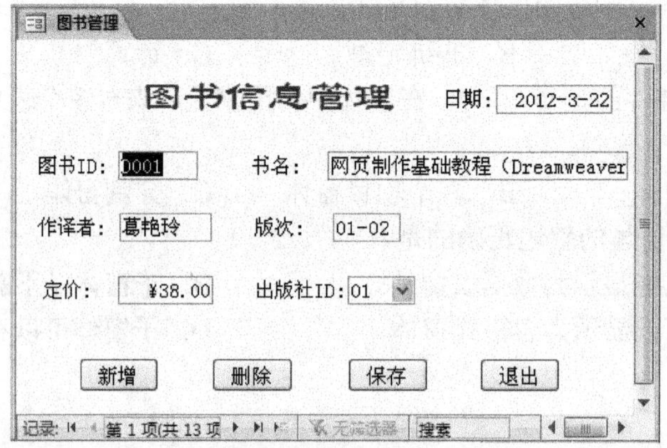

图 4-130 “图书管理”窗体 2

12．修改“图书管理”窗体，分别添加图书封面、记录导航按钮等，如图 4-131 所示。

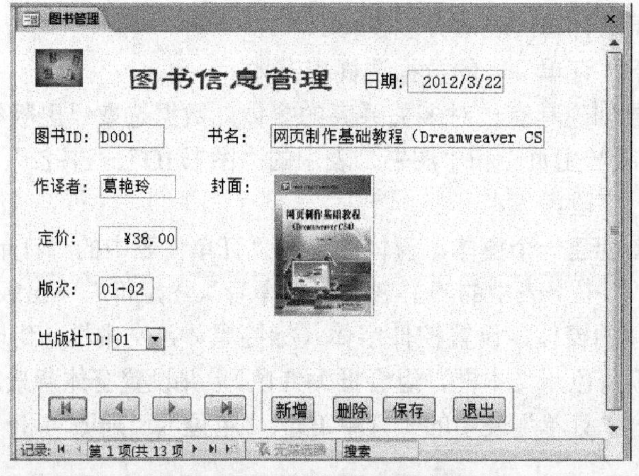

图 4-131 “图书管理”窗体 3

13．创建一个如图 4-132 所示的作者信息窗体。

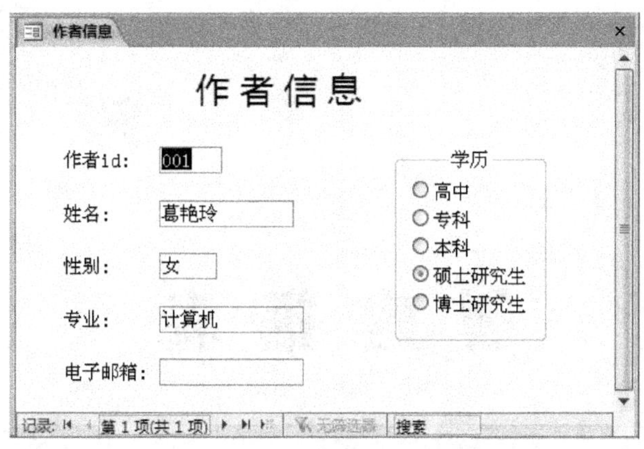

图 4-132　“作者信息”窗体

14．设计一个包含两个页面的选项卡窗体，第 1 页显示“图书”表的记录，第 2 页显示“作者”表的记录，如图 4-133 所示。

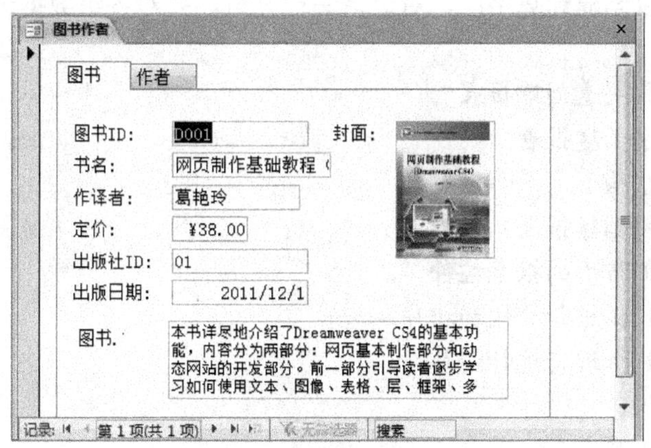

图 4-133　“图书作者”窗体

15．创建一个主/子窗体，主窗体显示图书信息，子窗体中显示订购该图书的订单信息。

16．创建切换面板窗体，将“图书订购”数据库中的“图书管理”、“作者信息”和“订购信息”窗体组织在该面板上。

创 建 报 表

使用数据库的报表功能，可以将数据按指定的格式打印出来。利用报表不仅可以将数据直接打印出来，还可以创建计算字段，对记录进行分组，并对各组数据进行汇总。通过本章学习，你将能够：

- 使用报表工具快速创建报表
- 使用报表向导创建报表
- 了解报表的结构
- 使用设计视图创建报表
- 在报表中添加常用的报表控件
- 在报表中对数据进行分组和排序
- 对报表中的数据进行统计汇总
- 创建子报表
- 预览和打印报表

5.1 创建报表

报表是以打印格式显示数据的一种有效方式。一般说来，报表应具备以下功能：

- 报表不仅可以打印和浏览原是数据，还可以对原始数据进行比较、汇总和小计，并把结果也打印出来。
- 利用报表控制信息的汇总，以多种方式对数据进行分组和分类，然后再以分组的次序打印数据。
- 利用报表可以生成清单、标签和图表等形式的输出内容，从而可以更方便地处理商务。
- 报表输出内容的格式可以按照用户的需求定制，从而使报表更美观，更易于阅读和理解。

在报表上可以添加页眉和页脚，还可以利用图形、图表帮助说明数据的含义。

在 Access 数据库中，系统也为创建报表提供了方便的向导功能，利用报表工具和报表向导可以快速创建报表。

5.1.1 使用报表工具创建报表

使用报表工具可以快速创建一个显示基表或查询中所有字段和记录的报表。

【例 1】在“成绩管理”数据库中，以“教师”表为数据源，使用报表工具创建一个报表。

分析：

如果用户对报表没有特殊的要求，使用报表工具可以快速创建一个报表，而不提示任何信息。报表将显示指定数据源中的所有字段。

步骤：

（1）在数据库左侧导航窗格中，单击选择要作为创建报表数据源的“教师”表。

（2）单击“创建”选项卡“报表”选项组中的“报表”按钮，系统自动在布局视图中生成显示报表，如图 5-1 所示。

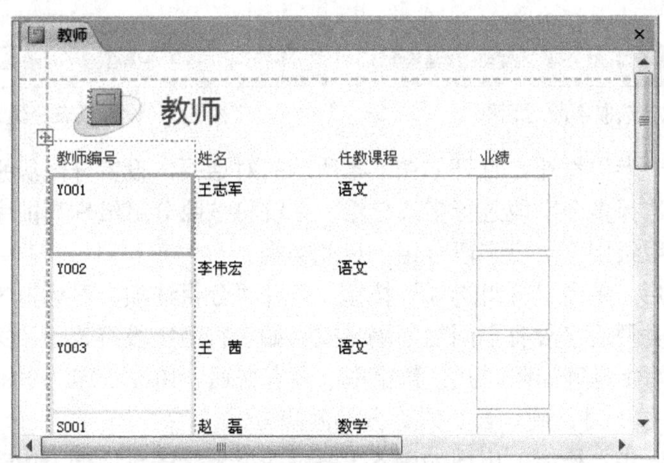

图 5-1 生成报表的布局视图

（3）保存该报表，报表名称为“教师”。

使用报表工具可能无法创建完美的报表，如果对使用报表工具创建的报表不满意，可以在布局视图或设计视图中进行修改，使报表满足用户的需求。

5.1.2 使用向导创建报表

使用向导创建报表，可以从多个表或查询中选择字段，在报表中对记录进行分组、排序，计算汇总数据等。

【例 2】使用报表向导按课程名进行分组创建报表，并计算各门课程的平均成绩。

分析：

本题以“成绩”表、“学生”和“课程”表为数据源，分别选取“成绩”表的“学号”、

“课程号”、“成绩”字段，“学生”表的“姓名”字段以及“课程”表的“课程名”字段，要计算各门课程的平均成绩，按课程名进行分组。

步骤：

（1）单击“创建”选项卡“报表”选项组中的“报表向导”按钮，出现选取字段对话框，分别选择“成绩”表的“学号”、“课程号”、“成绩”字段，“学生”表的“姓名”字段以及“课程”表的“课程名”字段，如图5-2所示。

（2）单击“下一步”按钮，打开如图5-3所示的对话框，确定是否添加分组。如要按课程名进行分组，报表将以该字段为标准，将所有该字段值相同的记录作为一组。

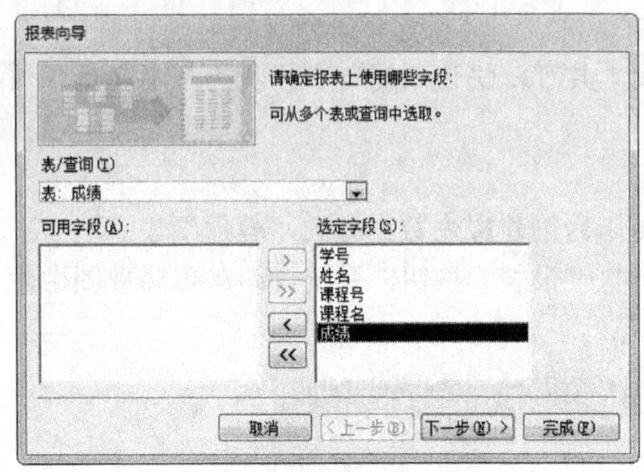

图5-2　选取字段对话框

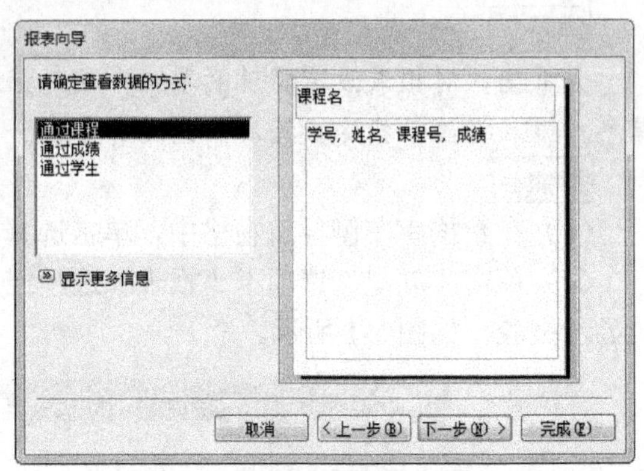

图5-3　设置报表分组对话框

（3）单击“下一步”按钮，打开如图5-4所示的对话框，设置分组级别。在为报表添加分组级别时，可以选择多个字段进行多级分组，系统将按照分组级别高的字段分组。在该字段值相同时，按分组级别下一个字段分组，以此类推。

分组级别设置后，单击“分组选项”按钮，打开“分组选项”对话框来选择分组时的不同间隔方式。不同类型的字段有不同的间隔方式。如字符型字段有普通、第一个字母、两个首写字母、三个首写字母等间隔方式；数字型字段有普通、10s、50s、100s等间隔方式;日期/时间型字段有年、季、月、周、日、时、分等间隔方式。

（4）单击“下一步”按钮，出现如图5-5所示的报表排序对话框，用来确定排序次序和数据汇总方式。例如，按“学号”字段升序排序。

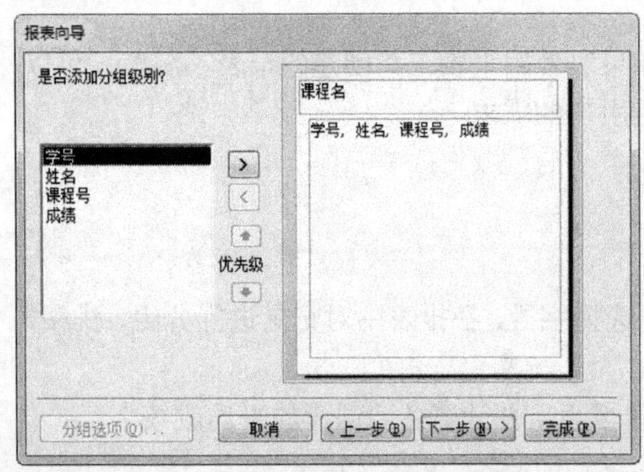

图5-4　设置报表分组级别对话框

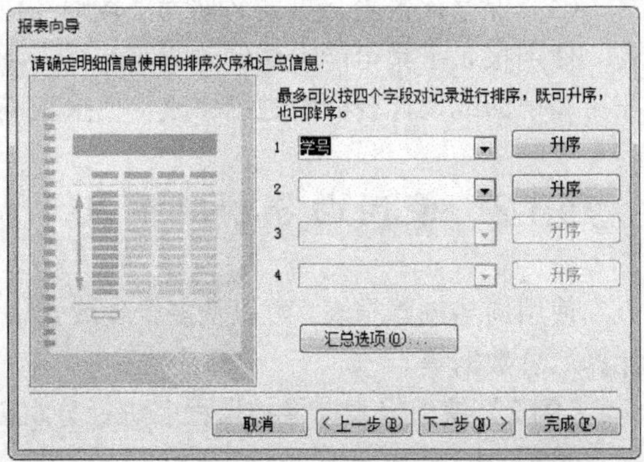

图5-5　设置报表排序对话框

在设置排序字段时，最多按照4个字段进行排序。当排序的第一个字段值相同时，再按第二个字段排序，以此类推。

（5）单击“汇总选项”按钮，打开“汇总选项”对话框，确定数值字段的汇总方式，包括“汇总”、“平均”、“最小”和“最大”及显示方式，如图5-6所示。例如，选择“平均”方式，再单击“确定”按钮。

（6）单击“下一步”按钮，出现如图5-7所示的报表布局方式对话框。创建的报表不同，对应的布局选项也不同。每选其中一种，都会在窗口左边显示对应的布局方式。方向分“纵向”和“横向”两种方式。另外，如果表中字段所占空间较大，可选择“调整字段宽度使所有字段都能显示在一页中”复选框，否则，如果报表中的字段总长超过系统默认的纸张总宽度时，多余字段将显示或打印在另一页上。

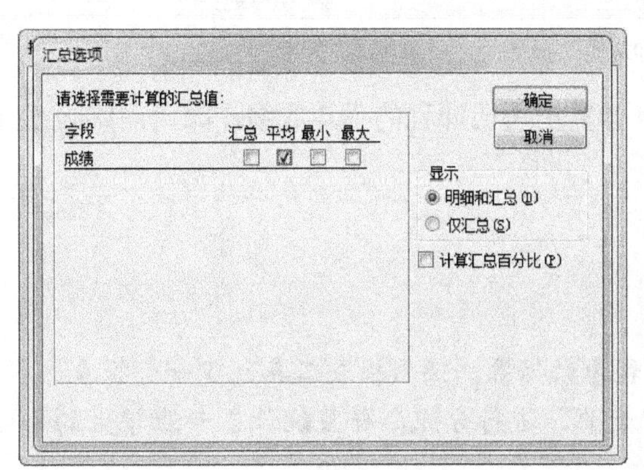

图5-6 “汇总选项”对话框

图5-7 设置报表布局方式对话框

（7）单击“下一步”按钮，出现如图5-8所示的报表样式对话框。从列表框中选择一种布局方式，在窗口左边显示它的布局样式。例如，选择“办公室”样式。

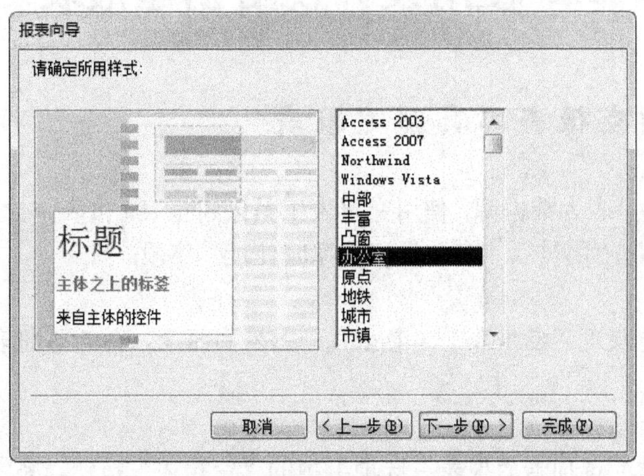

图5-8 设置报表样式对话框

（8）单击“下一步”按钮，出现为创建的报表指定标题对话框。例如，指定报表标题“学生成绩”。单击“完成”按钮，预览报表如图5-9所示。

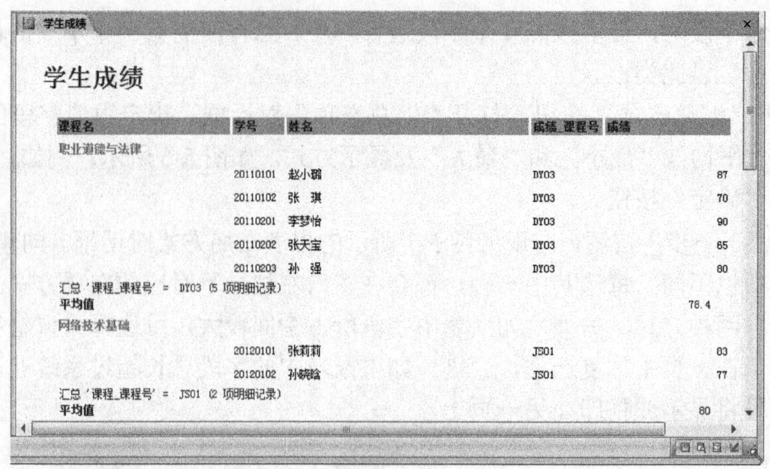

学生成绩

学生成绩

课程名	学号	姓名	成绩_课程号	成绩
职业道德与法律				
	20110101	赵小鹏	DY03	87
	20110102	张　琪	DY03	70
	20110201	李梦怡	DY03	90
	20110202	张天宝	DY03	65
	20110203	孙　强	DY03	80
汇总 '课程_课程号' = DY03 (5 项明细记录)				
平均值				78.4
网络技术基础				
	20120101	张莉莉	JS01	83
	20120102	孙晓晗	JS01	77
汇总 '课程_课程号' = JS01 (2 项明细记录)				
平均值				80

图 5-9 “学生成绩”报表

在该报表中按“课程名”进行了分组，并且计算出每门课程的平均成绩，如“网络技术基础”课程成绩为 80。

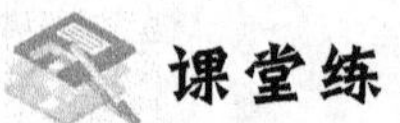

课堂练习

1. 在“成绩管理”数据库中，以“学生”表为数据源，使用报表工具创建一个报表。

2. 以“学生”表为数据源创建报表，按“专业”进行分组，并且统计各专业学生的平均身高。

5.2 使用设计视图创建报表

5.2.1 使用空报表工具创建报表

【例 3】以“学生”表为数据源，使用空报表工具创建报表，报表中含有“学号”、“姓名”、“性别”、“出生日期”、“团员”、“专业”和“家庭住址”字段。

分析：

创建报表时，先使用“空报表”工具生成一个空白报表，然后再将表中的字段添加到空白报表中。

步骤：

（1）单击“创建”选项卡“报表”选项组中的“空报表”按钮，系统自动在布局视图中创建一个空白报表，并显示“字段列表”窗格，如图 5-10 所示。

（2）在“字段列表”窗格中，展开要在报表中添加的字段列表，如“学生”表，双击要添加的字段，或将要添加的全部字段逐个或全部拖放到报表中，再适当调整各列的宽度，报表布局视图如图 5-11 所示。

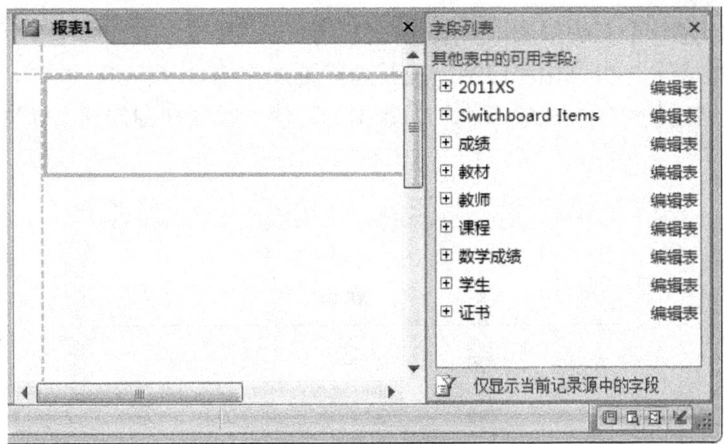

图5-10　空白报表

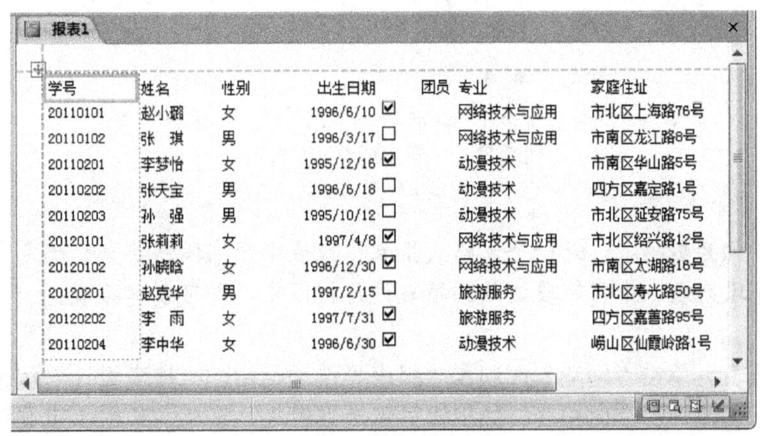

图5-11　报表布局视图

（3）保存创建的报表，报表名为“学生信息”。

单击“格式”选项卡“视图”选项组中的“设计视图”下拉按钮，切换到设计视图，设计结果如图5-12所示。

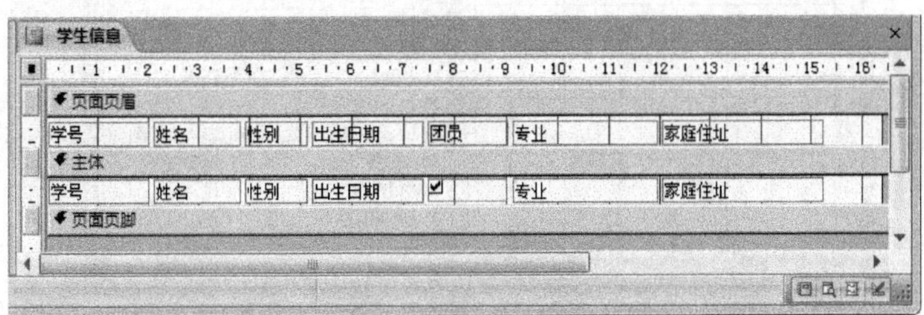

图5-12　报表设计视图

5.2.2　使用报表设计器创建报表

使用设计视图创建报表时，先新建一个空白报表，其次指定报表的数据来源，然后添加各种报表控件，最后设置报表分组、计算汇总信息等。通常只有简单的报表才会使用设计视图从空白开始来创建一个新的报表，一般是先使用向导创建报表的基本框架，再切换到设计视图对所创建的报表进一步美化和修饰，使其功能更加完善。

【例 4】以已创建的“学生成绩查询”为数据源，使用设计视图创建“学生成绩 1”报表，如图 5-13 所示。

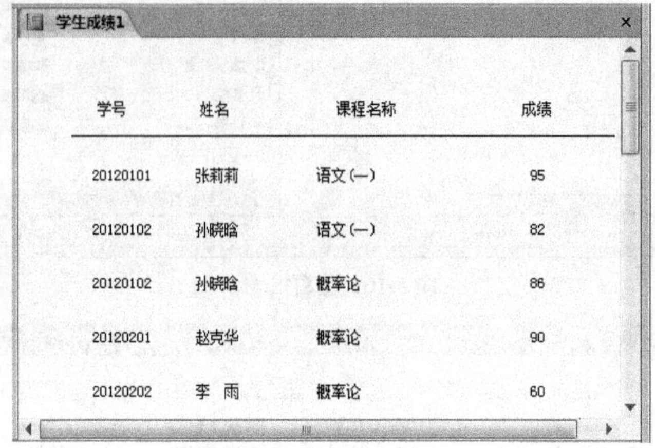

图 5-13 “学生成绩 1”报表

分析：

该报表以查询为数据源，是一个表格式报表，报表中的字段需要自己确定，如同创建窗体一样，从“字段列表”中将字段拖放到报表设计视图中，即可创建报表。

步骤：

（1）新建报表。单击“创建”选项卡“报表”选项组中的“报表设计”按钮，系统自动打开设计视图，创建一个空白报表。如果没显示“属性表”窗格，单击“工具”选项组中的“属性表”按钮，显示“属性表”窗格，如图 5-14 所示。

图 5-14 报表设计视图

（2）设置记录源。单击报表选择器按钮，在“属性表”中“全部”选项卡“记录源”的下拉列表中，选择“学生成绩查询”为报表记录源。

（3）添加字段标题。单击“控件”选项卡中的“标签”按钮，在报表“页面页眉”节中依次添加 4 个标签控件，标签标题分别为“学号”、“姓名”、“课程名称”和“成绩”，并在标签控件下添加一条直线，如图 5-15 所示。

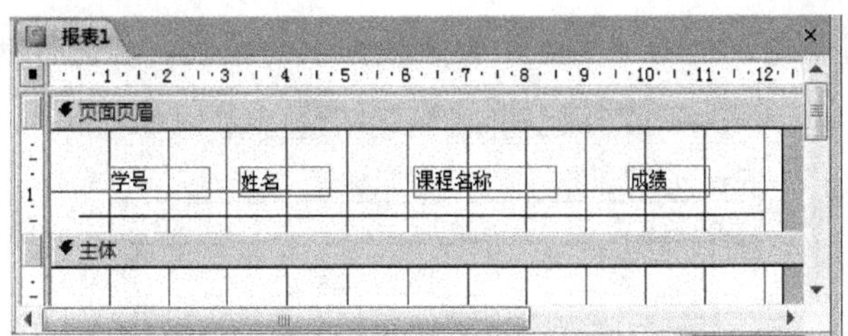

图 5-15　添加字段标题的报表设计视图

（4）添加报表字段。从“字段列表”中将“学号”、“姓名”、“课程名称”和“成绩”字段依次拖放到“主体”节中，在“主体”节中添加了 4 个文本框控件，删除产生的附加标签，调整控件位置后，设计视图如图 5-16 所示。

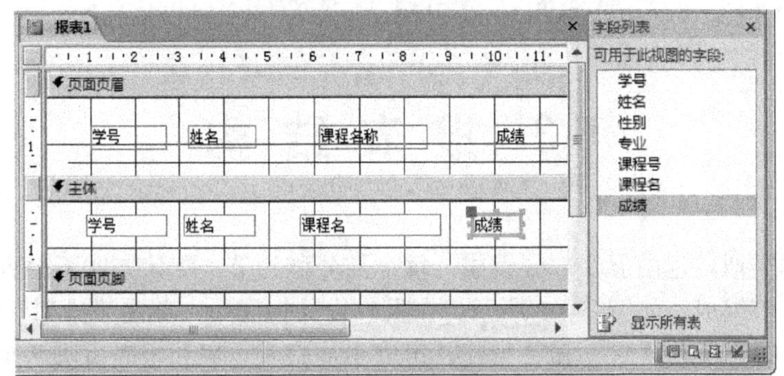

图 5-16　添加字段的设计视图

（5）切换到报表视图，浏览报表设计效果，以“学生成绩 1”保存当前创建的报表。

课堂练习

1. 使用空报表工具创建报表，报表中含有“学号”、“姓名”、“专业”、“课程号”、“课程名”和“成绩”字段，分别来自“成绩”表、“学生”表和“课程”表，其布局视图如图 5-17 所示。

报表1

学号	姓名	专业	课程号	课程名	成绩
20120101	张莉莉	网络技术与应用	YW01	语文(一)	95
20120102	孙晓晗	网络技术与应用	YW01	语文(一)	82
20120102	孙晓晗	网络技术与应用	SX03	概率论	86
20120201	赵克华	旅游服务	SX03	概率论	90
20120202	李　雨	旅游服务	SX03	概率论	60
20120101	张莉莉	网络技术与应用	SX03	概率论	78
20120101	张莉莉	网络技术与应用	JS01	网络技术基础	83
20120102	孙晓晗	网络技术与应用	JS01	网络技术基础	77
20110101	赵小璐	网络技术与应用	JS02	网页设计	85
20110102	张　琪	网络技术与应用	JS02	网页设计	90

图 5-17　报表布局视图

2. 使用设计视图创建一个以“学生”表为数据源的报表，其设计视图如图 5-18 所示。

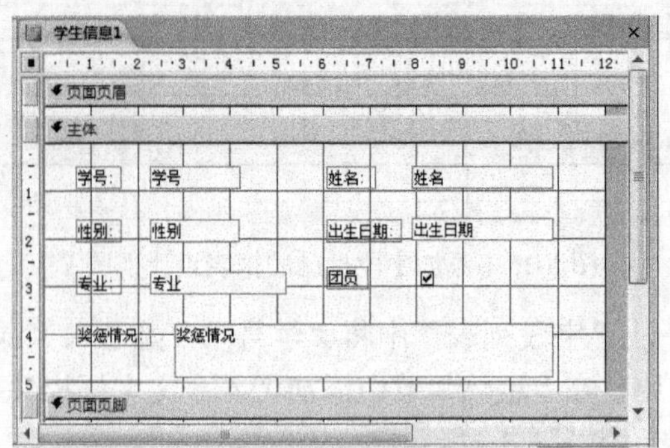

图 5-18 “学生信息 1”报表设计视图

5.3 报表结构

报表和窗体类似，也由五个部分组成，每个部分称为节。默认方式下由页面页眉、主体和页脚页眉三个节组成，如图 5-16 所示。在报表设计视图中，单击“排列”选项卡“显示/隐藏”选项组中的“报表页眉/页脚”按钮，可以添加报表页眉和报表页脚两个节。在分组报表时，还可以增加相应的组页眉和组页脚，如图 5-19 所示。

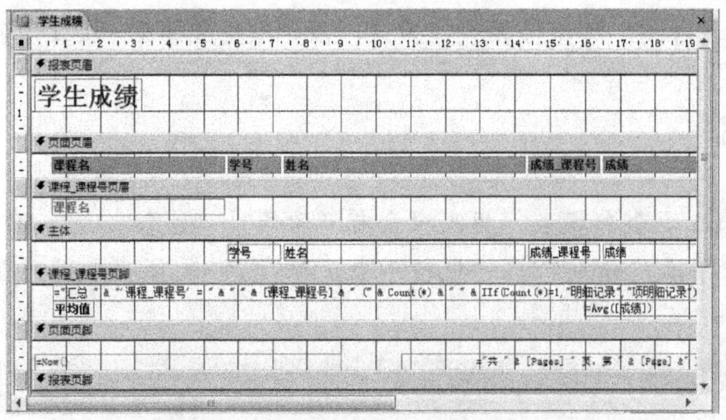

图 5-19 “学生成绩”报表结构

1. 报表页眉

报表页眉是整个报表的页眉，显示或打印在报表的首部，它的内容在整个报表中只显示或打印一次，常用来存放整个报表的内容、公司名称、标志、制表时间和制表单位等。报表页眉和报表页脚的添加和删除总是成对进行，不能分开。

2. 页面页眉

页面页眉中的内容显示在每一页的最上方。主要作用是用来显示字段标题、页号、日期和时间。一个典型的页面页眉包括页数、报表标题或字段选项卡等。页面页眉和页面页脚的添加和删除也总是成对出现，不能分开。

3．主体

主体是报表的主要部分。可以将工具箱中的各种控件添加到主体中，也可将数据表中的字段直接拖放到主体中用来显示数据内容。

主体是报表的关键部分，不能删除。如果特殊报表不需要显示主体，可以在其属性窗口中将其主体“高度”属性设置为“0”。

4．页面页脚

页面页脚中的内容将显示在每一页的最下方。主要用来显示页号、制表人、审核人或其他信息。在一个较大的报表主体中可能会有很多记录，这时通常将报表主体中分组的记录总数也显示在页面页脚中。

5．报表页脚

报表页脚只显示在整个报表的末尾，但它并不是整个报表的最后一节，而是显示在最后一页的页面页脚之前。主要是用来显示有关数据统计信息，如总计、平均值等信息。

6．组页眉和组页脚

在分组报表中将会自动显示组页眉和组页脚。组页眉显示在记录组开头，可以利用组页眉显示整个组的内容，如组名称。组页脚显示在记录组的末尾，可以利用组页脚显示组的总计等内容。

相关知识

报表属性设置

1．设置报表属性

设置报表属性常在报表设计视图下进行，单击“设计”选项卡“工具”选项组中的“属性表”按钮，或双击报表设计视图左上角的报表选择器按钮，打开“报表属性表”对话框，如图5-20所示。属性表中包含“格式”、“数据”、“事件”、“其他”和“全部”五个选项卡。由于报表属性的设置与窗体属性的设置类似，这里不作一一介绍。

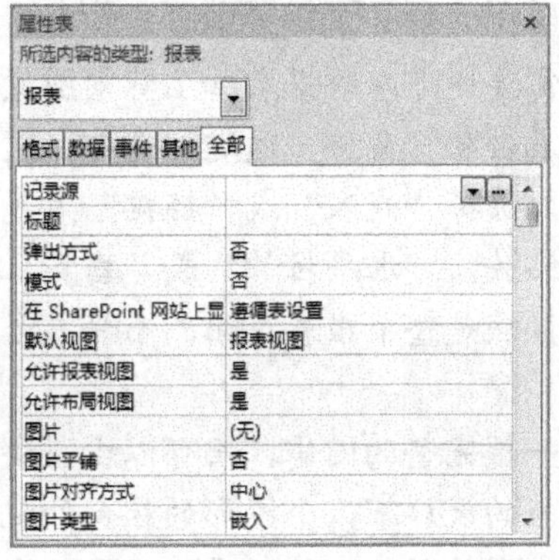

图5-20　报表“属性表”对话框

双击报表中不同的节或控件，可以分别进行不同属性设置。

2. 设置节的高度

报表中各个节的大小可以根据要求来设置。节的大小可以在节的属性窗口中进行精确数值设置，但更为简单的方法是直接使用鼠标调整节的高度。

3. 修改布局

在创建报表的过程中，一般需要对添加到报表中的控件进行修改和调整。右击控件或通过“排列”选项卡可以实现对控件的布局调整，设置控件对齐方式、位置等，如图 5-21 所示。

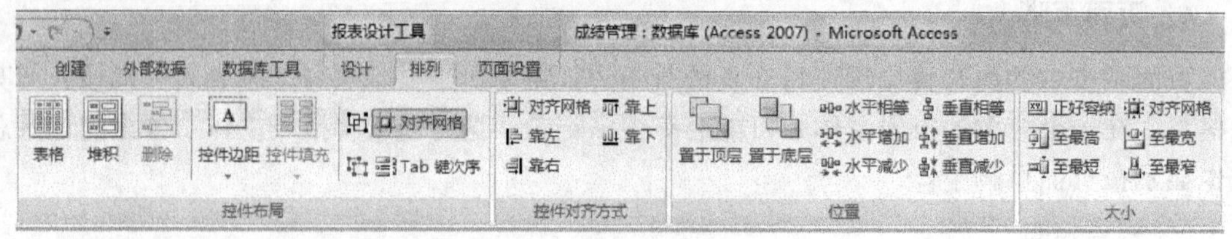

图 5-21　“排列”选项卡

4. 设置报表背景

通过控件的“属性表”窗口，还可以设置控件的背景样式、颜色、特殊效果等，如图 5-22 所示。

属性表

所选内容的类型：标签

Label0

格式 | 数据 | 事件 | 其他 | 全部

背景样式	透明
背景色	#FFFFFF
边框样式	透明
边框宽度	细线
边框颜色	#000000
特殊效果	平面
字体名称	宋体
字号	9
文本对齐	常规
字体粗细	正常
下划线	否
倾斜字体	否
前景色	#000000

图 5-22　控件“属性表”窗口

在进行报表设计时，根据需要还可以给报表加上背景图案和背景颜色来美化报表，使报表更为生动、美观。在报表“属性表”窗口，通过“全部”选项卡中的“图片”选项，选择报表背景图片。图片的类型可以选择“嵌入”或“链接”方式，可以选择背景图片的缩放模式，包括“剪辑”、“拉伸”、“缩放”、“水平拉伸”或“垂直拉伸”选项，与静态图片中的缩放模式一致，只是这里的图片区域是整个报表页面，而静态图片一般小于整个报表，并置于报表中的某个位置。

作为背景的图片可以不是一幅完整的图像，而可以由一块小图像“铺”成的，因为这种方式的存储量较小，而且在适当的设计下，小图形的组合外观效果很好。

同样还可以选择背景图片出现的页在“所有页”、“第一页”或“无”（不出现背景图片）。

5.4 编 辑 报 表

如果对使用向导创建的报表不满意，可以在设计视图中进行编辑、修改。其方法与在窗体设计视图中使用的方法相同。

1．设置报表格式

使用系统提供的自动套用报表格式，可以快速设置报表格式，如图5-23所示。例如，为前面创建的“学生信息”报表套用一种报表格式。

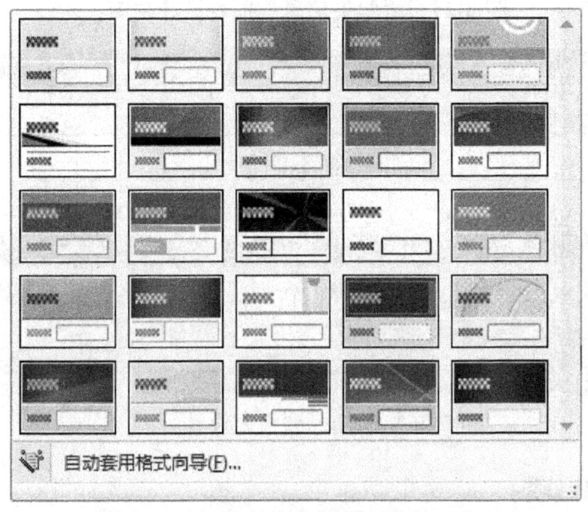

图5-23　自动套用报表格式选项

在报表布局中打开“学生信息”报表，在“格式”选项卡“自动套用格式”选项组中，单击“其他”按钮，选择一种格式，所选的格式自动应用于报表中，如选择“原点”格式，布局视图如图5-24所示。

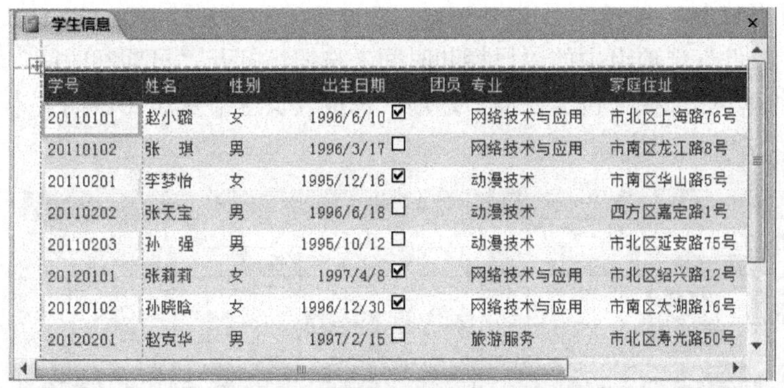

学生信息

学号	姓名	性别	出生日期	团员	专业	家庭住址
20110101	赵小璐	女	1996/6/10	☑	网络技术与应用	市北区上海路76号
20110102	张　琪	男	1996/3/17	☐	网络技术与应用	市南区龙江路8号
20110201	李梦怡	女	1995/12/16	☑	动漫技术	市南区华山路5号
20110202	张天宝	男	1996/6/18	☐	动漫技术	四方区嘉定路1号
20110203	孙　强	男	1995/10/12	☐	动漫技术	市北区延安路75号
20120101	张莉莉	女	1997/4/8	☑	网络技术与应用	市北区绍兴路12号
20120102	孙晓晗	女	1996/12/30	☑	网络技术与应用	市南区太湖路16号
20120201	赵克华	男	1997/2/15	☐	旅游服务	市北区寿光路50号

图5-24　套用报表“原点”格式效果

2．添加报表标题

报表标题通常添加在报表页眉节中。例如，为“学生信息”报表添加报表标题“学生基本信息”。

在设计视图中打开“学生信息”报表，如图 5-25 所示，单击“设计”选项卡“控件”选项组中的“标题”按钮，自动在报表页眉中添加与报表相同标题的标签“学生信息”，修改标签标题为“学生基本信息”，并使其居中显示，如图 5-26 所示。

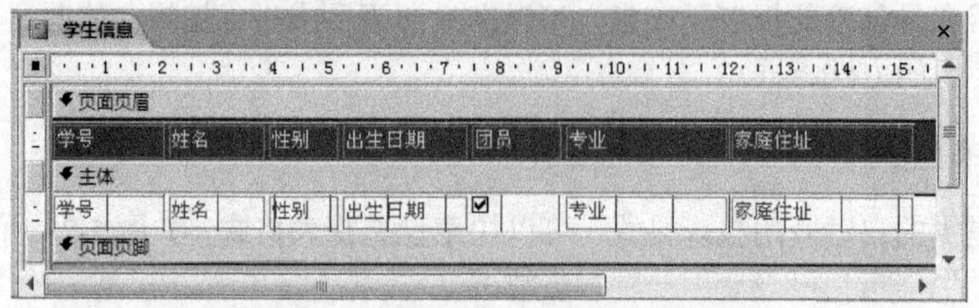

图 5-25 “学生信息”报表设计视图

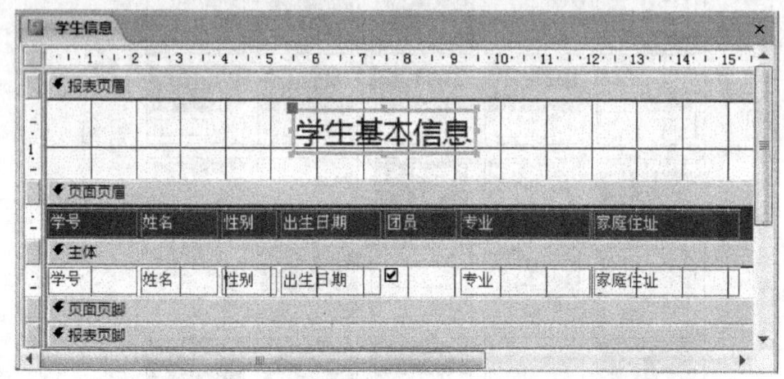

图 5-26 添加标题报表设计视图

3. 添加报表徽标和日期

报表徽标、日期和时间默认添加在报表页眉节中。例如，在“学生基本信息”报表中插入徽标以及报表制作的日期。

（1）在设计视图中打开“学生信息”报表，如图 5-26 所示，单击“设计”选项卡“控件”选项组中的“徽标”按钮，打开“插入图片”对话框，选择一幅图片，自动将该图片作为徽标插入到报表页眉节中。

（2）单击“控件”选项组中的“日期和时间”按钮，打开“日期和时间”对话框，选择要插入日期或时间，如选择“包含日期”选项，在报表页眉节中添加日期文本框，调整控件位置后，如图 5-27 所示。

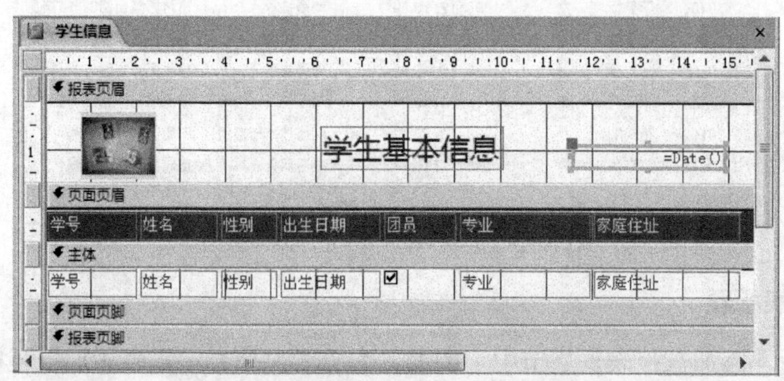

图 5-27 添加徽标和日期的报表设计视图

4．添加报表页码

页码通常添加在报表页面节中。例如，在“学生基本信息”报表中添加页码。

（1）在设计视图中打开“学生信息”报表，如图5-27所示，单击“设计”选项卡“控件”选项组中的“页码”按钮，打开“页码”对话框，选择页码的格式和位置，如图5-28所示。

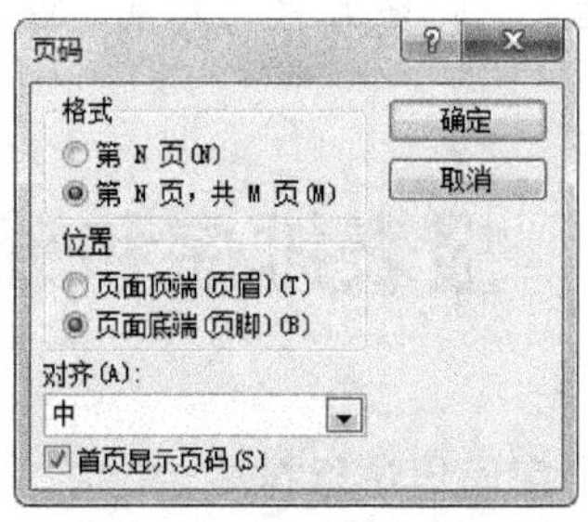

图5-28　“页码”对话框

（2）单击“确定”按钮，在报表页面页脚节中添加页码，如图5-29所示。

图5-29　添加页码的报表设计视图

（3）切换到报表视图，结果如图5-30所示。

学生信息

学生基本信息　　2012年3月29日

学号	姓名	性别	出生日期	团员	专业	家庭住址
20110101	赵小璐	女	1996-6-10	☑	网络技术与应用	市北区上海路76号
20110102	张　琪	男	1996-3-17	☐	网络技术与应用	市南区龙江路8号
20110201	李梦怡	女	1995-12-16	☑	动漫技术	市南区华山路6号
20110202	张天宝	男	1996-6-18	☐	动漫技术	四方区嘉定路1号
20110203	孙　强	男	1995-10-12	☐	动漫技术	市北区延安路75号
20120101	张莉莉	女	1997-4-8	☑	网络技术与应用	市北区绍兴路12号
20120102	孙晓晗	女	1996-12-30	☑	网络技术与应用	市南区太湖路16号
20120201	赵克华	男	1997-2-15	☐	旅游服务	市北区寿光路50号
20120202	李　雨	女	1997-7-31	☑	旅游服务	四方区嘉善路95号
20110204	李中华	女	1996-6-30	☑	动漫技术	崂山区仙霞岭路1号

页 1 共 1

图5-30　报表视图

最后保存对报表所做的修改。

课堂练习

1. 在“学生成绩1”报表中添加报表标题“学生成绩报表”以及日期和时间控件。
2. 在“学生成绩1”报表页面页眉节中添加页码控件。
3. 在“学生成绩1”报表中插入一幅图片作为背景，图片类型为嵌入、缩放模式为剪辑。

5.5 报表排序和分组

报表中的数据排序是指按某个字段值进行排序输出，一般用于整理数据记录，便于查找或打印。分组就是将报表中具有共同特征的相关记录排列在一起，并且可以为同组记录设置要显示的汇总信息。

5.5.1 报表记录排序

【例5】 修改如图5-30所示的“学生信息”报表，按“出生日期”升序排序。

分析：

在报表布局视图或设计视图中，通过“分组和排序”按钮，可以设置排序字段。

步骤：

（1）在布局视图中打开“学生信息”报表，在“格式”选项卡“分组和汇总”选项组中单击“分组和排序”按钮，在报表下部出现“分组、排序和汇总”窗格，如图5-31所示。

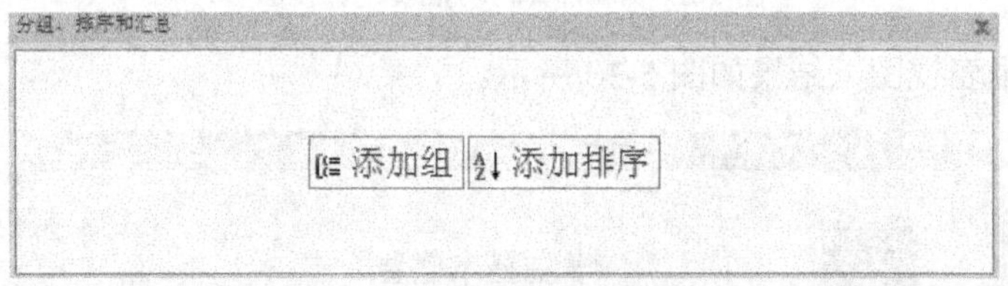

图5-31 “分组、排序和汇总”窗格

（2）单击窗格中的“添加排序”按钮，出现字段排序窗口，单击要排序的“出生日期”字段，在“分组、排序和汇总”窗格中出现“排序依据 出生日期”行，默认为升序排序，如图5-32所示。

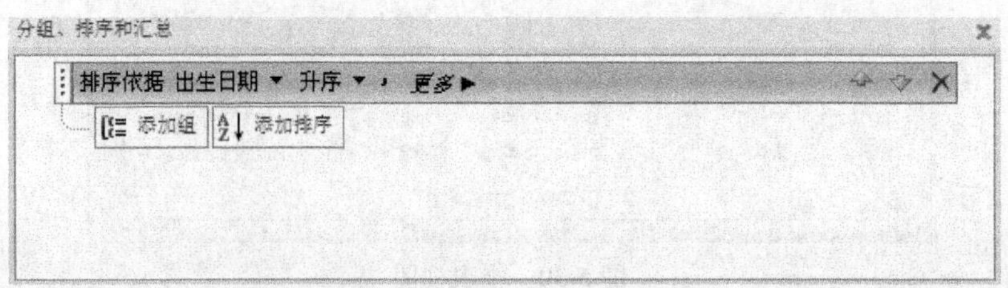

图5-32 设置排序字段窗格

（3）在布局视图中可以直接预览到按出生日期字段升序排序后的结果，如图 5-33 所示。

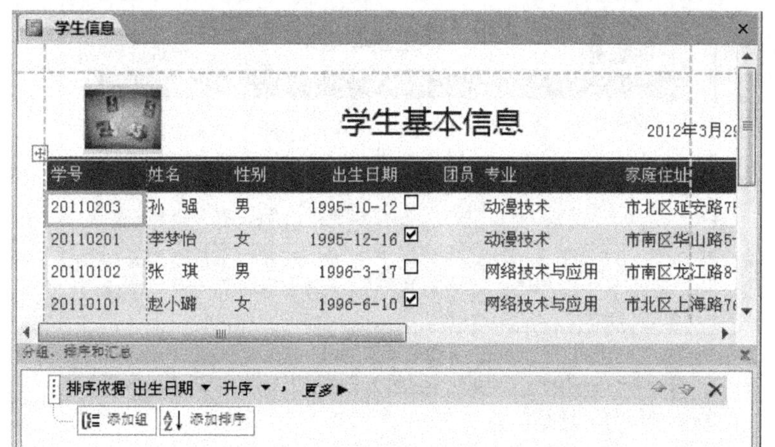

图 5-33 按出生日期字段排序布局视图

（4）保存修改后的报表。

如果要取消排序，在单击“分组、排序和汇总”窗格中选定排序依据行，单击该行右侧的“删除”按钮即可。

提示：

在报表布局视图中，右击要排序的字段值，在快捷菜单中选择“升序”或“降序”排序方式，直接按该字段进行排序。

5.5.2 报表记录分组

通过分组可以将相关记录组织在一起，还可以为每一个分组数据进行汇总等，提高报表的可读性。在建立报表时，可以按不同数据类型的字段对记录分组，如文本、数字、货币、日期/时间等字段分组，但不能对 OLE、超链接等字段进行分组。

【例 6】修改“学生信息”报表，按“专业”字段对记录进行分组，并按“学号”升序排序。

分析：

创建报表后，可以在布局视图或设计视图中按“专业”字段进行分组。建立分组有两种方法，一是右击该字段，在快捷菜单中选择相应的命令；二是使用“分组、排序和汇总”窗格对分组字段先进行排序，然后再添加分组。

步骤：

（1）在报表布局视图中打开“学生基本信息”报表，单击“格式”选项卡“分组和汇总”选项组中的“分组和排序”按钮，在报表下部出现“分组、排序和汇总”窗格，以便观察分组情况。

（2）右击要分组的“专业”字段任意值，在快捷菜单中选择“分组形式 专业”命令，记录按“专业”字段进行了分组，并在“分组、排序和汇总”窗格中出现“分组形式”行，如图 5-34 所示。

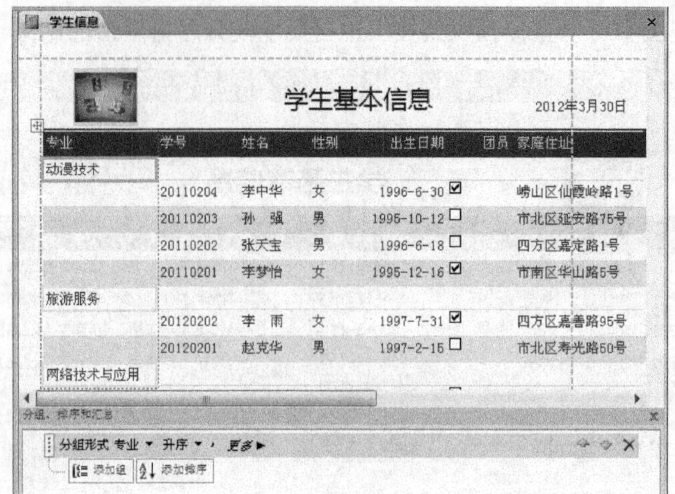

图 5-34 按“专业”字段分组布局视图

（3）右击要排序的“学号”字段值，在快捷菜单中选择“升序”命令，在“分组、排序和汇总”窗格中出现“排序依据”行，如图 5-35 所示，在分组的记录中按学号升序排序。

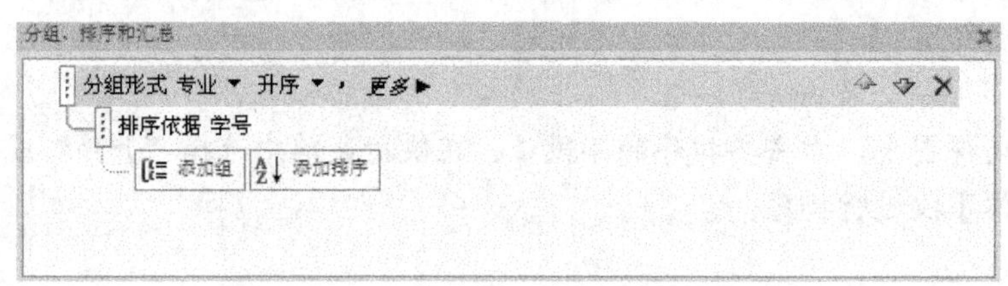

图 5-35 “分组、排序和汇总”窗格

（4）切换到报表设计视图，添加了以分组字段“专业”命名的组页眉“专业页眉”，如图 5-36 所示。

图 5-36 “学生信息”报表设计视图

同样可以设置按多个字段进行分组，在对第一个字段分组的前提下，再对同组中的记录按第二个字段进行分组，以此类推。

如果要更改报表排序和分组次序，在报表布局视图或设计视图下方的“分组、排序和汇总”窗格中，单击右侧的 箭头，可以调整分组或排序次序。如果要删除分组或排序依据，在“分组、排序和汇总”窗格中，单击右侧的删除按钮×，可以删除分组或排序次序。

课堂练习

1. 对“学生信息”报表先按“专业”字段进行排序，再按“出生日期”字段排序。

2. 使用“分组、排序和汇总”窗格将“学生信息”报表先按“专业”字段排序，然后再按“专业”进行分组。

3. 在上题分组的基础上，再按“性别”字段进行分组。

5.6 报表数据统计汇总

在报表中有时需要对报表分组中的数据或整个报表数据进行汇总。数据汇总分为两种，一种是按组汇总，另一种是对整个报表进行汇总。

如果要汇总每个组的数据，则在组页眉或组页脚中添加一个文本框，在该文本框中输入计算表达式。如果要汇总整个报表的数据，则可以在报表页眉或报表页脚中添加计算文本框，输出显示所需要的数据。在报表中常用的统计汇总函数及功能如表5-1所示。

表5-1 报表中常用的统计汇总函数及功能

函　数	功　能
Sum（）	计算所有记录或记录组中指定字段值的总和
Avg（）	计算所有记录或记录组中指定字段的平均值
Min（）	计算所有记录或记录组中指定字段的最小值
Max（）	计算所有记录或记录组中指定字段的最大值
Count（）	计算所有记录或记录组中指定记录的个数

【例7】修改例4创建“学生成绩1”报表，按“学号”字段进行分组，分别统计每个学生各门课程的平均成绩、最高成绩和最低成绩，如图5-37所示。

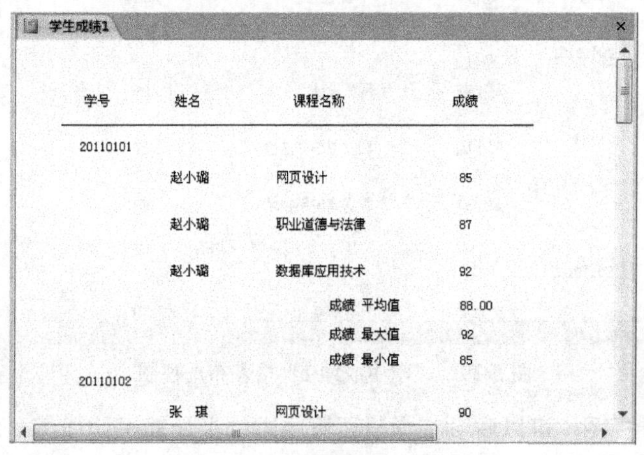

图5-37 报表数据统计汇总

分析：

该报表需要先按“学号”进行分组，再分别统计每人各门课程的成绩。分组汇总时需要用到表达式，在文本框中输入计算表达式时，要在函数或表达式的前面加上等号“=”。

步骤：

（1）建立分组。在报表布局视图中打开“学生成绩 1”报表，如图 5-38 所示，右击“学号”字段值，从快捷菜单中选择“分组形式 学号”命令，报表按“学号”字段进行分组。

学生成绩1

学号	姓名	课程名称	成绩
20120101	张莉莉	语文(一)	95
20120102	孙晓晗	语文(一)	82
20120102	孙晓晗	概率论	86
20120201	赵克华	概率论	90
20120202	李　雨	概率论	60
20120101	张莉莉	概率论	78

图 5-38　“学生成绩 1”报表布局视图

（2）计算平均成绩。单击“成绩”列数据，在“格式”选项卡“分组和汇总”选项组中，单击“合计”下拉箭头，选择“平均值”命令，自动将平均成绩添加在每个分组页脚中；再右击其中的一个平均成绩，选择“设置题注”命令，添加平均成绩题注“成绩 平均值”，如图 5-39 所示。

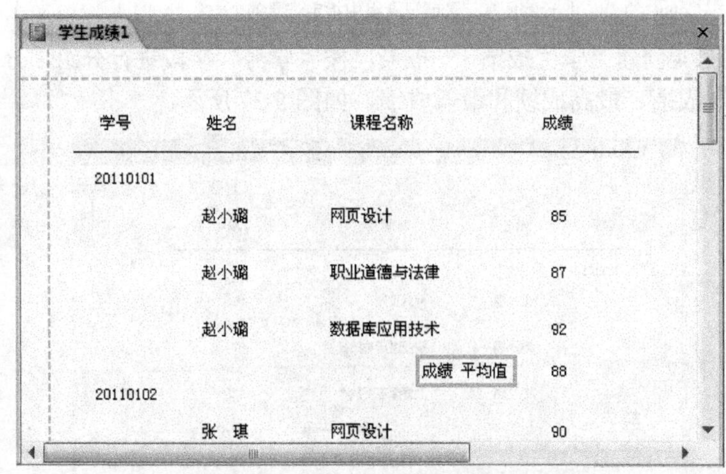

图 5-39　“学生成绩 1”报表布局视图

（3）切换到设计视图，可以看到在学号页脚中添加了计算平均成绩计算文本框，控件来源属性为“=Avg（[成绩]）”，及附属标签“成绩 平均值”。参照此方法，再在学号页脚中自行添加计算最高成绩和最低成绩计算文本框，控件来源属性分别为“=Max([成绩])”和“=Min([成绩])”及附属标签控件，如图 5-40 所示。

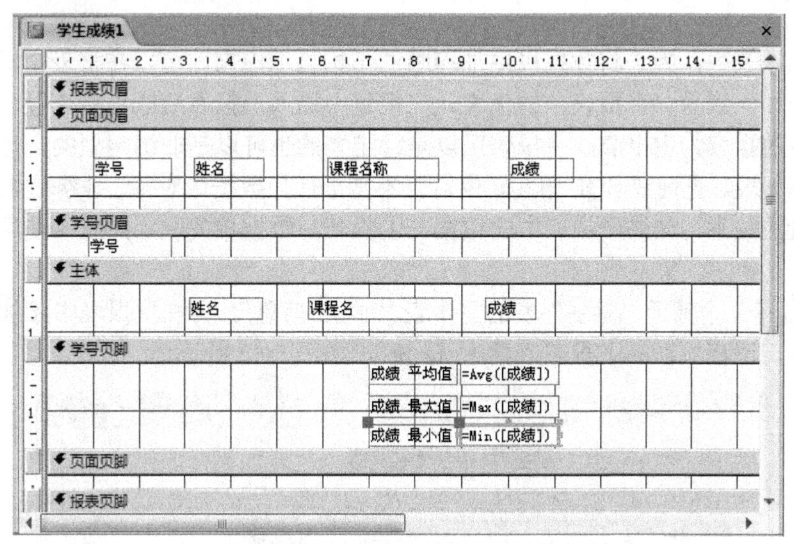

图 5-40　在组页脚中添加计算控件

（4）切换到报表视图，结果如图 5-37 所示，最后保存修改的报表。

课堂练习

1. 在“学生信息”报表中添加一个计算控件，用于显示学生的年龄，如图 5-41 所示。

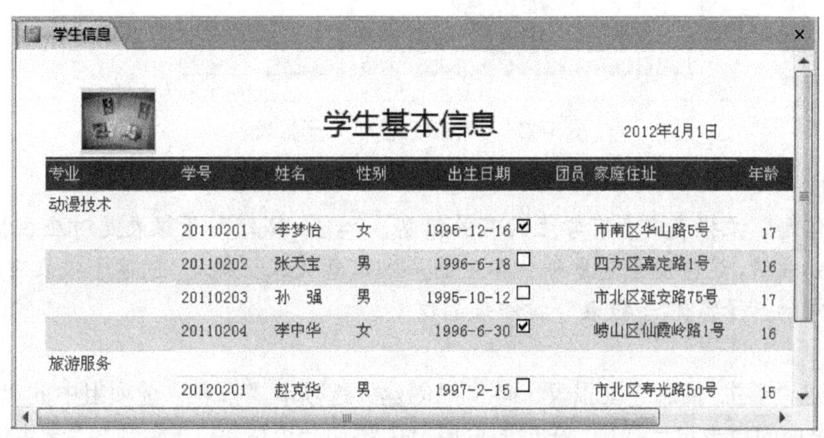

图 5-41　添加年龄后的报表

2. 修改“学生信息”报表，按“专业”字段进行分组，分别统计各分组的平均身高以及全部学生的平均身高。

3. 修改“学生成绩 1”报表，在报表页脚中添加计算文本框控件，计算全部课程的总平均成绩。

5.7 创建子报表

在复杂的报表中，为了将数据以更加清晰的结构显示出来，可以在报表中添加子报表。子报表是一个插入到另一个报表中的报表。在报表中加入子报表后成为多个报表的组合，其中包含子报表的报表为主报表。主报表可以是绑定型的也可以是非绑定型的，也就是说，主报表既可以基于表、查询或SQL语句，也可以不基于任何数据库对象。非绑定的主报表与子报表没有直接的关系。如果子报表中的数据与主报表的数据相关联，则应该使用绑定型主报表。

【例8】创建一个基于“学生”表的主报表“学生_信息”，再在主报表中添加一个用于显示每个学生各门课程成绩的子报表“学生_成绩”，如图5-42所示。

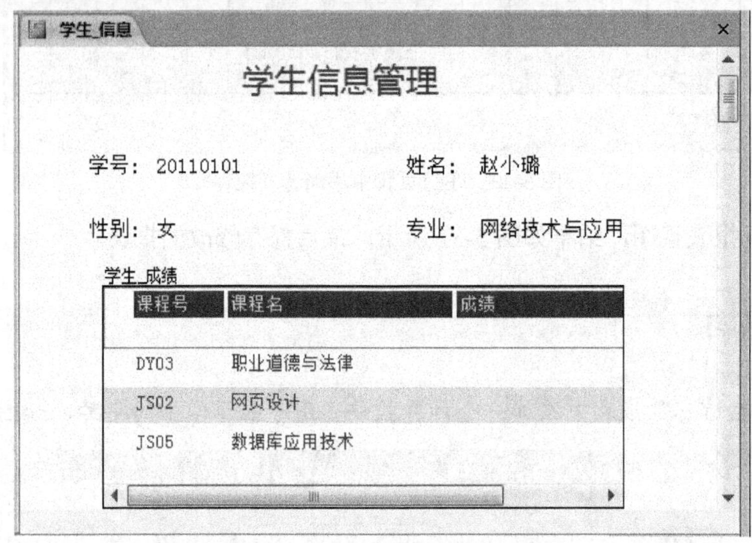

图5-42　学生信息管理主/子报表

分析：

“学生_信息”主报表中含有学生的有关信息，“学生_成绩”子报表是对应主报表中学生的各门课程的成绩，这样便于查看每个学生的基本信息及课程成绩。创建子报表可以使用“控件”选项组中的“子窗体/子报表”控件来创建。

步骤：

（1）创建“学生_信息”主报表。单击“创建”选项卡“报表”选项组中的“报表设计”按钮，打开空白的报表设计视图。在页面页眉节中添加一个标签，其标题为“学生信息管理”。

（2）打开“字段列表”窗口，展开其中的“学生”字段列表，依次将“学号”、“姓名”、“性别”和“专业”字段拖放到主体节中，并调整控件的位置和字体大小，如图5-43所示。

（3）创建“学生_成绩”子报表。选中“控件”选项组中的“使用控件向导”按钮，单击“子窗体/子报表”按钮，在报表主体节中要放置子报表的位置单击，打开“子报表向导”对话框，如图5-44所示，选择“使用现有的表和查询”选项。

图 5-43 “学生_信息”主报表

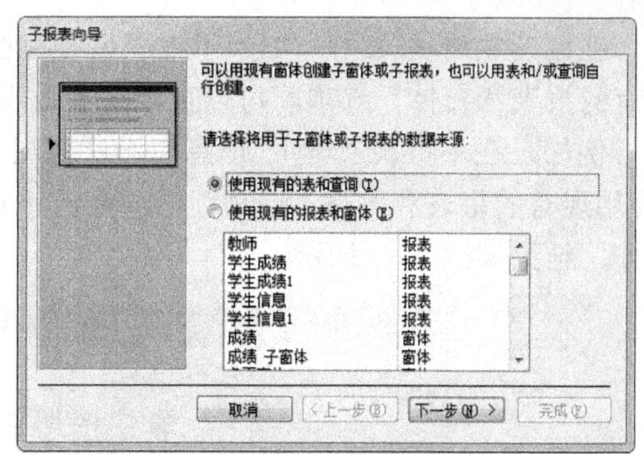

图 5-44 选择子报表数据来源对话框

（4）单击“下一步”按钮，打开如图 5-45 所示的对话框，分别将“成绩”的“课程号”、“成绩”字段和“课程”表的“课程名”字段添加到“选定字段”列表中。

（5）单击“下一步”按钮，打开如图 5-46 所示的对话框，选择默认的选项，将子报表通过“学号”字段链接到主报表。

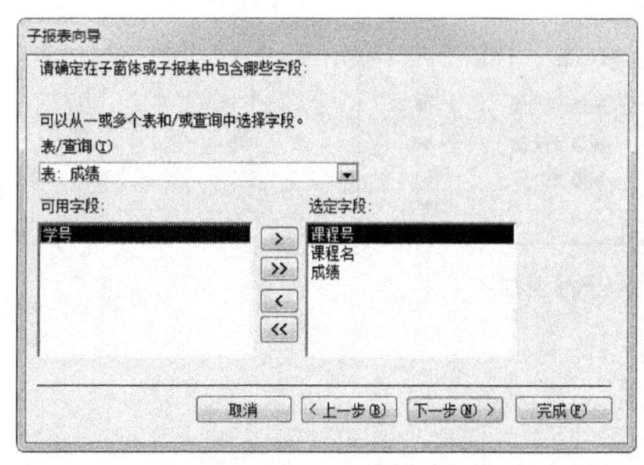

图 5-45 选择子报表字段对话框

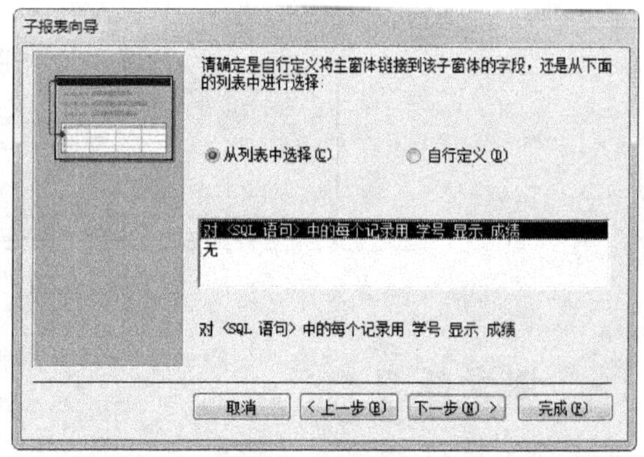

图 5-46 建立子报表与主报表之间的关联对话框

（6）单击“下一步”按钮，打开为子报表指定标题对话框，输入标题“学生_成绩”，单击“确定”按钮。

（7）单击“保存”按钮，以报表名“学生_信息”保存该报表。该报表设计视图如图 5-47 所示，切换到报表视图，结果如图 5-42 所示。

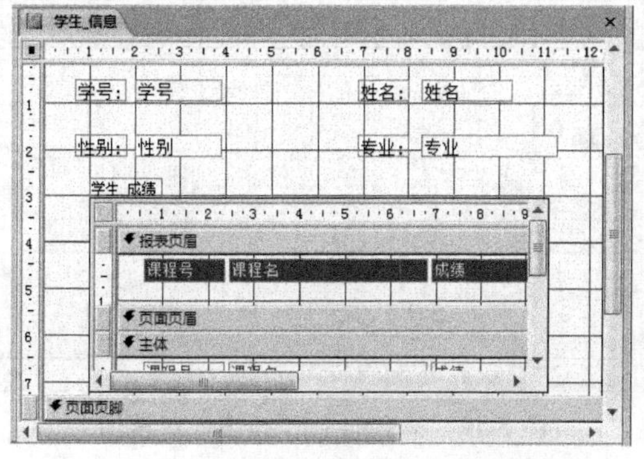

图 5-47 建立的主/子报表设计视图

在创建主/子报表时，如果子报表已经存在，在如图 5-44 所示的对话框中，选择“使用现有的报表和窗体”选项，可以直接将子报表添加到主报表中。

例如，在主报表“学生_信息”设计视图的主体节中，根据如图 5-44 话框的提示，选择“使用现有的报表和窗体”选项，再选择已建立的“学生成绩 1”报表，根据向导的提示完成操作，结果如图 5-48 所示。

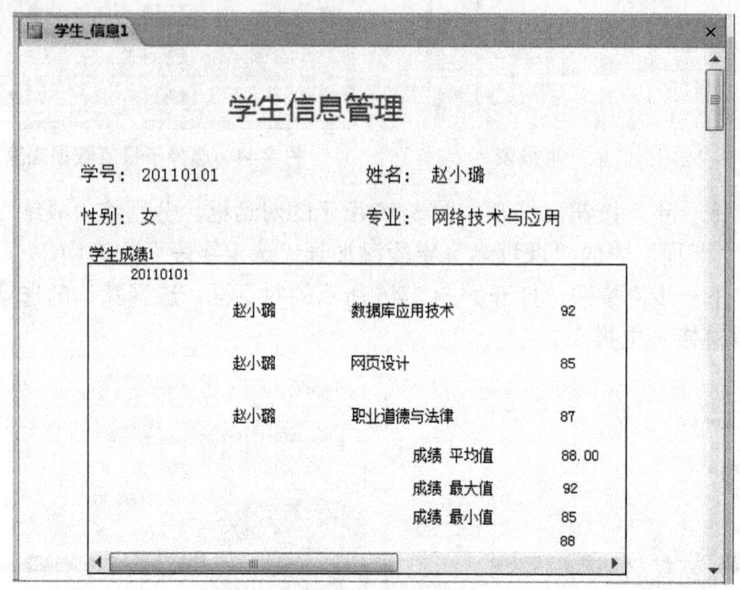

图 5-48　建立的主/子报表视图

课堂练习

修改例 8 创建的报表，将已建立的“学生成绩 1”报表通过向导添加到主报表的主体节中，报表另存为“学生_信息 1”，设计视图如图 5-49 所示。

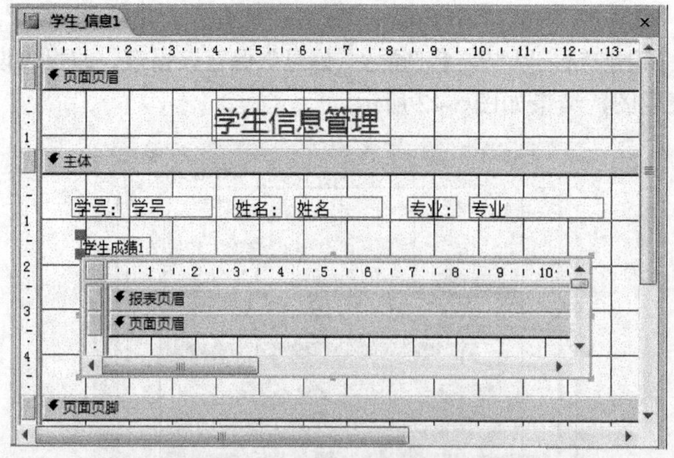

图 5-49　建立的主/子报表设计视图

5.8 打印报表

设计报表的最终目的就是将报表打印出来。在打印报表之前，为了节约纸张和提高工作效率，应首先保证报表的准确性，Access 提供了打印预览功能，根据预览所得到的报表，来调整报表的布局及进行页面设置，使之达到满意的效果。最后将设计好的报表打印出来。

5.8.1 页面设置

在正式打印报表前应进行打印设置。打印设置主要是指页面设置，目的是保证打印出来的报表既美观又便于使用。页面设置是用来设置打印机型号、纸张大小、页边距、打印对象在页面上的打印方式及纸张方向等内容。

（1）在布局视图或设计视图中打开报表，在“页面设置”选项卡的“页面布局”选项组中单击“页面设置”按钮，打开“页面设置”对话框，如图 5-50 所示，该对话框中包括“打印选项”、“页”和“列”三个选项卡。

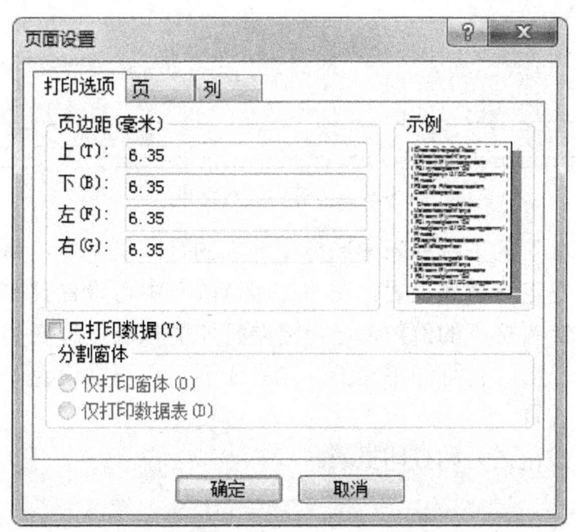

图 5-50 “页面设置”对话框

（2）在“页面设置”对话框中的有关操作：

- 选择“打印选项”选项卡：设置打印页边距以及是否只打印数据。页边距是指上、下、左、右距离页边缘的距离，设置好以后在“示例”中给出示意图。“只打印数据”是指只打印绑定型控件中来自于表或查询中字段的数据。
- 选择“页”选项卡：设置打印方向、页面大小和打印机型号。
- 选择“列”选项卡：设置报表的列数、列宽以及高度和列的布局，只有当“列数”为两列以上时，才可选用“列布局”中的“先列后行”或“先行后列”。

（3）最后单击“确定”按钮，完成页面设置。通过打印预览，可以预览页面设置效果。

5.8.2 打印报表

打印报表之前，可以先对报表进行预览。预览报表是将要打印的报表以打印时的布局格式完全显示出来，这样可以快速查看整个报表打印的页面布局，也可一页一页地查看数据的准确性。

当对报表预览后，感觉无误后就可以对报表进行打印。首次打印报表时，Access 将检查页边距、列和其他页面设置选项，以保证打印的正确性。

（1）在数据库窗口中选择要打印的报表，或在设计视图、布局视图中打开相应的报表。

（2）单击“Office 按钮”，选择“打印”命令，出现如图 5-51 所示的对话框。

图 5-51 “打印”对话框

（3）在打印机“名称”的下拉列表中选择要使用的打印机型号。单击“属性”按钮，还可对纸张的大小和方向等进行重新设置。在“打印范围”中可设置打印所有页或者要打印的页数。在“份数”中指定要打印的份数，还可将要打印的报表进行归类，在将报表的所有不同页都按顺序打印出来以后，再打印下一份。如果还需对“页面设置”进行重新设置，可以单击“设置”按钮进行设置。

（4）单击“确定”按钮，开始打印报表。

习题 5

一、填空题

1．报表主要用于对数据库中的数据进行分组、计算、汇总和________输出。

2．使用“报表向导”创建报表时，对记录进行排序，最多可以设置______个字段排序。

3．报表设计视图在默认方式下由________、________和________三个节组成，通过选择“隐藏/显示”选项卡中的“报表页眉/页脚”选项，可以添加________和________两个节。在分组报表时，还可以增加相应的________和________。

4．报表通过________可以实现同组数据的汇总和显示输出。

5．要设计出带表格线的报表，需要向报表中添加________控件完成表格线显示。

6．为了在报表的每一页底部显示页码，应添加________。

7．报表“页面设置”对话框中包括________、________和________三个选项卡。

8．在打印报表之前，通常要进行页面设置和________，然后再对报表进行打印。

二、选择题

1．下列不属于报表视图模式的是（　　）。

A．设计视图　　B．打印预览　　C．打印报表　　D．布局视图

2．下列不属于报表节的名称的是（　　）。

A．主体　　B．组页眉　　C．表头　　D．报表页脚

3．报表页眉的作用是（　　）。

A．用于显示报表的标题、图形或说明性文字

B．用来显示整个报表的汇总说明

C．用来显示报表中的字段名称或对记录的分组名称

D．用来打印表或查询中的记录

4．下面关于报表对数据处理的叙述，正确的是（　　）。

A．报表只能输入数据　　B．报表只能输出数据

C．报表可以输入和输出数据　　D．报表不能输入和输出数据

5．在报表中改变一个节的宽度将（　　）。

A．只改变这个节的宽度

B．只改变报表的页眉、页脚的宽度

C．改变整个报表的宽度

D．因为报表的宽度是确定的，所以不会有任何改变

6．在报表设计中，以下可以做绑定控件显示普通字段数据的是（　　）。

A．文本框　　B．标签　　C．命令按钮　　D．矩形

7．报表设计视图中，在页面页眉节中添加日期时，函数格式正确的是（　　）。

A．="Date"　　B．="Date（）"

C．=Date（）　　D．=Date

8．用于显示整个报表的计算汇总或其他的统计数字信息的是（　　）。

A．报表页脚节　　B．页面页脚节

C．主体节　　D．页面页眉节

三、操作题

1．在“图书订单”数据库中，使用报表工具创建一个基于“图书”表的报表。

2．使用“报表向导”创建一个基于“订单”表的报表，按“订单ID”字段进行分组，按“图书ID”字段升序排序，并对册数进行汇总，报表样式为“原点”，如图5-52所示。

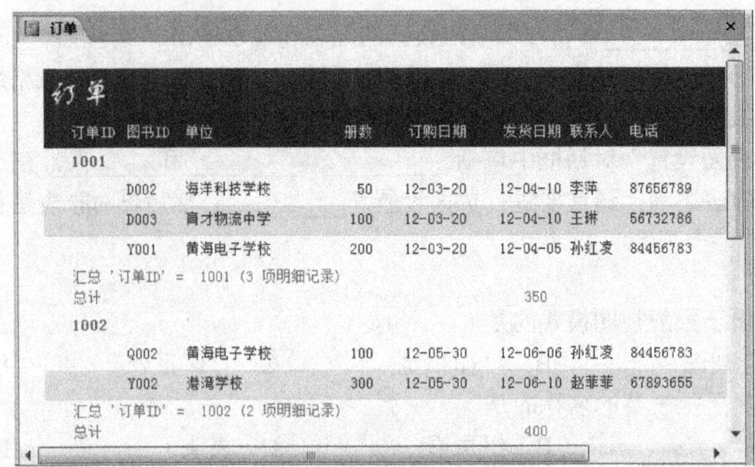

图 5-52 “订单”报表视图

3．以“订单”表和“图书”表为数据源，设计一个单位订购信息报表，并按“单位”字段进行分组，对每个单位的进行订购图书金额（= [册数]*[定价]）进行汇总，设计视图如图 5-53 所示，其报表视图如图 5-54 所示。

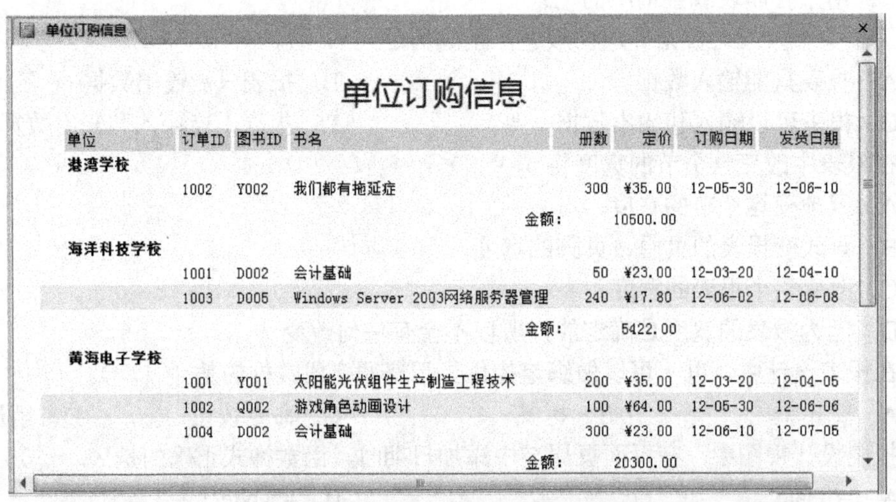

图 5-53 “单位订购信息”报表视图

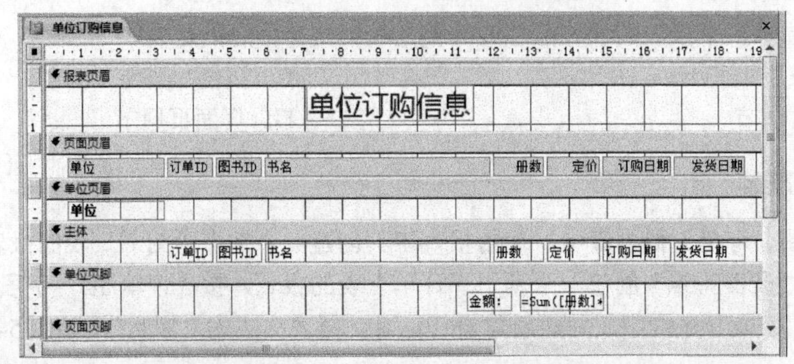

图 5-54 “单位订购信息”设计视图

4．创建一个基于“图书”表的主报表“图书”，再创建一个基于“订单”表的子报表“订购明细”。在主报表中每显示一本图书记录，在子报表中可以观察到该图书的订购情况，报表视图如图 5-55 所示，设计视图如图 5-56 所示。

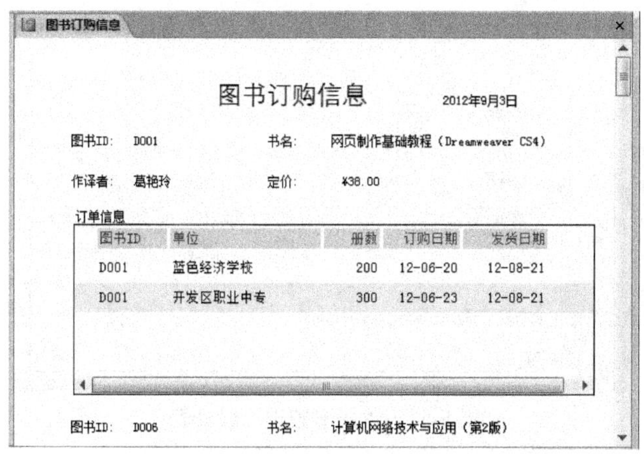

图 5-55 “图书订购信息”主/子报表视图

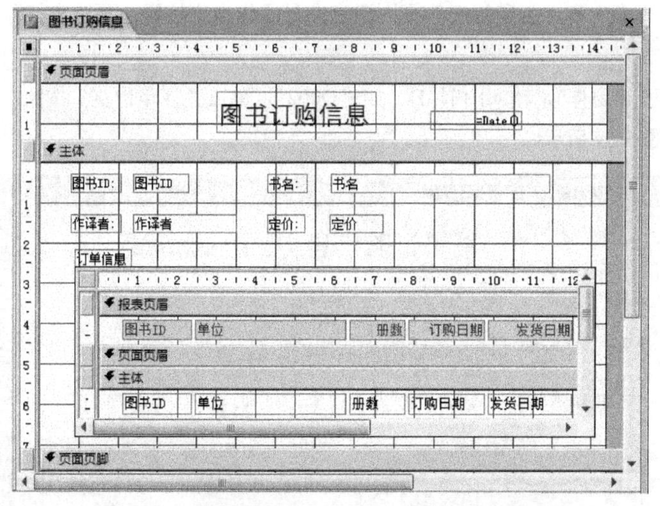

图 5-56 “图书订购信息”主/子报表设计视图

5．创建“图书查询窗体”，如图 5-57 所示，通过窗体输入图书 ID，然后单击“预览报表”按钮，运行 4 题创建的“图书订购信息”报表，预览该图书的基本信息和订购信息。

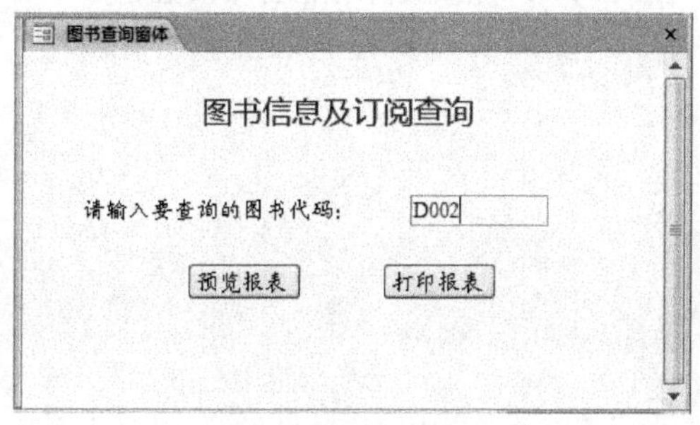

图 5-57 “图书查询窗体”视图

注：

（1）新建“图书查询窗体”，在窗体中分别添加标签、文本框和命令按钮控件。

（2）创建“图书查询”参数查询，以“图书”表为数据源，设计视图如图 5-58 所示。

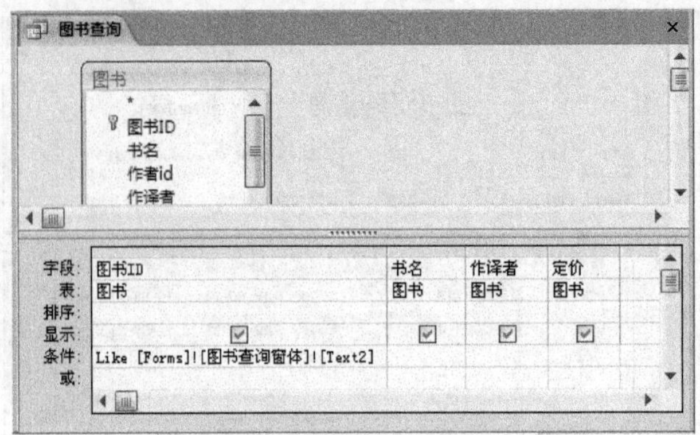

图 5-58 “图书查询”设计器

（3）修改 4 题创建的“图书订购信息”报表数据源为“图书查询”。

（4）添加“预览报表”和“打印报表”分别通过向导添加命令按钮，预览和打印“图书订购信息”报表。

（5）打开“图书查询窗体”，输入图书 ID，如“D002”，单击“打印预览”按钮，则显示该图书的基本信息及订购信息，如图 5-59 所示。

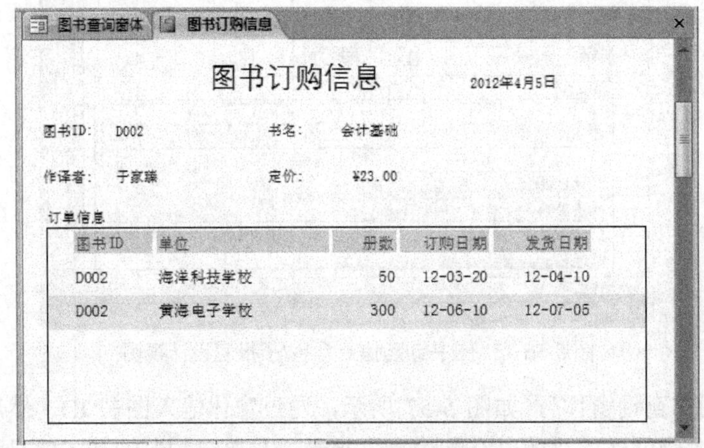

图 5-59 指定图书信息打印预览结果

宏的应用

在 Access 2007 中，除了表、查询、窗体以及报表对象之外，还有一个比较重要的对象——宏。宏是 Access 中执行特定任务的操作或操作集合，其中每个操作能够实现特定的功能。例如，可以建立一个宏，通过宏可以打开某个窗体，打印某份报表等。宏可以包含一个或多个宏命令，也可以是由几个宏组成的宏组。通过本章学习，你将能够：

- 创建简单的宏
- 编辑宏
- 使用多种方法运行宏
- 创建有条件的宏
- 创建宏组
- 定义并使用宏键

6.1 创建简单宏

宏是由一个或多个操作命令组成的集合，其中每个操作都能实现特定的功能。在 Access 中用户使用宏是很方便的，不需要记住各种语法，也不需要编程，只需要使用几个简单的宏操作就可以将已经创建的数据库对象联系在一起，实现特定的功能。Access 定义了许多宏操作，这些宏操作可以完成以下功能：

- 打开、关闭数据表、报表，打印报表，执行查询
- 筛选、查找记录
- 模拟键盘动作，为对话框或等待输入的任务提供字符串输入
- 显示警告信息框，响铃警告
- 移动窗口，改变窗口大小
- 实现数据的导入、导出

- 定制菜单
- 设置控件的属性等

宏可以分为宏、宏组和条件宏。宏是操作序列的集合；宏组是宏的集合；条件宏是带有条件的操作序列，这些宏中所包含的操作序列只用在条件成立时才执行。

6.1.1 创建宏

【例 1】创建一个名为“浏览学生表”的宏，运行该宏时，以只读方式打开“学生”表。

分析：

创建宏的操作是在宏设计视图中完成的，创建宏的主要操作包括确定宏名、添加宏操作和设置宏操作参数等。

步骤：

（1）打开“成绩管理”数据库，在“创建”选项卡的“其他”选项组中，单击“宏”按钮，打开宏设计视图。宏设计视图分为上下两个部分，上半部分默认包括“操作”、“参数”和“注释”列。例如，在“操作”列的第一行，从下拉列表中选择宏操作“OpenTable”命令，表示打开表操作。

（2）设计视图下半部分是宏的“操作参数”列表，用来定义宏的具体操作对象。当在上半部分所指定完成的操作不同时，“操作参数”中设置的操作参数也会不同。在建立每个基本宏时，需要对于每一个宏操作设置其相应的宏操作参数。例如，“OpenTable”操作对应的 3 个参数分别是“表名称”、“视图”和“数据模式”。在“表名称”的下拉列表中选择“学生”表；打开表的“视图”有“数据表”、“设计”、“打印预览”、“数据透视表”及“数据透视图”五种方式，选择“数据表”选项；“数据模式”有“增加”、“编辑”和“只读”三种方式，选择“只读”模式。

（3）“注释”列是可选的，用来帮助说明每个宏操作的功能，便于以后对宏的修改和维护。例如，在“OpenTable”操作的“注释”列可以输入提示信息，如输入“以只读方式浏览‘学生’表”，如图 6-1 所示。

（4）单击快速访问工具栏上的“保存”按钮，打开“另存为”对话框，如图 6-2 所示。在该对话框中输入宏名“浏览学生表”，然后单击“确定”按钮，保存所创建的宏。

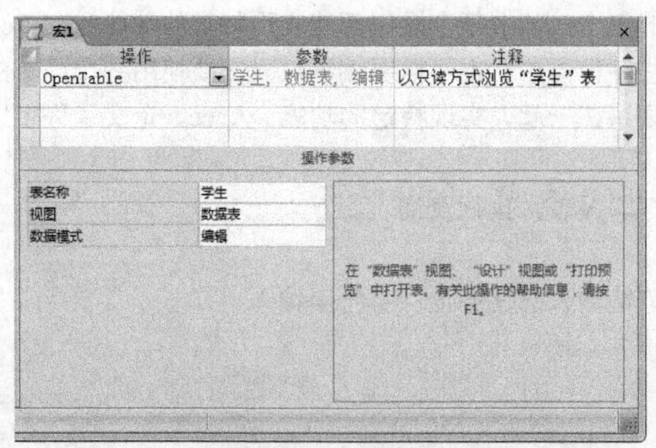

图 6-1　宏设计视图

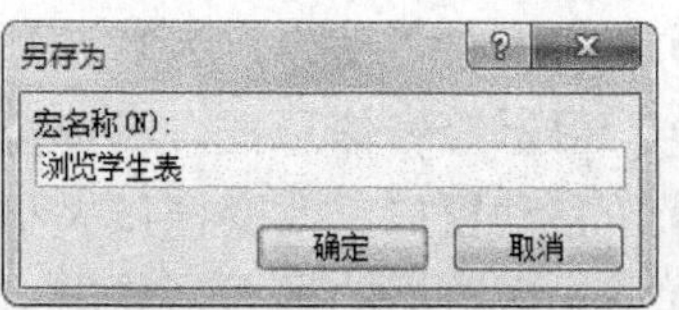

图 6-2　“另存为”对话框

在数据库窗口，选择要执行的宏，如“浏览学生表”，单击“运行”按钮，运行该宏，以只读方式打开“学生”表。

提示：

通过向宏设计视图窗口拖动数据库对象的方法，可以快速创建一个宏。例如，在“窗体”对象窗口中选择“学生”窗体，并将它拖放到宏设计视图窗口“操作”列的第一空行，这时在“操作”列的第一空行中自动添加“OpenForm”，并在“操作参数”列表框中自动设置了相应的操作参数。如果将宏拖放到宏设计视图，将自动添加一个运行该宏的操作“RunMacro”。

相关知识

宏设计视图

在 Access 中，可以将宏看作一种简化的编程语言，这种语言是通过生成一系列要执行的操作来编写的。生成宏时，从下拉列表中选择每一个操作，然后填写每个操作所必需的信息。通过使用宏，无需在 Visual Basic for Applications（VBA）模块中编写代码，即可向窗体、报表和控件中添加功能。

宏设计视图分为上下两部分，上半部分每一行都是一个宏操作的内容，包括“操作”、“参数”和“注释”列。在“操作”列中可以利用下拉列表选择宏操作。“注释”列一般用来说明每个宏操作所完成的功能，以后便于对宏进行修改和维护，它是可选的。另外，宏设计视图中还包括“宏名”和“条件”两列，通常情况下是隐藏的，通过单击“设计”选项卡“显示/隐藏”选项组中的“宏名”和“条件”按钮来显示。在“宏名”列中用户可以给每个宏指定一个名字，主要应用于宏组中，以区分不同的宏。在“条件”列中可以指定宏操作的执行条件。

宏设计视图的下半部分是宏的“操作参数”列表框，用来定义宏的操作参数。有的宏操作是没有参数的，有的则有参数。对有参数的宏操作，不同的操作有不同的操作参数，设置时可以从其各个参数的下拉列表中进行选择。

6.1.2 编辑宏

在创建一个宏之后，往往还需要对它进行修改。例如，添加新的操作或重新设置操作参数等。

【例 2】修改例 1 创建的“浏览学生表”宏，在打开“学生”表操作前添加一条宏操作“MsgBox”。

分析：

修改宏也是在宏设计视图中进行的，MsgBox 宏操作的功能是给出操作提示信息。

步骤：

（1）在数据库窗口右击“浏览学生表”宏，从快捷菜单中选择“设计视图”命令，打开“浏览学生表”宏设计视图。

（2）将新操作添加到操作列的不同位置。如果要在原来操作的后面添加新的操作，则在“操作”列的第一个空行直接添加；如果新操作在两个操作行之间，则单击要插入的行，再单击“行”选项组中“插入行”按钮。例如，在“OpenTable”操作之前添加一个新的操作行“MsgBox”，则单击“OpenTable”操作行，然后单击“插入行”按钮。在新插入空行的操作下拉列表中选择要添加的操作“MsgBox”。

（3）设置“MsgBox”操作参数。在“消息”框中输入“浏览‘学生’表”；在“发嘟嘟声”框中选择“是”；“类型”框中有“无”、“重要”、“警告？”、“警告！”和“信息”五种选项。例如，选择“信息”；在“标题”框中输入“学生表”，如图6-3所示。

按上述设置后，当运行该宏时，将出现信息提示框，如图6-4所示。在宏运行过程中单击提示框“确定”按钮，将继续执行后面的宏操作。

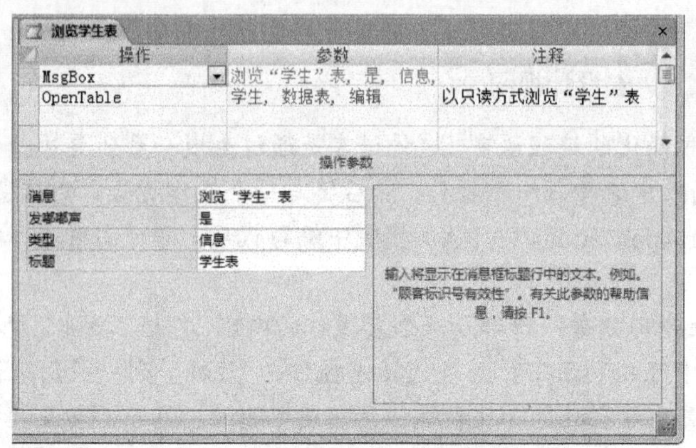

图6-3　修改后的宏设计视图

图6-4　信息提示框

提示：

如果要删除某个宏操作，在宏设计视图中选择该行，单击“行”选项组中的“删除行”按钮，或者右击从快捷菜单中选择“删除行”命令，删除该行。

课堂练习

1. 创建一个名为“Open_XS”的宏，功能是打开“学生a”窗体。
2. 修改“Open_XS”宏，在“OpenForm”操作列后分别添加“Close”和“OpenTable”宏操作，其中“OpenTable”对应的宏操作为打开“成绩”表。

6.2　运　行　宏

运行宏时，系统将从宏的起始点开始，执行宏中所有操作，直到到达另一个宏或到达宏的结束点。通过宏命令直接执行宏，也可以将执行宏作为对窗体、报表控件中发生的事件所做出的响应。例如，可以将某个宏附加到窗体中的命令按钮上，这样当用户在窗体中单击该按钮时就会自动执行相应的宏，还可以在创建执行的自定义命令菜单或工具栏按钮上，将某个宏指定在组合键中，或者在打开数据库时直接执行宏。

另外，在创建宏之后，还需要对宏进行一些调试，排除导致错误或非预期结果的操作。

6.2.1 直接运行宏

在数据库导航窗格中选择宏对象，双击要运行的宏名即可直接运行该宏。

通常情况下，直接执行宏只是对宏进行测试。在确保宏的设计正确无误后，可以将宏附加到窗体、报表中的控件中，以对事件做出响应，或者创建一个执行宏的自定义菜单。

6.2.2 通过命令按钮运行宏

除了直接运行宏外，还常常将宏与窗体或报表中的控件结合在一起运行，使宏成为某些基本操作中所包含的操作，使得操作更为集成，能够实现更多的功能。

通过窗体、报表中的命令按钮来运行宏，只需在窗体或报表的设计视图中，打开相应控件的“属性”对话框，选择“事件”选项卡，在相应的事件属性上单击，从弹出的下拉列表中选择相应的宏，当该事件发生时，系统将自动运行该宏。

【例 3】创建一个窗体，在窗体中添加一个命令按钮，单击该按钮时运行“浏览学生表”宏。

分析：

在窗体中通过单击命令按钮来运行一个宏，这是在数据库管理系统中常用的方法。添加命令按钮时，对应的操作可以使用命令按钮向导来完成。

步骤：

（1）在窗体设计视图中新建一个空白窗体，然后窗体“主体”节中添加一个命令按钮，并打开“命令按钮向导”，选择命令按钮对应的操作，如图 6-5 所示。

（2）单击“下一步”按钮，确定命令按钮运行的宏，如选择“浏览学生表”宏，如图 6-6 所示。

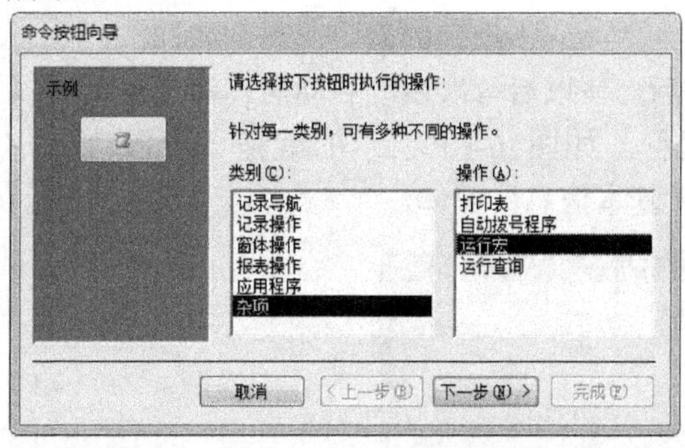

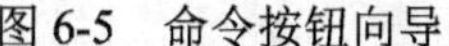
图 6-5　命令按钮向导

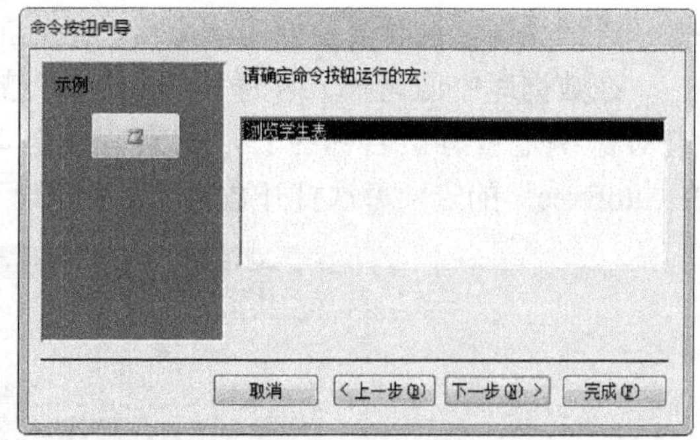

图 6-6　确定命令按钮运行的宏

（3）单击“下一步”按钮，确定命令按钮上的文本，如选择“文本”单选项，并输入文本“浏览学生表记录”，如图 6-7 所示。

（4）单击“下一步”按钮，出现完成设置对话框，单击“完成”按钮，则在窗体上添加了一个命令按钮，如图 6-8 所示。

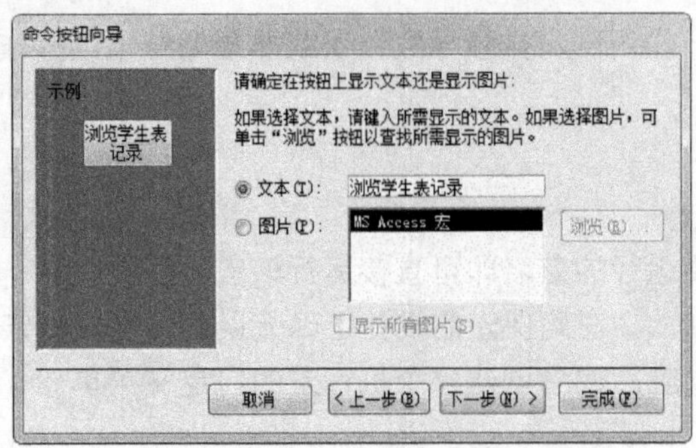

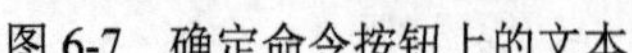
图 6-7 确定命令按钮上的文本

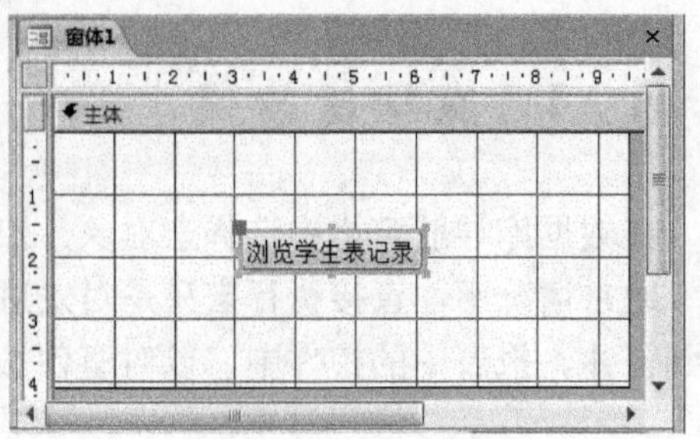

图 6-8 添加的命令按钮

（5）保存新建的窗体，打开该窗体视图，单击“浏览学生表记录”命令按钮，系统自动运行“浏览学生表”宏，并打开“学生”表。

如果在窗体中添加命令按钮时不使用“控件向导”进行设置操作，添加命令按钮后，可以通过“属性表”的“单击”属性，设置单击按钮所要运行的宏，如图 6-9 所示。

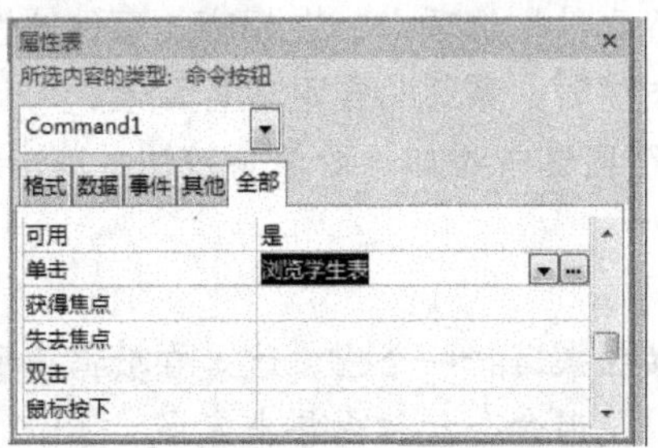

图 6-9 设置命令按钮“单击”属性

6.2.3 自动运行宏

在 Access 2007 中，如果每次打开数据库时，直接显示一个主画面，然后根据主画面的提示进行操作，这就需要创建一个自动运行的名为“AutoExec”的宏。

在数据库中创建一个名为“AutoExec”的宏后，在以后每次系统启动后，都会自动扫描宏对象中是否有该名称的宏，如果有则自动运行。如图 6-10 所示的就是一个自动运行“AutoExec”的宏，每次打开数据库后打开“学生基本信息”窗体。

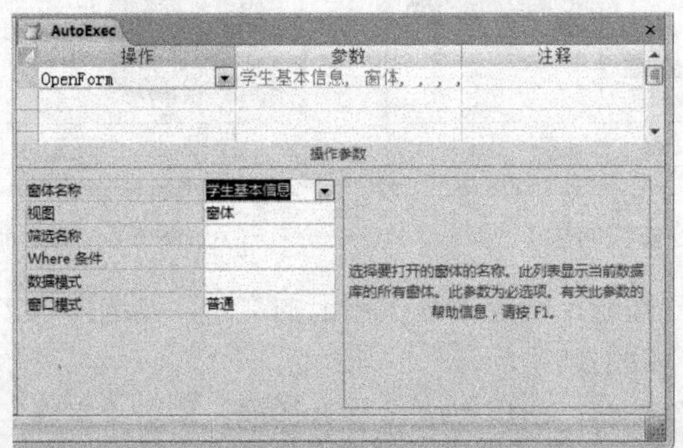

图 6-10 “AutoExec”宏设计视图

6.2.4 宏嵌套调用

宏的嵌套调用，是指使用宏操作中的“RunMarco”命令，在一个宏中调用另一个宏。

【例 4】创建一个名为“DY”宏，在该宏中调用另一个宏“浏览学生表”。

分析：

宏之间的调用通过“RunMarco”命令来实现。

步骤：

（1）新建一个名为“DY”的宏，在宏设计视图“操作”列中选择“RunMacro”命令，并在“操作参数”的“宏名”中选择“浏览学生表”，如图 6-11 所示。

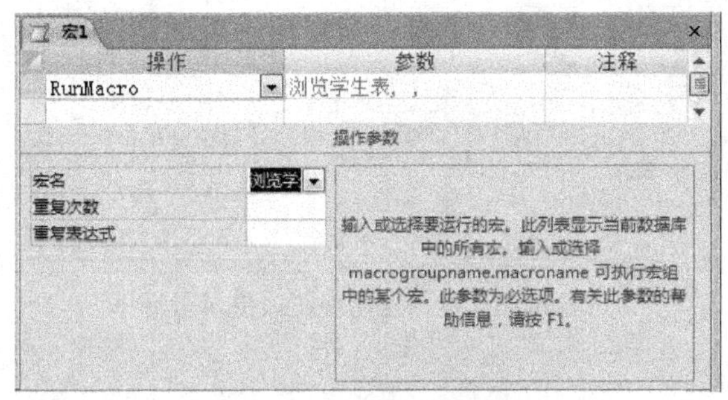

图 6-11 调用宏设计视图

（2）以名“DY”保存该宏，运行该宏，观察运行结果。

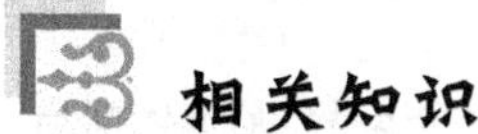

相关知识

宏的调试

在设计宏时，一般需要对宏进行调试，排除导致错误或非预期结果的操作。Access 2007 为调试宏提供了一个单步执行宏的方法，即每次只执行宏中的一个操作。使用单步执行宏可以观察到宏的流程和每一个操作的结果，并且可以排除导致错误或产生非预期结果的操作。例如，在宏的设计视图中打开“DY”宏，单击“设计”选项卡“工具”选项组中的“单步”按钮，启动但不调试；再单击“运行”按钮，系统以单步的形式开始运行宏操作，并打开如图 6-12 所示的对话框。

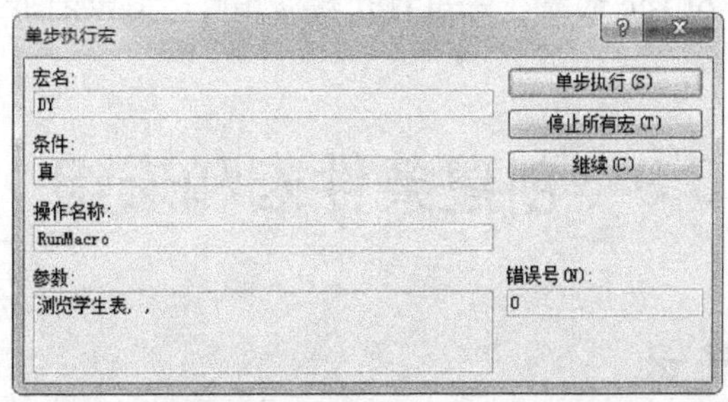

图 6-12 “单步执行宏”对话框

在该对话框中显示当前单步运行宏的宏名、条件、操作名称和该操作的参数信息，另外还包括“单步执行”、“停止所有宏”和“继续”三个按钮。单击“单步执行”按钮，执行显示在该对话框中的第一步操作，并出现下一步操作的对话框。若单击“停止”按钮，将终止当前宏的运行，返回宏的设计视图；单击“继续”按钮，将关闭单步执行状态，并运行该宏后面的操作。

如果宏中存在问题，将出现错误信息提示框，如图 6-13 所示。根据对话框的提示，可以了解出错的原因，以便进行修改和调试。

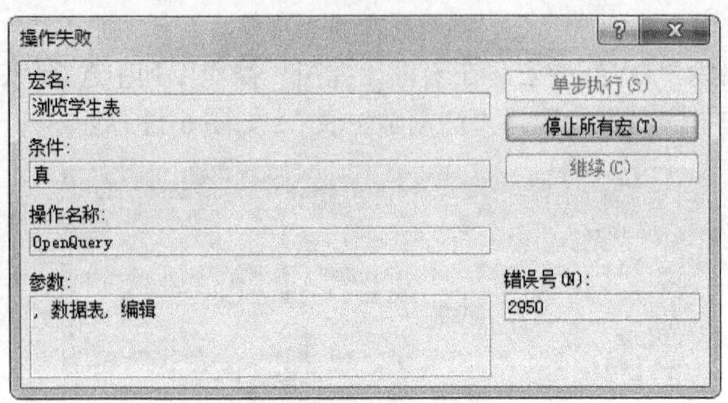

图 6-13　执行宏出现错误提示对话框

课堂练习

1. 分别定义“学生信息”和“学生成绩”两个宏，运行时分别打开“学生信息”报表和“学生成绩”报表。

2. 新建一个“信息查询”窗体，在窗体中添加两个命令按钮，单击命令按钮时分别打开上题定义的宏，并完成相应的功能，如图 6-14 所示。

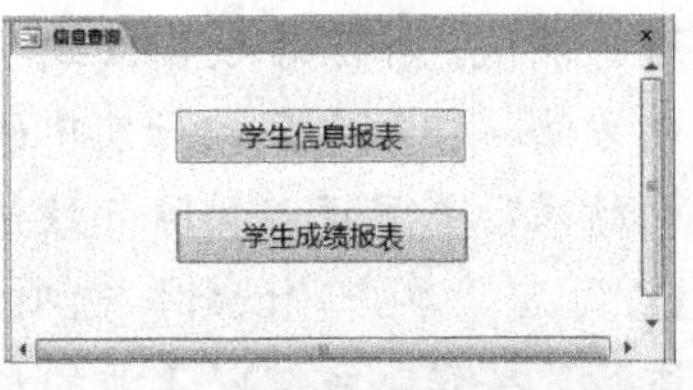

图 6-14　“信息查询”窗体视图

3. 创建一个名为 AutoExec 的宏，每当打开数据库时，自动打开一个“学生 a”窗体。

6.3　创建条件宏和宏组

6.3.1　创建条件宏

通常情况下，宏的执行顺序是从第一个宏操作依次往下执行到最后一个宏操作。但对于某些宏操作，可以对它设置一定的条件，当条件满足时执行某些操作，当条件不满足时，则不执行该操作，这在实际应用中是经常用到的。

【例 5】创建一个“JS”宏，在“计算”窗体的文本框中输入一个算式数值，单击“确定”按钮调用该宏，判断输入的数值是否正确，如图 6-15 所示。

图 6-15 “计算”宏运行结果

分析：

这是一个带条件的宏，输入的数值为算式的计算结果时，给出计算正确提示信息，否则给出错误提示信息。窗体中的算式用标签来显示，通过文本框来输入数值。

步骤：

（1）新建一个名为“计算”窗体，添加一个标签、文本框和命令按钮，如图 6-16 所示。

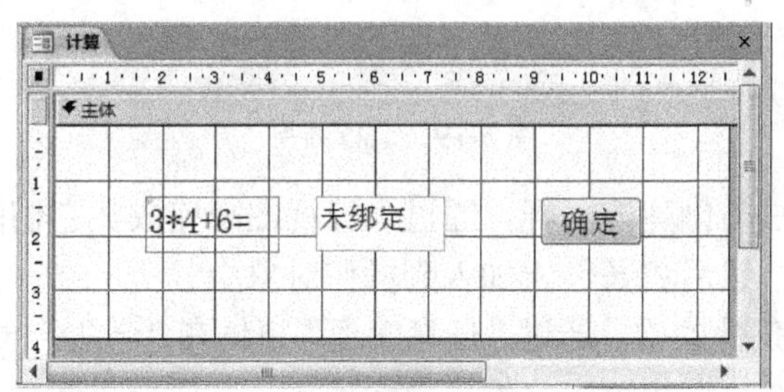

图 6-16 “计算”窗体设计视图

（2）创建一个名为“JS”的宏，在宏设计视图中单击“设计”选项卡“显示/隐藏”选项组中的“条件”按钮，在宏设计视图中出现“条件”列，然后分别设置不同的条件及操作，其中在第 1 行和第 2 行“MsgBox”操作“消息”框中分别输入“计算正确！”和“计算错误！”，如图 6-17 所示。

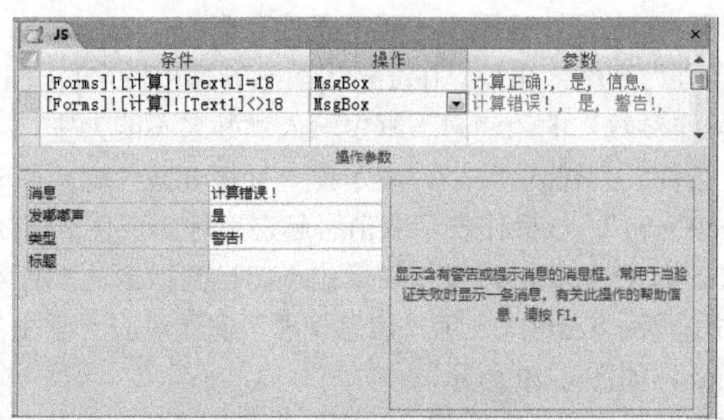

图 6-17 “JS”宏设计视图

（3）设置“计算”窗体“确定”命令按钮的“单击”属性为运行宏“JS”，如图 6-18 所示。

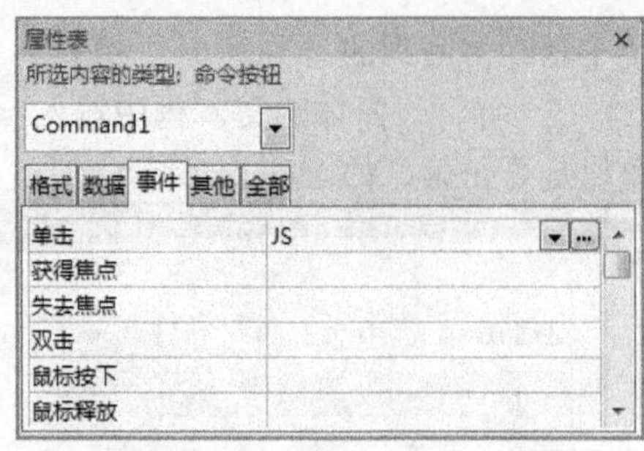

图 6-18　“确定”命令按钮属性

（4）打开“计算”窗体，在文本框中输入一个数值，单击“确定”按钮，查看显示结果，如图 6-19 所示的信息框。

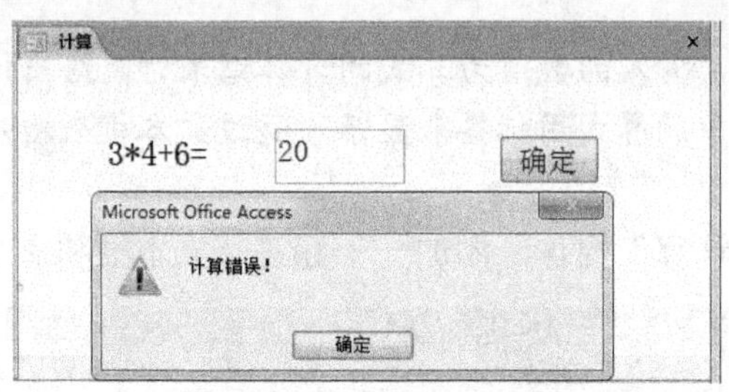

图 6-19　运行结果

创建带条件宏的方法与创建宏一样，通过设计视图来完成，它们的区别是在宏设计视图中需要增加“条件”列，然后将条件宏加入到操作对象中。

【例 6】设置一个带条件的宏，通过“信息管理”窗体在“学生”表中输入或修改记录时，如果“姓名”字段值为空，调用该宏，给出提示信息，并要求重新输入。

分析：

在条件宏中使用条件：[Forms]![信息管理]![姓名] Is Null。如果不满足条件，给出的提示信息可以通过“MsgBox”宏操作给出提示信息。

步骤：

（1）创建一个名为“XM”的宏，在宏设计视图中单击“设计”选项卡“显示/隐藏”选项组中的“条件”按钮，在宏设计视图中出现“条件”列。

（2）在第 1 行“条件”列输入条件：[Forms]![信息管理]![姓名] Is Null；在“操作”列选择“MsgBox”；在“操作参数”的“消息”框中输入“姓名不能为空！”。

（3）在第 2 行“条件”列输入“…”，表示前一行符合条件时，同时执行此行操作；在“操作”列选择“CancelEvent”，该操作表示取消引起宏运行的事件；第 3 行“条件”列为空，在“操作”列选择“GoToControl”，该操作表示焦点切换到指定的控件对象上，在“操作参数”的“控件名称”框输入：Text8，表示“信息管理”窗体对应“学生”表中的“姓名”字段的文本框名称为 Text8，如图 6-20 所示。

（4）以宏名“XM”保存该宏。在窗体设计视图中打开“信息管理”窗体，选择窗体“属性表”窗口“事件”选项卡，在“更新前”下拉列表框选择“XM”宏，如图 6-21 所示，保存该窗体，保存属性设置。

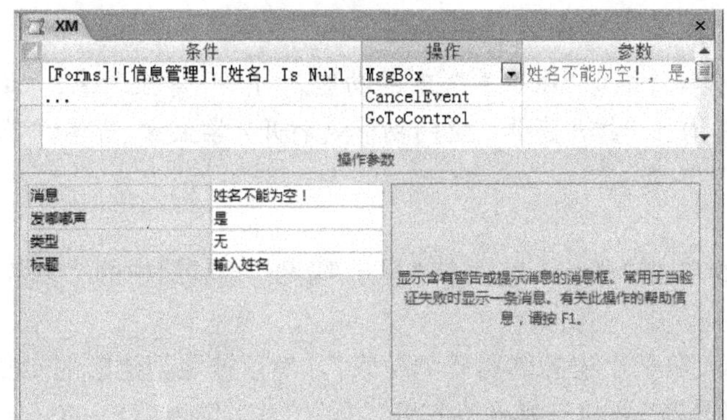

图 6-20 “XM”宏设计视图

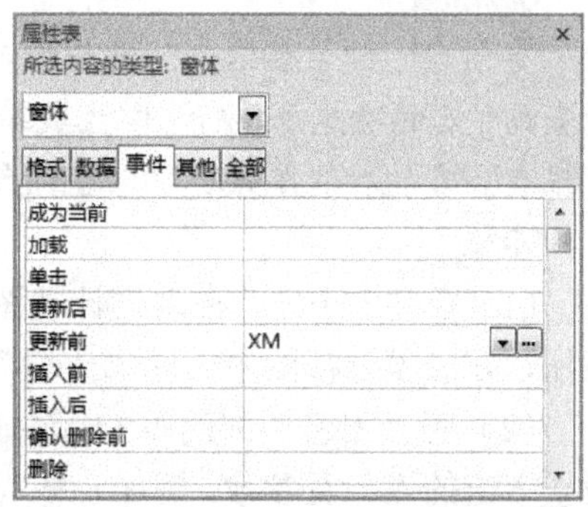

图 6-21 “信息管理”窗体“属性表”窗口

（5）将“信息”窗体切换到窗体视图，当通过窗体视图添加或修改“学生”表的记录时，立即运行“XM”宏，检查输入的姓名是否为空，如果为空，则给出提示信息，如图 6-22 所示。

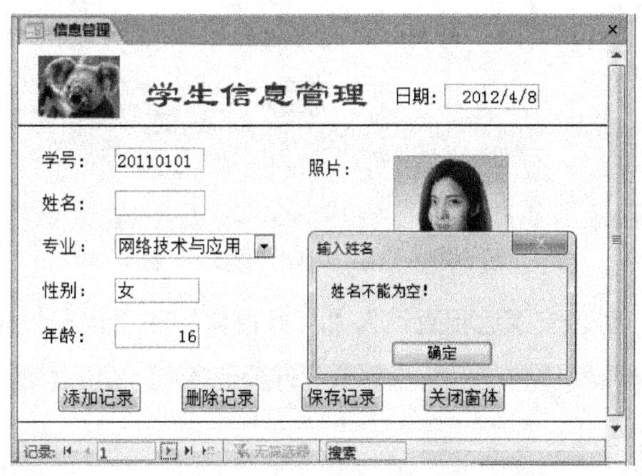

图 6-22 条件宏提示信息

执行过程是：先从宏的第 1 行开始运行，当有条件限制时，计算条件表达式的逻辑值，当逻辑值为真时，执行该行及下面行“条件”列中有省略号（...）或空条件的所有宏操作，直到下一个条件表达式、宏名或停止宏（StopMacro）。当逻辑值为假时，系统将忽略该行及下一行“条件”列中有省略号（...）的所有宏操作，并自动执行下一个条件表达式或空条件，进行相应的操作。

6.3.2 创建宏组

在 Access 中可以将几个功能相关或相近的宏组织到一起构成宏组。宏组就是一组宏的集合。宏组中的每个宏都有各自的名称，以便于分别调用。为管理和维护方便，将这些宏放在一个宏组中。创建宏组的方法与创建宏的方法基本相同，不同的是在设计宏组时需要用到宏名，宏名用来为宏组中的每个宏命名。

【例 7】 创建一个名为“学生信息”的宏组，该宏组由“浏览表”、“运行查询”、“打开窗体”和“预览报表”4 个宏组成。

分析：

要创建的“学生信息”宏组中包含4个宏，“浏览表”宏的功能是打开“学生”表；“运行查询”宏的功能是执行“学生成绩查询”；“打开窗体”宏的功能是打开“学生a”窗体；“预览报表”宏的功能是预览“学生成绩”报表。

步骤：

（1）新建一个宏，在宏设计视图中单击“设计”选项卡“显示/隐藏”选项组中的“宏名”按钮，在宏设计视图中出现“宏名”列。

（2）在“宏名”列的第一行中输入第一个宏的名称“浏览表”，然后按照创建宏的步骤设置该宏的操作及参数。例如，宏“浏览表”要执行操作为打开“学生”表，选择“OpenTable”操作，打开的表名为“学生”表，如图6-23所示。

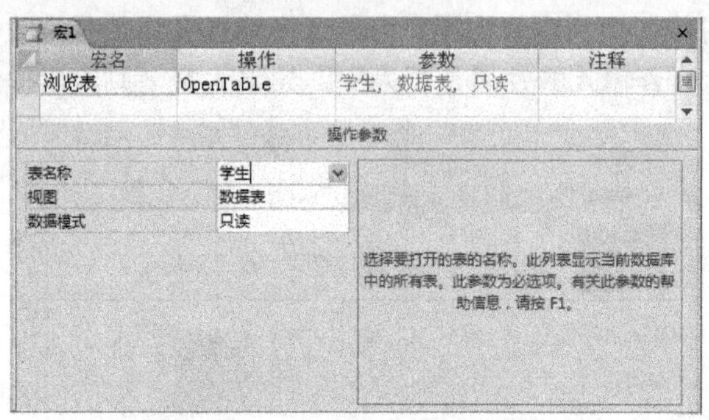

图6-23　宏组中的“浏览表”宏

（3）用同样方法，创建宏“运行查询”、“打开窗体”和“预览报表”，如图6-24所示。

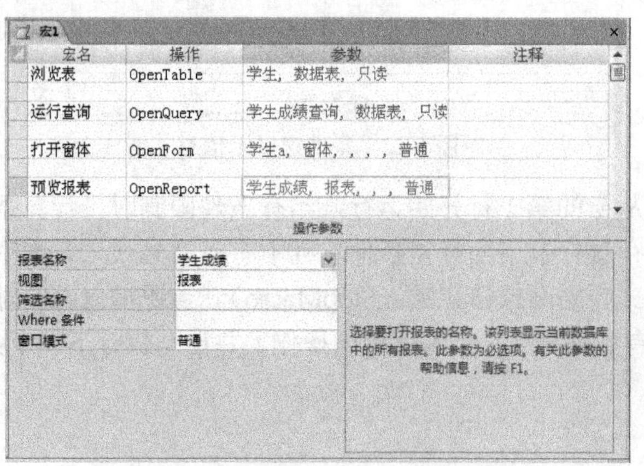

图6-24　“学生信息”宏组设计视图

（4）保存该宏组，名称为“学生信息”。

在设计宏组时，每个宏的宏名必须处在第一行宏操作的“宏名”列中，同一个宏的其他操作“宏名”列应为空白。

宏组的运行与宏的运行有所不同，如果在宏设计视图或数据库窗口中，直接运行宏组，只有第一个宏可以被直接运行，当运行结束而遇到一个新的宏名时，系统将立即停止运行，这是由于无法指明该宏组中各宏的名称。

要运行宏组中不同的宏，必须指明宏组名和所要执行的宏名，格式为“宏组名.宏名”。运行宏组的一般方法是将其与其他对象（如窗体、报表或菜单等）结合，达到运行的目的。

【例 8】 创建一个名为“主控宏”的窗体，在窗体中添加 4 个命令按钮，如图 6-25 所示，分别单击这 4 个按钮，执行“学生信息”宏组中的宏，分别完成相应的功能。

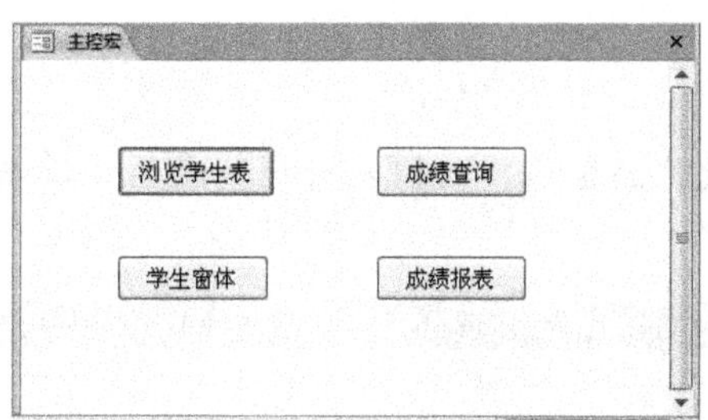

图 6-25　“主控”窗体视图

分析：

在“主控宏”窗体中分别添加 4 个命令按钮，单击每个按钮时，分别执行“学生信息”宏组中的“浏览表”、“运行查询”、“打开窗体”和“预览报表”宏。

步骤：

（1）新建一个名为“主控”的窗体。在窗体设计视图中添加 4 个命令按钮，其标题分别为“浏览学生表”、“成绩查询”、“学生窗体”和“成绩报表”，如图 6-26 所示。

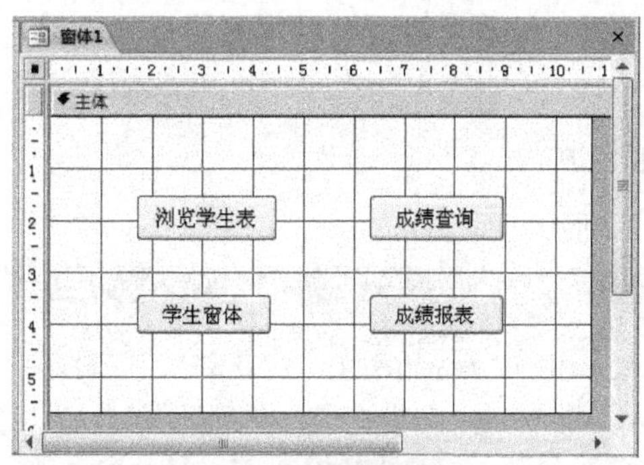

图 6-26　窗体设计视图

（2）打开“浏览学生表”命令按钮的“属性表”窗口，在“事件”选项卡的“单击”列表框中，选择要运行宏组中的宏“学生信息.浏览表”，如图 6-27 所示。

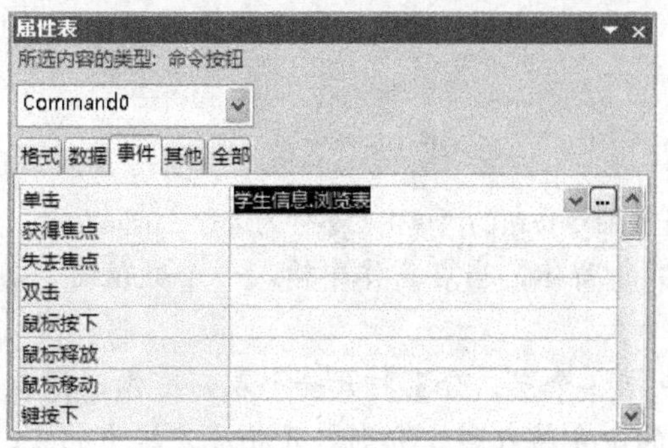

图 6-27　为“浏览学生表”命令按钮指定宏

（3）同样的方法，分别为“成绩查询”、“学生窗体”和“成绩报表”命令按钮设置要运行的宏“学生信息.运行查询”、“学生信息.打开窗体”和“学生信息.预览报表”。

（4）保存上述创建的窗体，切换到窗体视图，单击不同的命令按钮，测试运行结果。

课堂练习

1. 新建一个名为“奇数”的窗体，当输入一个整数后，单击“确定”按钮，判断该数值是否是一个奇数。

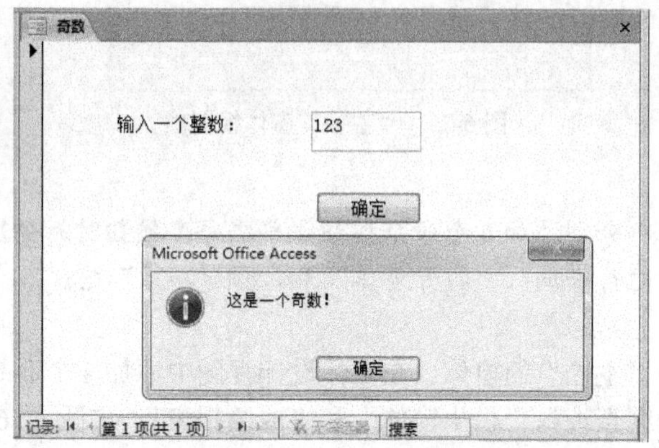

图 6-28　窗体设计视图

注：

（1）设计一个窗体，如图 6-28 所示。

（2）设计条件宏，如图 6-29 所示。

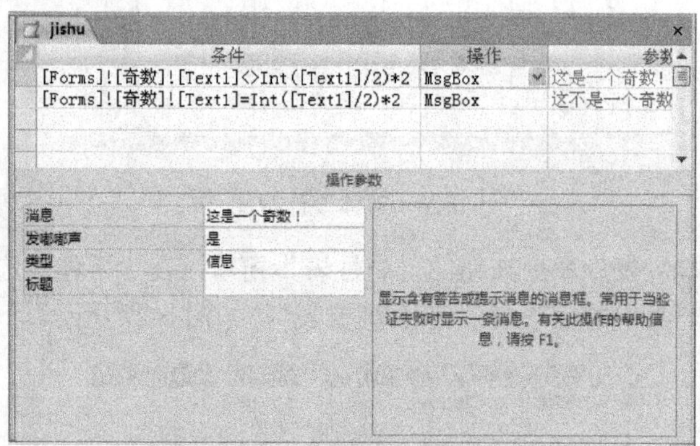

图 6-29　条件宏设计视图

（3）设置窗体中的“确定”命令按钮的“单击”事件为运行“jishu”宏。

2. 创建一个名为“TD”的窗体，当在窗体中输入一个数值时，判断并显示该数是正数、零或负数。

3. 设计一个宏组，包括 3 个宏，分别打开一个表、窗体、报表，然后再创建一个窗体，添加 3 个按钮，单击不同的命令按钮时，分别打开相应宏组中的宏。

6.4 定义宏键

为了方便使用宏，还可以为某个键或某个组合键指定一个宏，被指定宏的键称为宏键，又称为快捷键。通过创建宏键和定义宏，可以做到在窗体或报表的视图中，可以通过宏键调用宏并执行它。例如，可以定义 F2 键打开数据表、组合键 Ctrl+P 预览报表等。

【例 9】创建一个名为 AutoKeys 的宏组，定义 F2 键用于打开“学生”表，Ctrl+P 组合键用于预览“学生成绩”报表，Shift+F5 组合键给出提示信息“细节决定成败!”。

分析：

宏键应根据宏键的语法规则来定义，参见表 6-1，创建名为 AutoKeys 宏组与创建其他宏组非常相似。

步骤：

（1）新建宏组，在宏设计视图中添加“宏名”列。

（2）在“宏名”列中输入“{F2}”，设置 F2 为快捷键，在“操作”列中选择“OpenTable”操作，在“操作参数”的“表名称”框中选择“学生”表。

（3）按照上述方法，在“宏名”列输入组合键 Ctrl+P 宏键的语法形式“^P”，在“操作”列中选择“OpenReport”操作，在“操作参数”的“报表名称”框中选择“学生成绩”报表等，设置后的宏设计视图如图 6-30 所示。

（4）以 AutoKeys 为宏组名保存该宏组。

保存该宏组后，在数据库的任意一个对象窗口，按 F2 功能键，系统自动打开“学生”表；按 Ctrl+P 组合键预览“学生成绩”报表；按 Shift+F5 组合键则给出提示信息“细节决定成败!”，如图 6-31 所示。

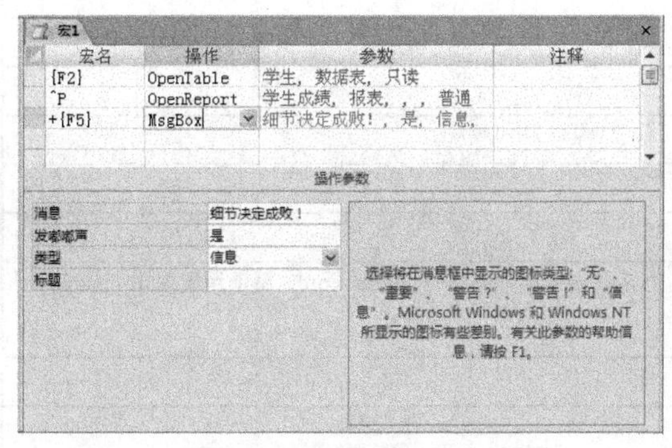

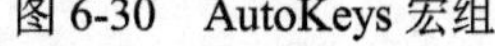
图 6-30 AutoKeys 宏组

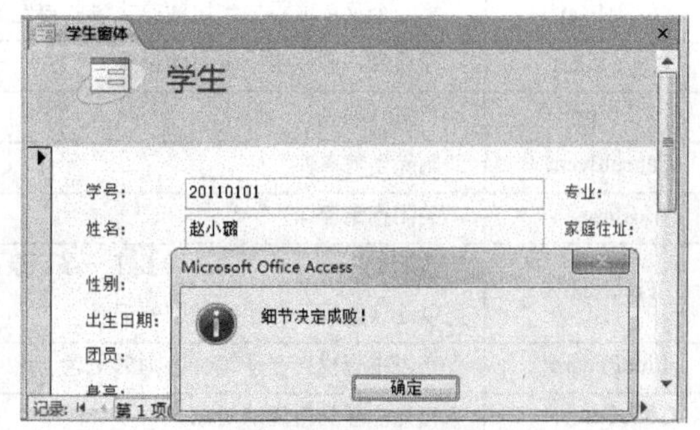

图 6-31 提示信息框

提示：

AutoKeys 是一个特殊的宏组名。每次打开含有该 AutoKeys 宏组的数据库时，所设置的宏键自动生效。当用户自定义的 AutoKeys 宏键在 Access 系统中另有定义时，则 AutoKeys 宏键中定义的操作取代 Access 中的定义。退出含有 AutoKeys 宏键的数据库时，将恢复系统原有的定义。

相关知识

宏键语法规则和常用的宏命令

在通常情况下，要把创建的宏键保存在一个名为 AutoKeys 的宏组中，在宏名列中指定与某一宏键相关的宏名，在指定宏名时，必须符合宏键的语法规则。表 6-1 列出了一些定义宏建的语法规则。

表 6-1 宏建的语法规则

键 组 合	语 法	键 组 合	语 法
Backspace	{KBSP}	Ctrl+P	^P
CapsLock	{CAPSLOCK}	Ctrl+F6	^{F6}
Enter	{ENTER}	Ctrl+2	^2
Insert	{INSERT}	Ctrl+A	^A
Home	{HOME}	Shift+F5	+{F5}
PgDn	{PGDN}	Shift+Del	+{DEL}
Escape	{ESC}	Shift+End	+{END}
PrintScreen	{PRTSC}	Alt+F10	%{F10}
Scroll Lock	{SCROLLLOCK}	Tab	{TAB}
F2	{F2}	Shift+AB	+{AB}

Access 2007 提供了很多宏操作命令，表 6-2 按照英文字母顺序列出了常用的宏命令及功能，便于用户查询和使用。

表 6-2 常用的宏命令及其功能

宏 命 令	功 能
AddMenu	将一个菜单项添加到窗体或报表的自定义菜单栏中，每一个菜单项都需要一个独立的 AddMenu 操作
ApplyFilter	筛选表、窗体或报表中的记录
Beep	产生蜂鸣声
CancelEvent	删除当前事件
Close	关闭指定窗口
FindNext	按 FindRecord 中的准则寻找下一条记录，通常在宏中选择宏操作 FindRecord，再使用宏操作 FindNext，可以连续查找符合相同准则的记录
FindRecord	在表中查找第一条符合准则的记录
GoToControl	将光标移到指定的对象上
GoToPage	将光标翻到窗体中指定页的第一个控件位置
GoToRecord	将光标移到指定记录上
Hourglass	设定在宏执行时鼠标指针是否显示 Windows 等待时的操作光标
Maximize	将当前活动窗口最大化以充满整个 Access 窗口
Minimize	将当前活动窗口最小化成任务栏中的一个按钮
MoveSize	调整当前窗口的位置和大小

续表

宏 命 令	功 能
MsgBox	显示一个消息框
OpenForm	打开指定的窗体
OpenQuery	打开指定的查询
OpenReport	打开指定的报表
OpenTable	打开指定的表
OutputTo	将指定的 Access 对象中的数据传输到另外格式（如.xls、.txt、.dbf 等）的文件中
Quit	执行该宏将退出 Access
RepaintObject	刷新对象的屏幕显示
Requery	让指定控件重新从数据源中读取数据
Restore	将最大化的窗体恢复到最大化前的状态
RunCode	执行指定的 Access 函数
RunCommand	执行指定的 Access 命令
RunMacro	执行指定的宏
SelectObject	选择指定的对象
SendObject	将指定的 Access 对象作为电子邮件发送给收件人
SetMenuItem	设置自定义菜单中命令的状态
ShowAllRecords	关闭所有查询，显示所有的记录
StopAllMacros	终止所有正在运行的宏
StopMacro	终止当前正在运行的宏

习题 6

一、填空题

1．新建宏时，宏设计视图默认包括________、________和________列，通常情况下还隐藏________和________两列。

2．建立一个宏，当该宏运行时先打开一个表，然后再打开一个窗体，那么在该宏中应使用 OpenTable 和________两个操作命令。

3．OpenTable 宏操作对应的三个操作参数分别是________、________和________，其中在________的下拉列表中可以设置表的“增加”、“编辑”或“只读”方式。

4．有多个操作构成的宏，执行时按宏的________次序依次执行。

5．每次打开 Access 2007 数据库时能自动运行的宏名是________。

6．Access 2007 数据库中要创建包含一组宏键的宏组名是________。

7．宏命令 Maximize 的功能是________________。

8．定义组合键 Shift+F2、Ctrl+F2 为宏键，在宏设计视图的“宏名”列应分别输入字符________和________。

二、选择题

1．如果要限制宏命令的操作范围，可以在创建宏时定义（　　）。

A．宏操作对象　　B．宏条件表达式

C．窗体或报表控件属性　　D．宏操作目标

2．宏可以单独运行，但大部分情况下都与（　　）控件绑定在一起使用。

A．命令按钮　　B．文本框　　C．组合框　　D．列表框

3．使用宏打开表有三种模式，分别是增加、编辑和（　　）。

A．修改　　B．打印　　C．只读　　D．删除

4．在宏设计视图中，如果某操作的条件与前一个的相同，则在该操作的“条件”列中输入（　　）。

A．…　　B．=　　C．，　　D．；

5．打开指定报表的宏命令是（　　）。

A．OpenTable　　B．OpenQuery　　C．OpenForm　　D．OpenReport

6．宏组中宏的调用格式是（　　）。

A．宏组名.宏名　　B．宏组名! 宏名

C．宏组名[宏名]　　D．宏组名（宏名）

7．在 AutoKeys 宏组中组合键 Shift+F2 对应的宏名语法是（　　）。

A．{F2}　　B．^{F2}　　C．+{F2}　　D．%{F2}

8．关于 Autoexec 宏的说法正确的是（　　）。

A．在每次打开其所在的数据库时，都会自动运行的宏

B．在每次启动 Access 时，都会自动运行的宏

C．在每次重新启动 Windows 时，都会自动启动的宏

D．以上说法都正确

三、操作题

1．在“图书订购”数据库中创建一个名为“浏览图书表”的宏，运行该宏时，以只读方式打开“图书”表。

2．修改上题创建的宏，添加一条宏操作“MsgBox”。

3．新建一个窗体，在该窗体上添加“浏览图书表”和“订单窗体”两个命令按钮，单击其中一个命令按钮时执行相应的宏操作。

4．新建一个宏，运行该宏时显示一个信息框后，调用另一个宏。

5．设置一个带条件的宏，通过“订单”窗体在“订单”表中输入记录时，如果册数小于或等于零，给出提示信息，并要求重新输入。

6．创建一个名为“HZ”的宏组，该宏组由“H1”、“H2”和“H3”3 个宏组成，其中宏“H1”的功能是打开“按单位分组”查询；宏“H2”的功能是打开“图书管理”窗体；宏“H3”的功能是预览“订单信息”报表；每个宏运行后都给一个提示信息。

7．创建一个窗体，如图 6-32 所示，在窗体中添加 4 个命令按钮，单击这 4 个按钮，分别执行宏组“HZ”中的宏“H1”、“H2”、“H3”和“退出”。

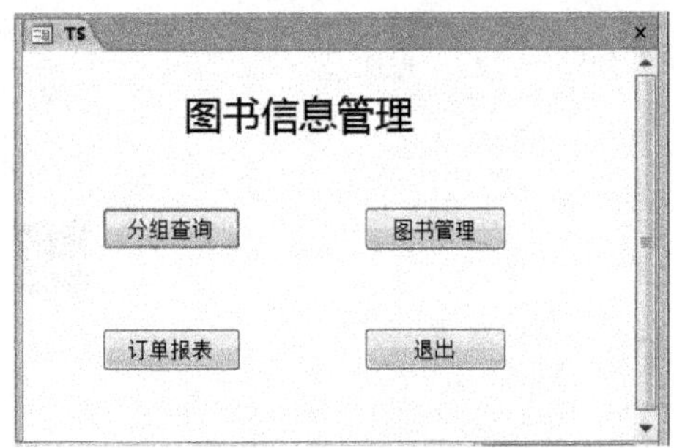

图 6-32　窗体视图

8．新建一个窗体，如图 6-33 所示，当输入一个数值后，单击“确定”按钮，判断该数值是否是一个偶数。

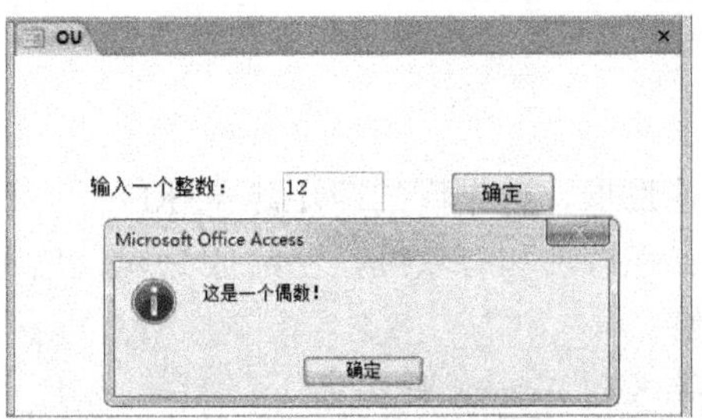

图 6-33　运行窗体

数据库维护与管理

随着信息技术应用的飞速发展，数据库的应用越来越广泛，科学有效地管理与维护数据库系统，保证数据的安全性、完整性和有效性，已经成为现代信息系统建设过程中的关键环节。通过本章学习，你将能够：

- 将表格式外部数据导入到 Access 数据库
- 将表格式外部数据链接到 Access 数据库
- 将 Access 数据库中的数据导出为 Excel 等表格
- 对 Access 数据库进行压缩和修复
- 对 Access 数据库进行密码设置
- 对 Access 数据库表进行优化分析
- 对 Access 数据库进行性能分析
- 对 Access 数据库进行打包、签名和分发

7.1 导入操作

在 Access 2007 中导入外部的数据文件，可以共享其他应用程序中的数据。在 Access 2007 数据库中，导入的数据是通过创建新表的方式来实现的。

【例 1】将一个 Excel 电子表格“2012 级成绩表”导入“成绩管理”数据库中。

分析：

Access 2007 允许将多种外部数据文件导入到 Access 数据库中，这些外部文件包括其他 Access 数据库对象（如表、查询、窗体、报表、宏、模块等）、文本文件、Excel 电子表格、HTML 文档、XML 等。

步骤：

（1）打开“成绩管理”数据库，单击“外部数据”选项卡“导入”选项组中的“Excel”

按钮，打开“选择数据的源和目标”对话框，如图 7-1 所示。在“文件名”文本框中输入源 Excel 电子表格文件名，或单击“浏览”按钮，出现“打开”对话框，选择要导入的“2012 级成绩表”电子表格。

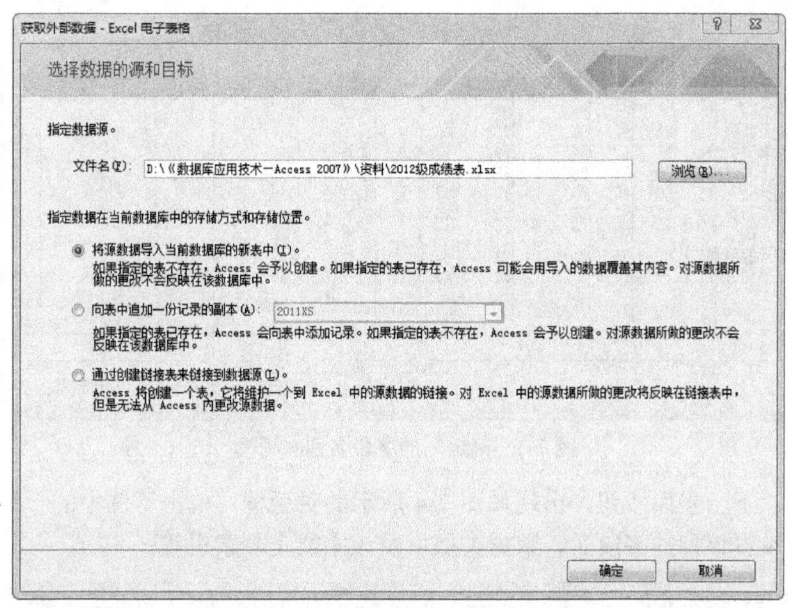

图 7-1　“选择数据的源和目标”对话框

（2）在“指定数据在当前数据库中的存储方式和存储位置”选项中，选择“将源数据导入当前数据库的新表中”选项，单击“确定”按钮，出现选择工作表或区域对话框，如图 7-2 所示。选择“显示工作表”选项，并选择默认的 Sheet1 工作表，显示该工作表中的示例数据。

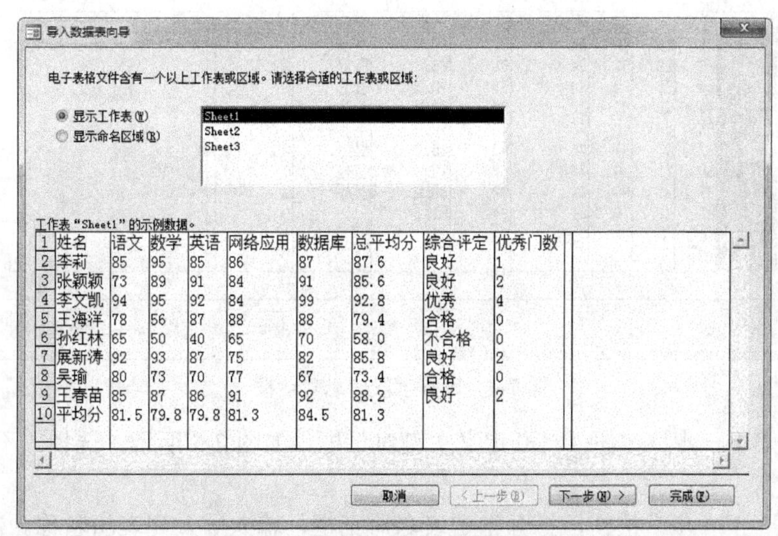

1	姓名	语文	数学	英语	网络应用	数据库	总平均分	综合评定	优秀门数
2	李莉	85	95	85	86	87	87.6	良好	1
3	张颖颖	73	89	91	84	91	85.6	良好	2
4	李文凯	94	95	92	84	99	92.8	优秀	4
5	王海洋	78	56	87	88	88	79.4	合格	0
6	孙红林	65	50	40	65	70	58.0	不合格	0
7	展新涛	92	93	87	75	82	85.8	良好	2
8	吴瑜	80	73	70	77	67	73.4	合格	0
9	王春苗	85	87	86	91	92	88.2	良好	2
10	平均分	81.5	79.8	79.8	81.3	84.5	81.3		

图 7-2　选择工作表或区域对话框

（3）单击“下一步”按钮，出现如图 7-3 所示的对话框，勾选“第一行包含列标题”，将数据中的第一行作为表的字段名。

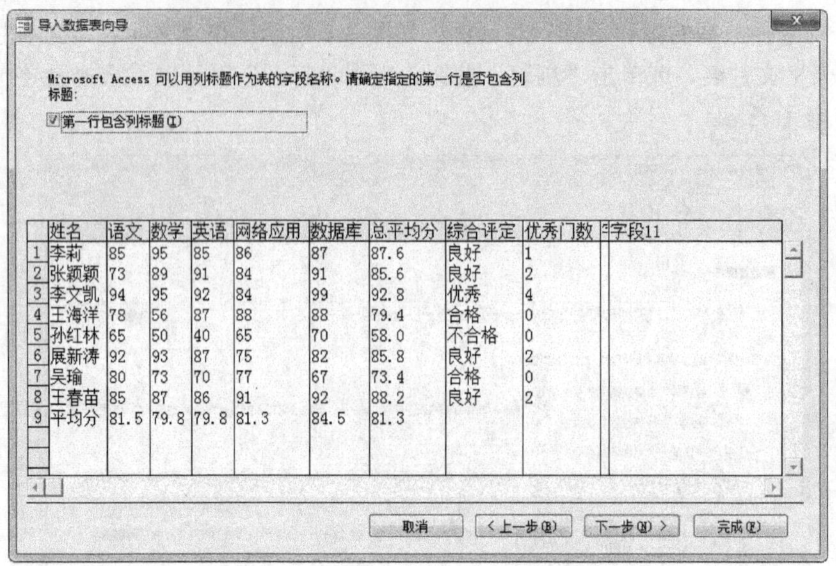

图 7-3　确定表的字段名称对话框

（4）单击"下一步"按钮，出现如图 7-4 所示的对话框，单击示例中的一列，在"字段选项"中可以设置该列的字段名、数据类型以及该字段是否索引等。

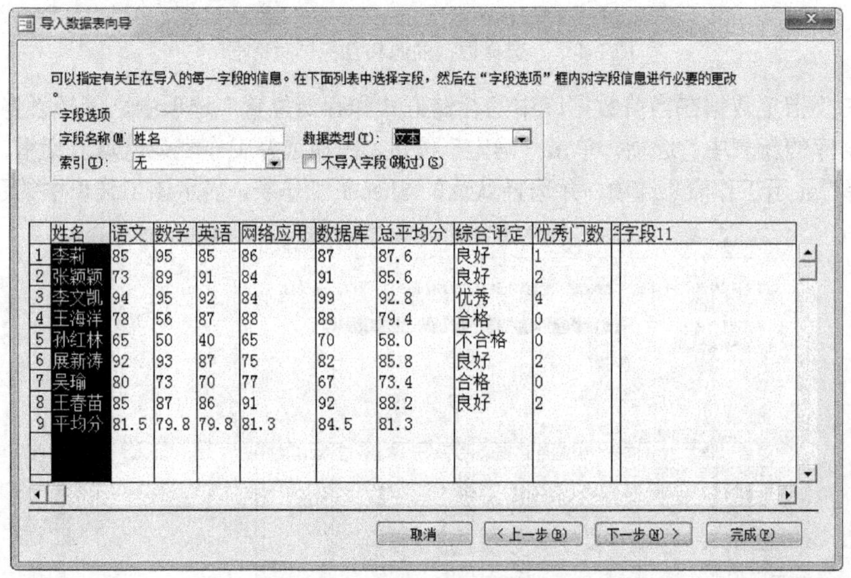

图 7-4　设置字段信息对话框

（5）单击"下一步"按钮，打开定义主键对话框，如图 7-5 所示，选择"不要主键"选项。

（6）单击"下一步"按钮，打开指定表名对话框，输入导入到表的名称。例如，"2012 级成绩"，单击"完成"按钮。

完成以上操作后，Access 就将导入的 Excel 电子表格以"2012 级成绩"为表名保存在"成绩管理"数据库中。打开"2012 级成绩"数据表视图，结果如图 7-6 所示。

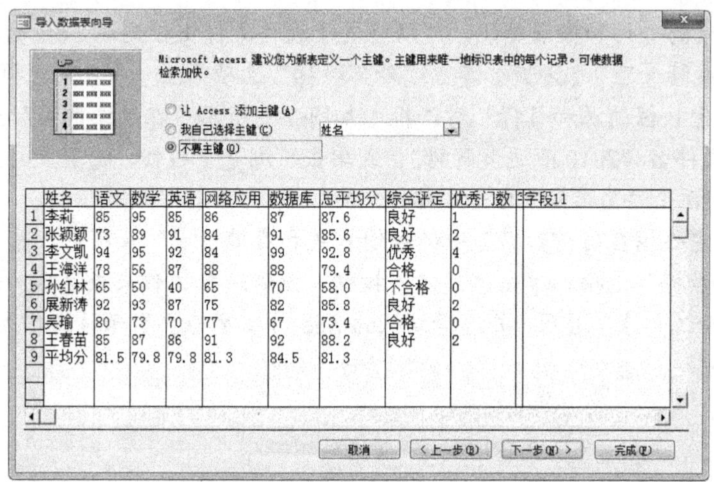

	姓名	语文	数学	英语	网络应用	数据库	总平均分	综合评定	优秀门数	字段11
1	李莉	85	95	85	86	87	87.6	良好	1	
2	张颖颖	73	89	91	84	91	85.6	良好	2	
3	李文凯	94	95	92	84	99	92.8	优秀	4	
4	王海洋	78	56	87	88	88	79.4	合格	0	
5	孙红林	65	50	40	65	70	58.0	不合格	0	
6	展新涛	92	93	87	75	82	85.8	良好	2	
7	吴瑜	80	73	70	77	67	73.4	合格	0	
8	王春苗	85	87	86	91	92	88.2	良好	2	
9	平均分	81.5	79.8	79.8	81.3	84.5	81.3			

图 7-5　定义主键对话框

2012级成绩

姓名	语文	数学	英语	网络应用	数据库	总平均分	综合评定	优秀门数
李莉	85	95	85	86	87	87.6	良好	1
张颖颖	73	89	91	84	91	85.6	良好	2
李文凯	94	95	92	84	99	92.8	优秀	4
王海洋	78	56	87	88	88	79.4	合格	0
孙红林	65	50	40	65	70	58.0	不合格	0
展新涛	92	93	87	75	82	85.8	良好	2
吴瑜	80	73	70	77	67	73.4	合格	0
王春苗	85	87	86	91	92	88.2	良好	2
平均分	81.5	79.75	79.75	81.25	84.5	81.4		

记录: 第 1 项(共 9 项)　无筛选器　搜索

图 7-6　“2012 级成绩”数据表视图

提示：

在导入 Excel 工作表时，要导入的源列数量不能超过 255，因为 Access 在一个表中支持的最大字段数为 255。在导入数据时，确保单元格采用表格形式。如果工作表和命名区域中包含合并单元格，单元格的内容将放在与最左列对应的字段中，其他字段留空。如果工作表或区域中包含空白行、列和单元格，需要先删除工作表或区域中所有不必要的空白行列。如果将记录追加到现有的表中，确保表中的对应字段可接受空（丢失或未知）值。如果一个字段的“必填字段”属性设置为“否”，并且它的“有效性规则”属性设置允许空值，则该字段将接受空值。如果工作表或区域中的一个或多个单元格包含错误值（如 #NUM 和 #DIV），需先更正这些错误值，再开始导入操作。如果源工作表或区域包含错误值，Access 将在表中的对应字段内放置空值。

相关知识

链接表操作

链接表就是不需要把其他外部数据源导入当前数据库中。链接可以节省空间，减少数据冗余，还可以保证访问的数据始终是当前信息。链接的对象也可能会发生存储位置的变化，这样就有可能断开链接。

例如，对于“2010 亚运奖牌榜”Excel 工作表，想继续在工作表中保留数据，但还能够

使用 Access 强大的查询和报表功能，可以将电子表格文件链接到 Access 数据库。

（1）打开“成绩管理”数据库，单击“外部数据”选项卡上“导入”选项组中的“Excel”按钮，打开“选择数据的源和目标”对话框，如图 7-1 所示。在“文件名”文本框中键入源 Excel 电子表格文件名“2010 亚运奖牌榜”，或单击“浏览”按钮，出现“打开”对话框，选择要导入的“2010 亚运奖牌榜”电子表格。

（2）在“指定数据在当前数据库中的存储方式和存储位置”选项中，选择“通过创建链接表来链接到源数据”选项，单击“确定”按钮，出现选择工作表或区域对话框，如图 7-7 所示。选择“显示工作表”选项，并选择默认的 Sheet1 工作表，显示该工作表中的示例数据。

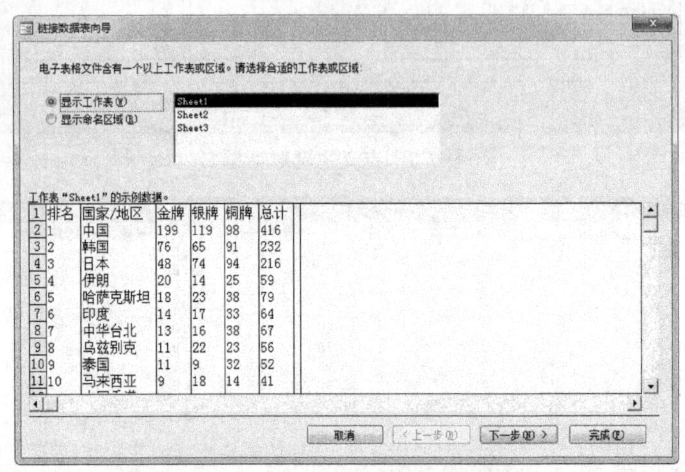

图 7-7　选择工作表或区域对话框

（3）单击“下一步”按钮，打开下一个“链接数据表向导”对话框。以下各步操作与导入数据操作相同，完成链接操作后，在数据库中打开该电子表格文件，即可对数据进行操作。

对于链接的数据表，不能更改链接表中各字段的数据类型或大小。在开始链接操作前，必须验证每一列都包含一种特定类型的数据。如果列中存在数据类型不同的值，需要先为该列设置单元格数据格式。例如，如果工作表中的某一列同时包含数字值和文本值（如 900、AB90 和 223），则为了避免丢失值或错误值，应先进行格式设置，然后再进行链接操作。如果源工作表或区域中的某一列只包含 TRUE 或 FALSE 值，Access 将在链接表中为该列创建“是/否”字段。不过，如果源工作表或区域中的某一列只包含 –1 或 0 值，Access 默认为该列创建数字字段，并且用户不能更改链接表中对应字段的数据类型。如果需要链接表中存在“是/否”字段，应确保源列包含 TRUE 和 FALSE 值。无法在 Access 中链接到 Excel 工作表内的图形元素，如徽标、图表和图片。

另外，链接表中的计算列或单元格的结果能在对应字段中显示，但不能在 Access 中查看公式（或表达式）。

课堂练习

1. 新建一个“成绩”数据库，再将例 1 中的“2012 级成绩表”Excel 电子表格导入该“成绩”数据库中，表名为“2012 级”。

2. 在“成绩”数据库中以“2012级”表为基表，分别创建一个名为“CJCT”的窗体和名为“CJBB”的报表，再将“成绩”数据库中表、窗体和报表导入到“成绩管理”当前数据库中。

3. 试将具有表格格式的文本文件导入到当前数据库中。

4. 将一个电子表格文件链接到Access数据库，然后在数据库中打开该链接的表。

7.2 导出操作

导出操作就是将Access数据库中的数据生成其他格式的文件，便于其他应用程序使用。Access数据库中的数据可以导出到其他数据库、电子表格、文本文件和其他的应用程序中。但是由于Access与其他数据库应用程序不同，它允许字段名最长可达64个字节，并允许字段名中包含空格，所以当向其他应用程序导出数据时，它会调整这些字段，甚至有些信息会在导出过程中丢失。

【例2】 将“成绩管理”数据库中的“学生”表导出为Excel电子表格。

分析：

使用Access的数据导出功能，可以将“学生”表导出生成Excel电子表格，然后就可以在Excel中对数据进行处理，这种情况特别适合经常使用Excel的用户。

步骤：

（1）打开“成绩管理”数据库，在左侧导航窗格中选择“学生”表，单击“外部数据”选项卡“导出”选项组中的“Excel”按钮，打开“选择数据导出操作的目标”对话框，如图7-8所示。在“文件名”文本框中输入导出对象的存储位置和文件名。

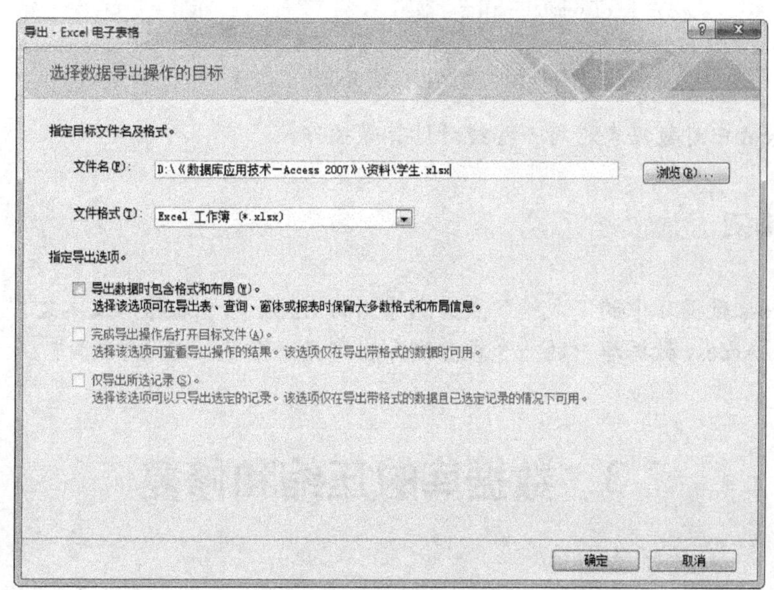

图7-8 “选择数据导出操作的目标”对话框

（2）单击“确定”按钮，即可完成导出操作。

经过上述操作，Access 已经把“学生”表导出生成一个 Excel 格式的文件。打开“学生.xlsx”电子表格，结果如图 7-9 所示。

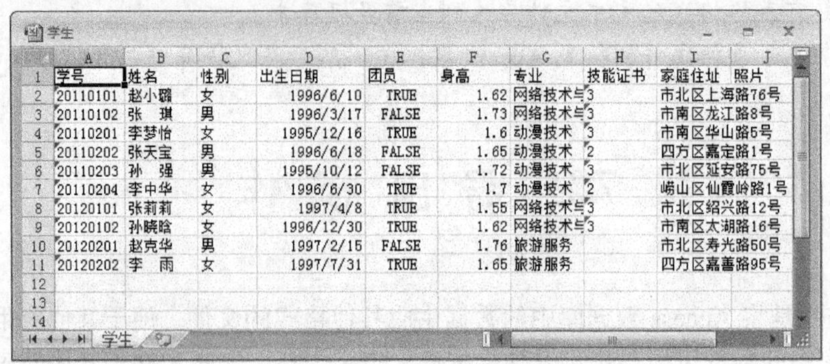

	A	B	C	D	E	F	G	H	I	J
1	学号	姓名	性别	出生日期	团员	身高	专业	技能证书	家庭住址	照片
2	20110101	赵小霜	女	1996/6/10	TRUE	1.62	网络技术与	3	市北区上海路76号	
3	20110102	张　琪	男	1996/3/17	FALSE	1.73	网络技术与	3	市南区龙江路8号	
4	20110201	李梦怡	女	1995/12/16	TRUE	1.6	动漫技术	3	市南区华山路5号	
5	20110202	张天宝	男	1996/6/18	FALSE	1.65	动漫技术	2	四方区嘉定路1号	
6	20110203	孙　强	男	1995/10/12	FALSE	1.72	动漫技术	3	市北区延安路75号	
7	20110204	李中华	女	1996/6/30	TRUE	1.7	动漫技术	2	崂山区仙霞岭路1号	
8	20120101	张莉莉	女	1997/4/8	TRUE	1.55	网络技术与	3	市北区绍兴路12号	
9	20120102	孙晓晗	女	1996/12/30	TRUE	1.62	网络技术与	3	市南区太湖路16号	
10	20120201	赵克华	男	1997/2/15	FALSE	1.76	旅游服务		市北区寿光路50号	
11	20120202	李　雨	女	1997/7/31	TRUE	1.65	旅游服务		四方区嘉善路95号	
12										
13										
14										

图 7-9　“学生”工作表

提示：

将表导出为 Excel 工作表的另一种简单方法是，在数据库左侧窗格右击要导出的表（如“教师”表），在快捷菜单中选择“复制”命令。启动 Excel，单击工具栏上的“粘贴”按钮，将“教师”表中的记录复制为 Excel 工作表，如图 7-10 所示。

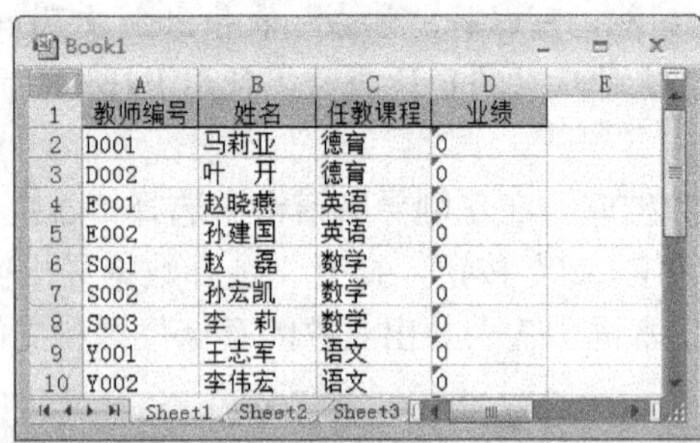

	A	B	C	D	E
1	教师编号	姓名	任教课程	业绩	
2	D001	马莉亚	德育	0	
3	D002	叶　开	德育	0	
4	E001	赵晓燕	英语	0	
5	E002	孙建国	英语	0	
6	S001	赵　磊	数学	0	
7	S002	孙宏凯	数学	0	
8	S003	李　莉	数学	0	
9	Y001	王志军	语文	0	
10	Y002	李伟宏	语文	0	

图 7-10　复制得到的 Excel 工作表

可以在 Excel 中对数据表进行一些统计计算等操作。

课堂练习

1. 将 Access 数据库中的“成绩”表分别导出为 Excel 电子表格和文本文件。
2. 将一个 Access 数据库中的一个表分别导出到另一个 Access 数据库中。

7.3　数据库的压缩和修复

在删除或修改 Access 中的表记录时，数据库文件可能会产生很多碎片，使数据库在硬盘上占据比其所需空间更大的磁盘空间，并且响应时间变长。Access 系统提供了压缩数据库的

功能，可以实现数据库文件的高效存放。

在压缩数据库前，可以先查看当前数据库的大小，然后打开“成绩管理”数据库，单击“Office 按钮”，选择“管理”子菜单中的“压缩和修复数据库”命令，系统自动压缩当前的数据库。

再次查看数据库的大小，观察数据库存储大小的变化。

如果数据库在操作过程中被破坏，使用“压缩和修复数据库”命令，系统自动完成修复工作，这和压缩数据库是同时操作的。

为防止 Access 数据库文件受损，可以设置定期压缩和修复数据库。方法是单击“Office 按钮”，选择“Access 选项”按钮，打开“Access 选项”对话框，选择“当前数据库”选项卡，选中“关闭时压缩”复选框，如图 7-11 所示。

图 7-11　设置自动压缩数据库选项

课堂练习

1. 查看“成绩管理”数据库所占用的存储空间。
2. 对该数据库进行压缩，查看压缩后的数据库所占用的存储空间。

7.4　数据库性能优化分析

Access2007 的“数据库工具”选项卡提供了“表分析器向导”、“性能分析器”和“文档管理器”三个数据库优化分析工具，可以更好地帮助用户了解所创建的数据库及各个数据库对象在性能上是否为最优。

7.4.1 表优化分析

【例 3】试对“成绩管理”数据库中的“教师”表进行优化分析。

分析：

优化分析 Access 2007 数据库中的表，可以使用“表分析器向导”进行分析。

步骤：

（1）打开“成绩管理”数据库，选择“数据库工具”选项卡“分析”选项组中的“分析表”按钮，打开如图 7-12 所示的“表分析器向导”。提示表中可能多次存储了相同的信息，而且重复的信息将会带来很多问题。

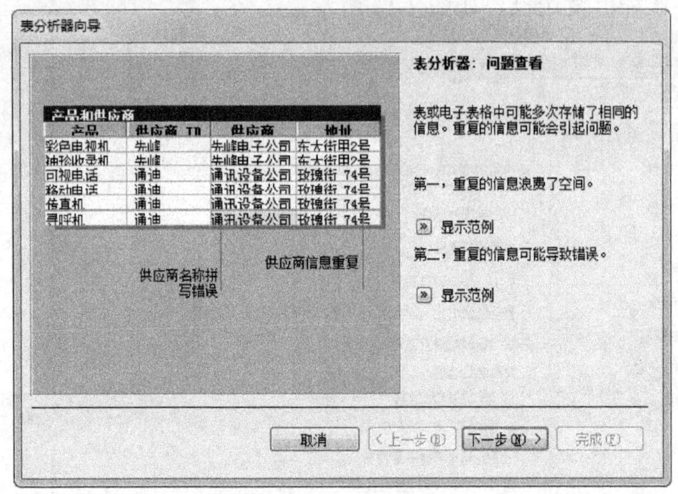

图 7-12　表分析器：问题查看

（2）单击“下一步”按钮，分析器提示怎样解决第一步中遇到的问题。解决的办法是将原来的表拆分成几个新的表，使新表中的数据只被存储一次，如图 7-13 所示。

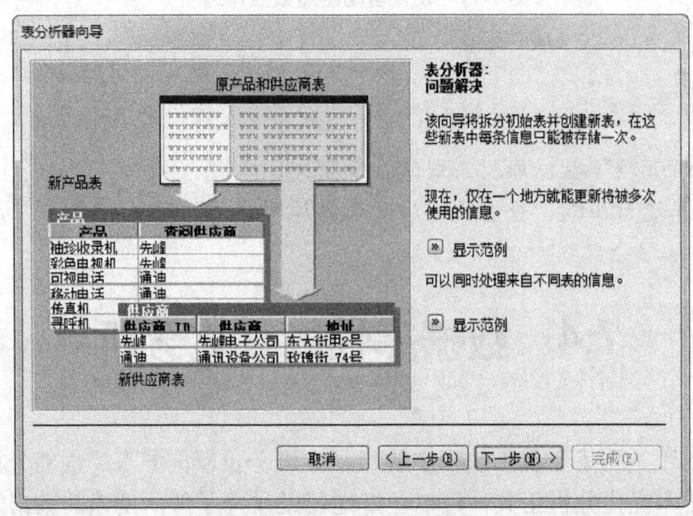

图 7-13　表分析器：问题解决

（3）单击“下一步”按钮，出现如图 7-14 所示的对话框，选择需要分析的“教师”表。如有需要，可以对所有的表都做一个全面的分析。

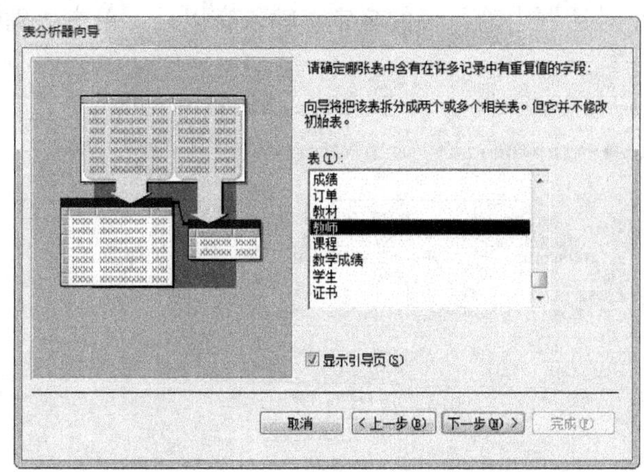

图 7-14　选择要分析的表对话框

（4）单击“下一步”按钮，出现如图 7-15 所示的对话框，确定让向导还是自行决定是否拆分数据表，如选择“是，让向导决定”选项。

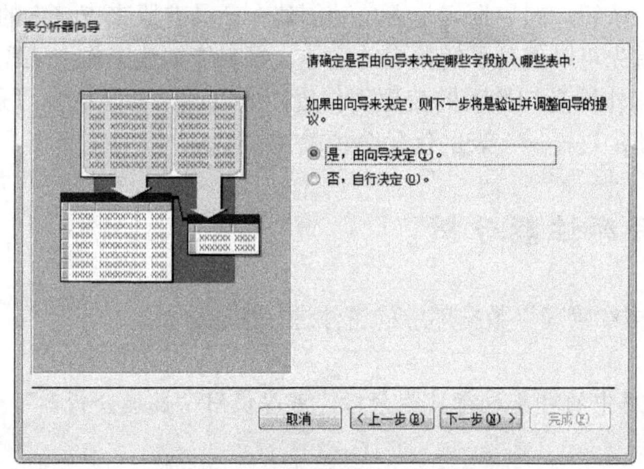

图 7-15　选择分析选项对话框

（5）单击“下一步”按钮，出现如图 7-16 所示的提示对话框。提示所选的表是否需要进行拆分以达到优化的目的。如果不需要拆分，就单击“取消”按钮，退出分析向导，表示该表已是最优，不用再进行优化。

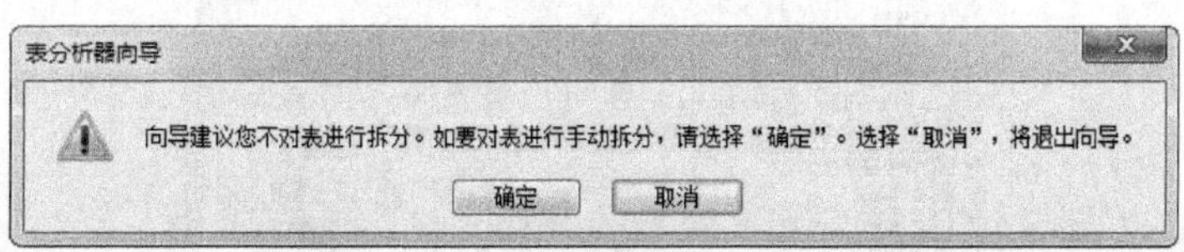

图 7-16　拆分提示信息对话框

如果单击了“下一步”按钮后，并没有弹出这样一个对话框，而是出现了另外一个对话框。这说明所建立的表需要拆分才能将这些数据进行合理的存储。例如，对“成绩”表进行分析，表分析向导将表拆分成三个表，并且在各个表之间建立起了一个关系，如图 7-17 所示。重新命名这三个表，将鼠标移动到一个表的字段列表框上，双击标题栏，这时在屏幕上会弹出一个对话框，在这个对话框中输入表的名字，输入完以后，单击“确定”按钮。

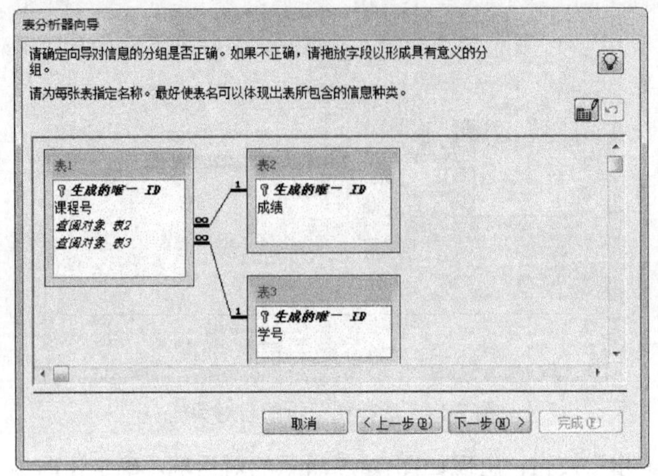

图 7-17　拆分表对话框

单击“下一步”按钮，向导询问是否自动创建一个具有原来表名字的新查询，并且将原来的表改名。这样首先可以使基于初始表的窗体、报表能继续工作，还既能优化初始表，又不会使原来所做的工作因为初始表的变更而作废，所以通常都是选择“是，创建查询”。最后单击“完成”按钮，这样一个表的优化分析就完成了。

7.4.2　数据库性能分析

【例 4】试对“成绩管理”数据库中的窗体进行性能分析。

分析：

对 Access 数据库中的对象进行性能分析，可以使用“性能分析器”，以查看各对象的性能是否为最优。

步骤：

（1）打开“成绩管理”数据库，选择“数据库工具”选项卡“分析”选项组中的“分析性能”按钮，打开“性能分析器”对话框，选择“窗体”选项卡，单击选项卡上的“全选”按钮，选择全部窗体，如图 7-18 所示。

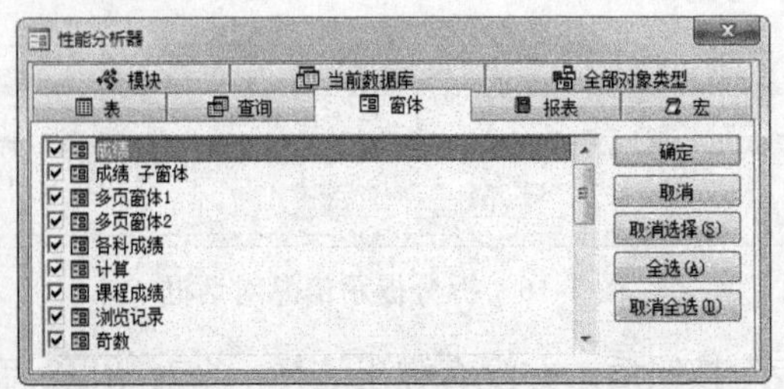

图 7-18　“性能分析器”对话框

（2）单击“确定”按钮，Access 开始为数据库中的窗体进行优化分析，分析结果如图 7-19 所示。

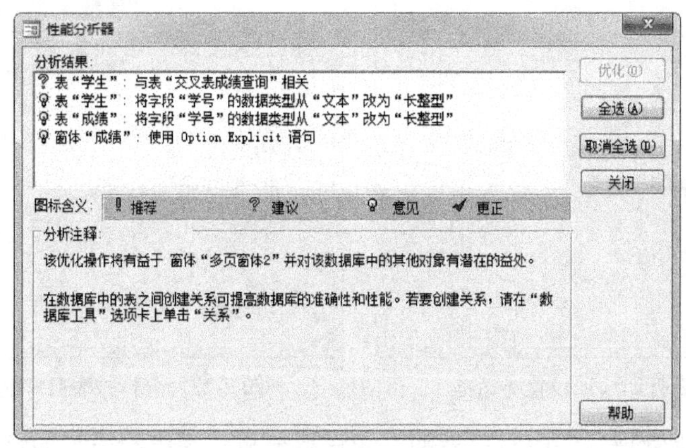

图 7-19　窗体性能分析结果对话框

（3）在分析结果列表中每一项前面都有一个符号，每个符号都代表一个含义。根据分析结果，选择要优化的选项，单击“优化”按钮后，对窗体进行优化，或根据建议自行优化处理。

（4）单击“关闭”按钮。

7.4.3　文档管理器

使用 Access 2007 文档管理器，可以对数据库对象进行全面分析。例如，对表的属性、关系、字段的数据类型、长度、属性、索引字段及属性进行分析。下面简要介绍文档管理器的使用方法。

选择“数据库工具”选项卡“分析”选项组中的“数据库文档管理器”按钮，打开“文档管理器”对话框，出现如图 7-20 所示的对话框。

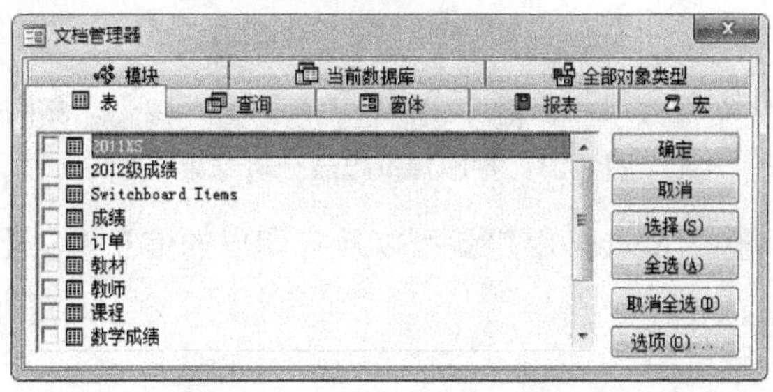

图 7-20　“文档管理器”对话框

如果要对该数据库中的表进行分析，选择要分析的表后，单击该对话框上的“选项”按钮，确定要分析的选项，如图 7-21 所示。

该对话框中包含“表包含”、“字段包含”、“索引包含”三个包含组，选择要分析的选项，系统会对要分析的表按选项逐个进行分析，形成打印报告。

如果要分析报表，报表分析选项如图 7-22 所示。

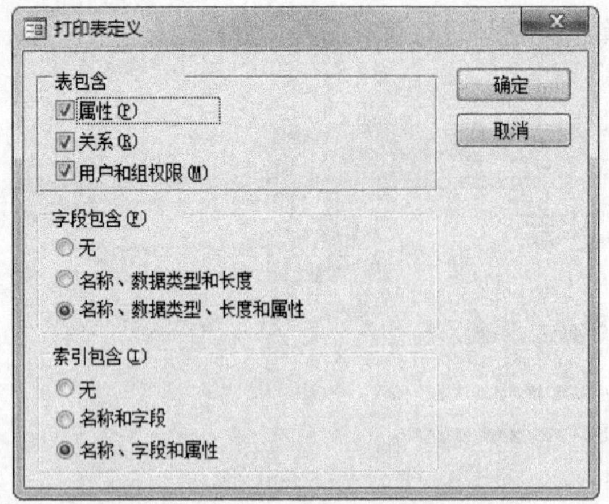

图 7-21　分析表打印选项设置对话框

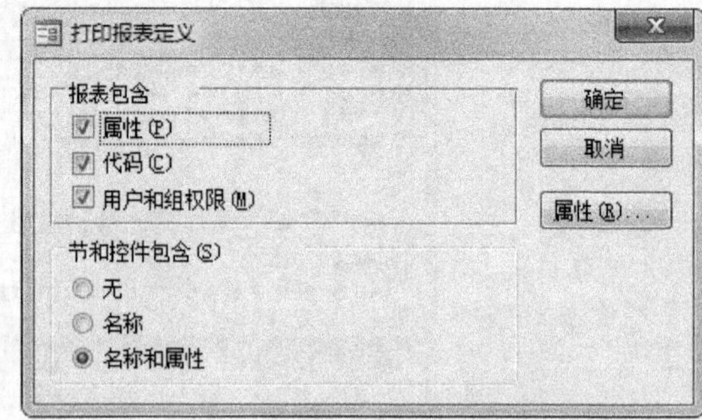

图 7-22　分析报表打印选项设置对话框

例如，在“文档管理器”中对“教师”表进行分析，系统给出打印预览结果如图 7-23 所示。

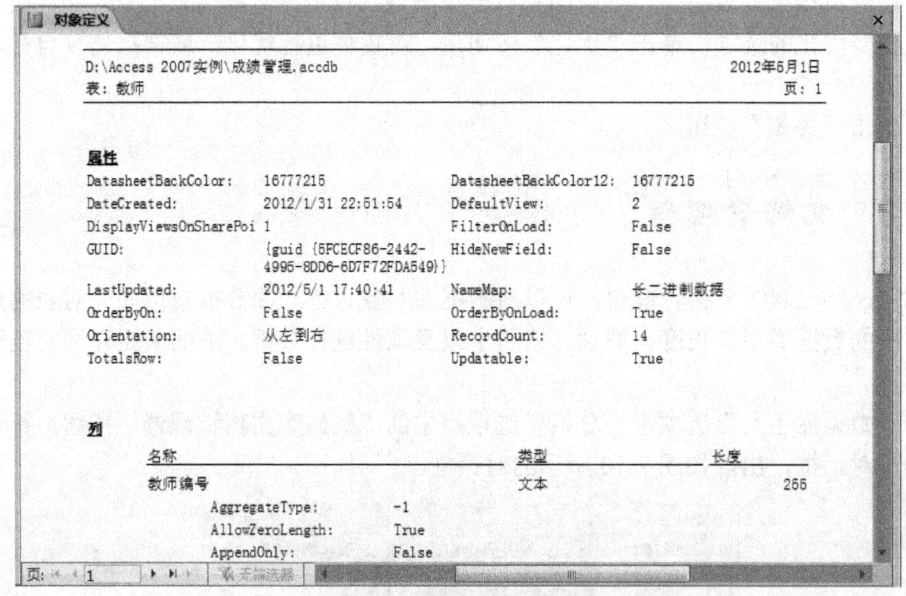

图 7-23　打印预览报表分析结果

对于这些信息，有经验的 Access 用户就可以从打印出的信息资料上分析出所建立的数据库是否存在问题。

 课堂练习

1. 对“成绩管理”数据库中的“学生”表进行优化分析。
2. 使用性能分析器对“成绩管理”数据库中的全部表进行性能分析。
3. 使用文档管理器对“成绩管理”数据库中的全部报表进行分析。

7.5 数据库安全管理

使用数据库的用户非常关注数据库的安全，以防被别人使用或修改数据。这就要求对数据库实行更加安全的管理。基本的方法是限制一些人的访问，限制修改数据库中的内容。访问者必须输入相应的密码才能对数据库进行操作，而且输入不同密码的人所能进行的操作也是有限制的。Access 提供了帮助用户实现安全管理的操作。

7.5.1 设置和取消密码

Access 2007 改进了数据库的加密工具。在使用数据库密码来加密数据库时，所有其他工具都无法读取数据，并强制用户必须输入密码才能使用数据库。

【例 5】 试对“成绩管理”数据库设置密码。

分析：

对 Access 数据库设置密码，使用“数据库工具”选项组中的“用密码进行加密”命令。

步骤：

（1）以“独占”方式打开“成绩管理”数据库。启动 Access 2007，在“打开”对话框中选择要打开的“成绩管理”数据库，并单击“打开”按钮下拉箭头，选择“以独占方式打开”命令，以“独占”方式打开该数据库。

（2）单击“数据库工具”选项卡“数据库工具”选项组中的“用密码进行加密”按钮，打开如图 7-24 所示的“设置数据库密码”对话框。

（3）在对话框中要求输入并验证输入的数据库密码后，单击“确定”按钮。

当下次打开该数据库的时候，就会在打开数据库之前出现一个对话框，要求输入该数据库的密码，如图 7-25 所示。只有输入正确的密码才能打开该数据库，否则就不能打开该数据库。

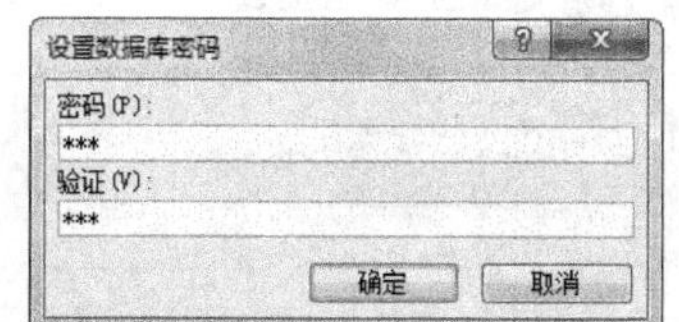

图 7-24 “设置数据库密码”对话框

图 7-25 “要求输入密码”对话框

当给一个数据库设置了密码后，要想撤销这个密码，操作步骤如下：

（1）用独立方式打开该数据库，按提示要求输入数据库密码。

（2）单击“数据库工具”选项组中的“解密数据库”按钮，打开“撤销数据库密码”对话框，如图 7-26 所示，输入数据库密码，然后单击“确定”按钮，即可撤销数据库密码。

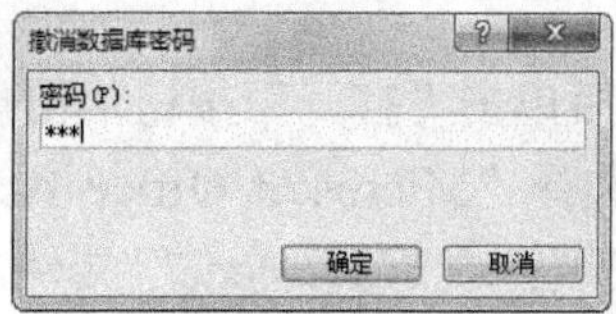

图 7-26 “撤销数据库密码”对话框

7.5.2 打包、签名和分发数据库

Access 2007 可以让用户更方面快捷地签名和分发数据库。创建.accdb 文件或.accde 文件时，可以将文件打包，再将数字签名应用于该包，然后将签名的包分发给其他用户。打包和签名功能会将数据库放在 Access 部署（.accdc）文件中，再对该包进行签名，然后将经过代码签名的包放在实行的位置。此后，用户可以从包中提取数据库，并直接在数据库中工作，而不是在包文件中工作。

将数据库打包以及对该包进行签名是传递信任的方式。当用户收到包时，可通过签名来确认数据库未经篡改。新的打包和签名功能只适用于 Access 2007 文件格式的数据库。

1．创建自签名证书

（1）单击 Windows“开始”按钮，依次指向“所有程序”中“Microsoft Office”中的“Microsoft Office 工具”，选择“VBA 项目的数据证书”命令，打开“创建数字证书”对话框，如图 7-27 所示。

（2）在“您的证书名称”框中，输入新证书的名称，如输入“ACCESS_ZS”，单击“确定”按钮。

2．创建数据库签名包

（1）打开要打包和签名的“成绩管理”数据库。

（2）单击“Office 按钮”中的“发布”，选择“打包并签署”选项，出现“选择证书”对话框，如图 7-28 所示。

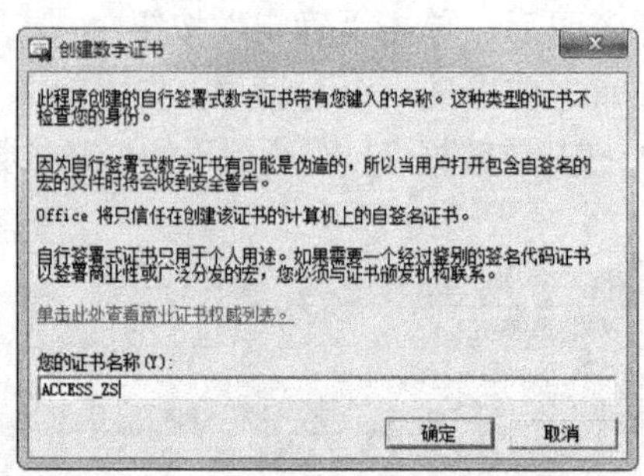

图 7-27 “创建数字证书”对话框

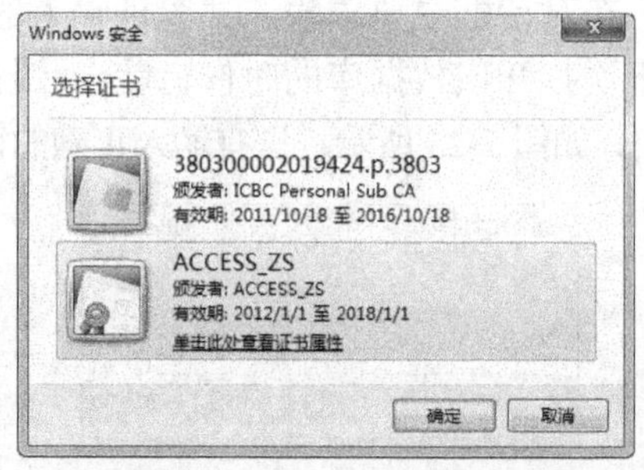

图 7-28 “选择证书”对话框

（3）选择数字证书，然后单击“确定”按钮，出现“创建 Microsoft Office Access 签名包”对话框，输入签名数据库的保存位置和名称，如文件名为“成绩管理 2012”，Access 将创建“成绩管理 2012.accdc”文件。

3．分发签名包

（1）单击“Office 按钮”，然后单击“打开”按钮，出现“打开”对话框。

（2）在“文件类型”列表中选择“Microsoft Office Access 签名包（.accdc)”，查找包含.accdc 文件的文件夹，选择“成绩管理 2012.accdc”文件，然后单击“打开”按钮。

（3）如果选择信任用于部署包的数字证书，出现“将数据库提取到”对话框，并转到步

骤（4）；如果尚未选择信任数字证书，将会出现一条安全声明信息，如图 7-29 所示。

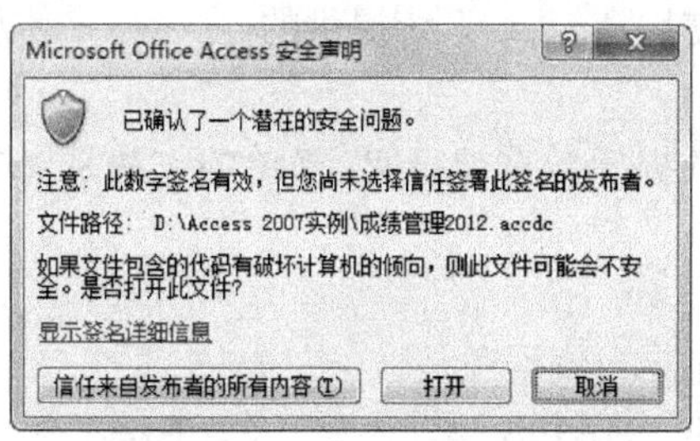

图 7-29　Access 安全声明

如果信任数据库，单击“打开”按钮。如果信任提供商的证书，单击“信任来自发布者的所有内容”按钮，将出现“将数据库提取到”对话框。

（4）在“保存位置”列表中，为提取的数据库选择一个位置，然后在“文件名”框中为提取的数据库输入另一个名字，如“成绩管理 1”。

（5）单击“确定”按钮。

现在就可以使用“成绩管理 1”数据库了。

课堂练习

1. 对“成绩管理”数据库设置密码，关闭后再打开该数据库，然后取消密码设置。
2. 为“成绩管理”数据库创建一个签名包，名称为“CJ2012.accdc”。
3. 提取并使用“CJ2012.accdc”签名包。

习题 7

一、填空题

1．将其他 Access 数据库对象导入到当前数据库中，这些 Access 数据库对象包括________、________、________、________、宏以及模块等。

2．指定 Excel 电子表格在当前数据库的存储方式有____________、____________以及通过创建链接来链接到该电子表格三种方式。

3．链接表是指不需要把其他外部数据源导入到________就可以使用。

4．导出操作就是将__________生成其他格式的文件。

5．对 Access 数据库进行优化分析，可以使用“数据库工具”选项卡“分析”选项组中的__________、__________和__________三个数据库优化分析工具。

6．使用“性能分析器”对 Access 数据库进行性能分析，可以分析的对象包括________、________、________、________、宏、模块以及当前数据库。

7．在长时间使用 Access 数据库时，数据库文件可能会产生很多碎片，占据大量的磁盘空间，并且响应时间变长，使用 Access 系统提供的__________功能，可以实现数据库文件的高效存放。

8．为防止 Access 2007 数据库数据被窃取，简单的方法是对数据库进行__________操作。

二、选择题

1．Access 可以导入或链接的数据源是（　　）。

A．Access　　B．FoxPro　　C．Excel　　D．以上都是

2．只建立一个指向源文件的关系，磁盘中不会存储另外的一个副本，比较节省空间，该操作是（　　）。

A．导入　　B．链接　　C．导出　　D．排序

3．Access 无法将数据导出为（　　）。

A．PowerPoint 演示文稿　　B．Excel 电子表格

C．HTML 文档　　D．文本文件

4．如果要将表导出为 HTML 格式，应选择的类型为（　　）。

A．Web　　B．ODBC　　C．HTML 文档　　D．文本文件

5．在 Access 2007 中，打开要加密的数据库，必须以（　　）。

A．独占方式　　B．只读方式

C．一般方式　　D．独占只读方式

6．只能对 Access 数据库表进行优化分析的工具是（　　）。

A．表分析器向导　　B．性能分析器

C．文档管理器　　D．压缩数据库

三、操作题

1．将一个 Excel 电子表格导入到 Access“图书订购”数据库中，然后在数据库中浏览导入的数据。

2．将一个 Excel 文件链接到“图书订购”数据库中，然后在数据库中浏览该数据。

3．将“图书订购”数据库中的“图书”表导出为 Excel 电子表格。

4．将“图书订购”数据库中的“订单”表导出到 Access 数据库 DD 中（如果没有 DD.accdb 数据库，先自行建立该数据库）。

5．压缩“图书管理”数据库，对比压缩前后该数据库所占用的字节。

6．对“图书订购”数据库中的“图书”表进行优化分析。

7．对“图书订购”数据库进行性能分析。

8．使用文档管理器对“图书订购”数据库中的“图书”表进行分析。

9．对“图书订购”数据库设置密码，关闭后再打开该数据库，检查设置的密码是否有效。

10．为“图书订购”数据库创建一个签名包，然后再分发该签名包。

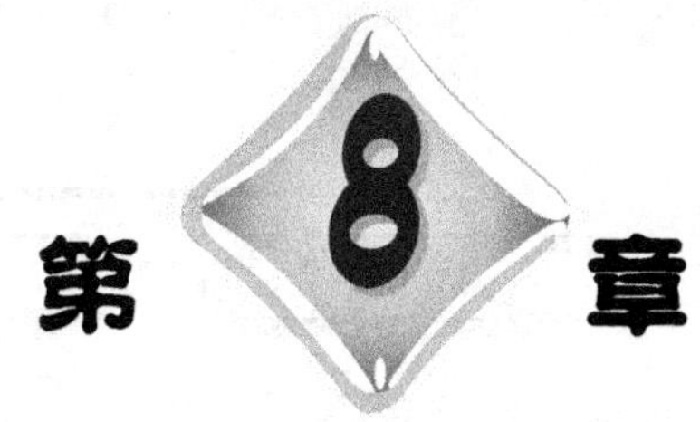

数据库应用实例

本章以模拟学校成绩管理为例，综合应用 Access 2007 知识和功能，介绍数据库应用程序的一般开发过程，这不但是对前面学到的知识的一个系统而全面的巩固，也是对数据库应用能力的提高。通过本章学习，你将能够：

- 了解数据库应用程序开发的基本流程
- 根据实际需要进行简单数据库的设计
- 对数据库应用程序进行界面设计
- 设计数据库应用程序菜单和快捷菜单
- 设置自动运行数据库应用程序窗体

8.1 系 统 分 析

8.1.1 系统需求分析

需求分析是指在系统开发之前必须准确了解用户的需求，这是数据库设计基础，它包括数据和处理两个方面。做好了需求分析，可以使数据库的开发高效且合乎设计标准。学校成绩管理系统主要是为了满足学生成绩管理人员的工作而设计的，主要包括学生基本信息管理、学生成绩管理等，利用计算机进行数据记录的添加、修改、删除、查询、报表打印等功能，完全替代手工操作，以提高工作效率。

8.1.2 系统功能模块

本系统的应用程序界面包括菜单和特定的窗体操作，通过菜单打开窗体进行数据管理。因此，根据成绩管理系统实现的功能，给出简要的系统功能模块，如图 8-1 所示。

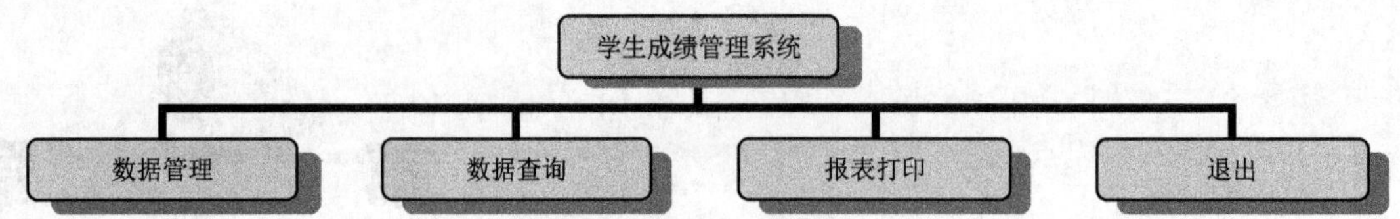

图 8-1　成绩管理系统功能模块

- 数据管理：对“学生”表和“成绩”表中的记录进行浏览、添加、保存、修改、删除等。
- 数据查询：包括学生基本信息查询和学生成绩查询。
- 报表打印：包括学生基本信息报表打印和学生成绩报表打印。
- 退出：退出管理程序。

8.1.3　系统设计

根据需求分析，本系统至少应含有“学生”表、“成绩”表、“课程”表和“教师”表等，这四个表包含在“成绩管理”数据库中。

“学生”表字段包括：学号、姓名、性别、出生日期、团员、身高、专业、技能证书、家庭住址、照片和奖惩情况；“成绩”表字段包括：学号、课程号和成绩；“课程”表字段包括：课程号、课程名和教师编号；“教师”表字段包括：教师编号、姓名和任教课程。

“成绩管理”数据库中各表之间的关系如图 8-2 所示，各表的结构、字段属性及记录参考前面的章节内容自行建立。

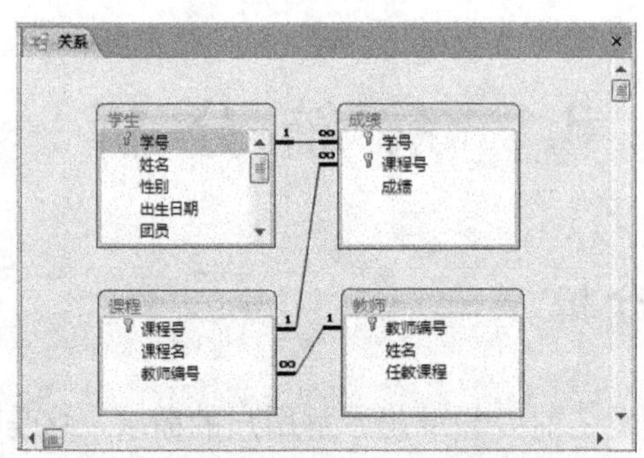

图 8-2　各表之间的关系

8.2　功能模块设计

8.2.1　登录窗体设计

1．设计登录窗体

系统登录窗体是用来控制操作员使用系统时输入口令的工作窗体，只有输入正确的口令后，才能使用应用系统。从主控程序启动系统后，首先出现登录窗体界面，如图 8-3 所示。

图 8-3　系统登录界面

该登录窗体界面包括窗体背景图片、“学生成绩管理系统”、“用户名：”和“密码：”三个标签、两个文本框、“确定”和“取消”两个命令按钮、直线以及矩形控件组成。

该登录窗体部分控件属性如表 8-1 所示。

表 8-1　系统登录窗体部分控件属性

控　件	属　性	属 性 值
窗体	默认视图	单个窗体
	记录选择器	否
	导航按钮	否
	分隔线	否
	图片	T1.jpg
	图片类型	嵌入
	图片缩放模式	拉伸
学生成绩管理系统（标签）	字体名称	楷体
	字体大小	24
用户名、密码（标签）及对应的文本框	字体名称	华文中宋
	字体大小	12
确定、取消（命令按钮）	字体名称	宋体
	字体大小	12
直线	边框宽度	2 磅
矩形	背景样式	透明
	边框宽度	细线

2. 设计登录窗体宏组

表 8-2 列出了宏组“S_登录”中各宏对应的操作及属性。

表 8-2　宏组“登录窗体”各宏对应的操作及属性

宏　名	条　件	操　作	属　性	属 性 值
确定	[Text1]="user" And [Text2]="123"	Close	对象类型	窗体
			对象名称	S_系统登录
	...	OpenForm	窗体名称	S_主控
			视图	窗体
	...	StopMacro		
	[Text1]<>"user"	MsgBox	消息	输入的用户名不正确！
			类型	警告
	...	GoToControl	控件名称	Text1
	[Text1]="user" And [Text2]<>"123"	MsgBox	消息	输入的密码不正确！
			类型	警告
	...	GoToControl	控件名称	Text2
取消		Close	对象类型	窗体
			对象名称	S_系统登录

宏组“S_登录”设计视图如图 8-4 所示。

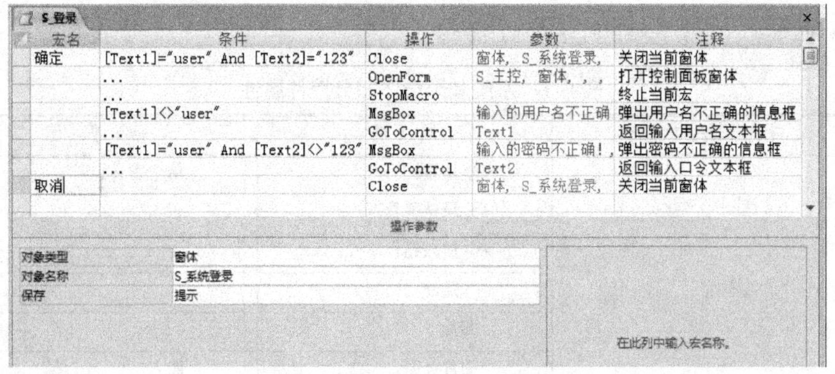

图 8-4　宏组“S_登录”设计视图

3. 命令按钮应用宏

在登录窗体界面中，当用户输入正确的用户名和密码后，单击“确定”按钮，进入系统主控面板；单击“取消”按钮时，关闭当前窗体，退出系统。设置“确定”和“取消”命令按钮的“单击”事件分别如图 8-5 和图 8-6 所示。

图 8-5　“确定”按钮属性设置

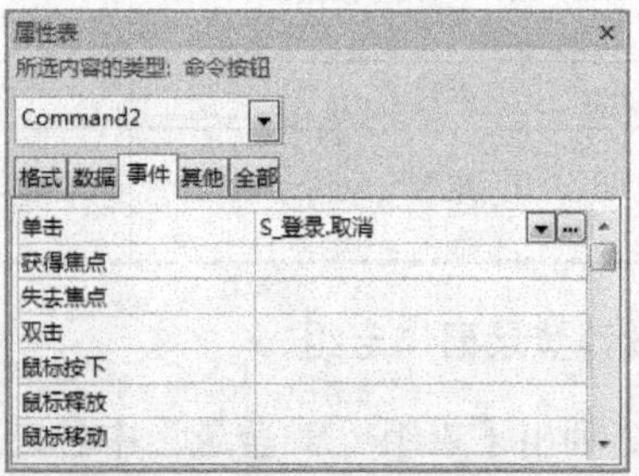

图 8-6　“取消”按钮属性设置

8.2.2 主控面板窗体设计

1．设计主控面板窗体

主控面板窗体显示了系统的功能，该窗体可以使用切换面板管理器创建，也可以通过在窗体中添加命令按钮，单击相应的命令按钮来完成相应的功能。使用切换面板管理器创建的切换面板，只能打开其他切换面板页、窗体或报表，而不能打开查询。本章使用在窗体中创建主控面板的方法，创建的“S_主控”如图 8-7 所示。

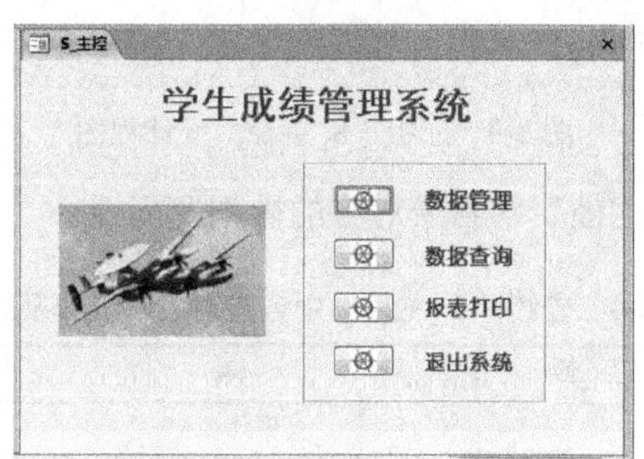

图 8-7 “S_主控”窗体视图

表 8-3 列出了“S_主控”窗体部分控件的属性。

表 8-3 “S_主控”窗体部分控件的属性

控　　件	属　　性	属 性 值
窗体	默认视图	单个窗体
	记录选择器	否
	导航按钮	否
	分隔线	否
学生成绩管理系统（标签）	字体名称	华文细黑
	字体大小	22
数据管理、数据查询、报表打印、退出系统（标签）	字体名称	幼圆
	字体大小	12
图像	图片	F0.jpg
	图片类型	嵌入
	缩放模式	缩放
“数据管理”文本及按钮	单击	宏组“S_主控.数据管理”
“数据查询”文本及按钮	单击	宏组“S_主控.数据查询”
“报表打印”文本及按钮	单击	宏组“S_主控.报表打印”
“退出系统”文本及按钮	单击	宏组“S_主控.退出系统”
矩形	特殊效果	蚀刻

2．设计主控面板窗体宏组

“S_主控”窗体中的命令按钮是通过宏组“S_主控”来实现的。宏组“S_主控”的设计视图如图 8-8 所示。

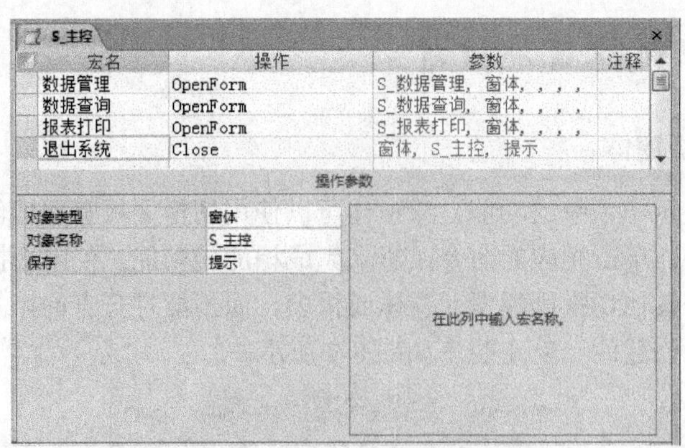

图 8-8　宏组“S_主控”设计视图

表 8-4 列出了宏组“S_主控”中各宏对应的操作及属性。

表 8-4　宏组“S_主控”中各宏对应的操作及属性

宏　名	操　作	属　性	属 性 值
数据管理	OpenForm	窗体名称	S_数据管理
		视图	窗体
数据查询	OpenForm	窗体名称	S_数据查询
		视图	窗体
报表打印	OpenForm	窗体名称	S_报表打印
		视图	窗体
退出系统	Close	对象类型	窗体
		对象名称	S_主控

使用切换面板管理器创建切换面板的方法可以参考第 4 章“4.8 创建切换面板”一节有关内容。

8.2.3　数据管理窗体设计

1. 设计数据管理窗体

单击“S_主控面板”窗体中的“数据管理”按钮，打开“S_数据管理”窗体，如图 8-9 所示。该窗体包含“学生信息”、“学生成绩”和“返回”三个命令按钮。

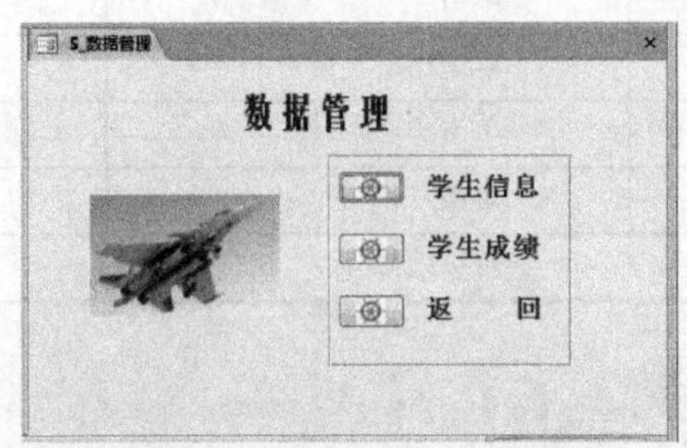

图 8-9　“S_数据管理”窗体视图

“S_数据管理”窗体及部分控件属性设置参考图 8-7“S_主控”窗体设置，表 8-5 列出了窗体命令按钮控件部分属性。

表 8-5 “S_数据管理”窗体命令按钮控件部分属性

控　　件	属　　性	属 性 值
“学生信息”文本及按钮	单击	宏组“S_数据管理.学生信息”
“学生成绩”文本及按钮	单击	宏组“S_数据管理.学生成绩”
“返回”文本及按钮	单击	宏组“S_数据管理.返回”

单击“S_数据管理”窗体中的“学生信息”按钮时，打开如图 8-10 所示的“S_学生信息”窗体。

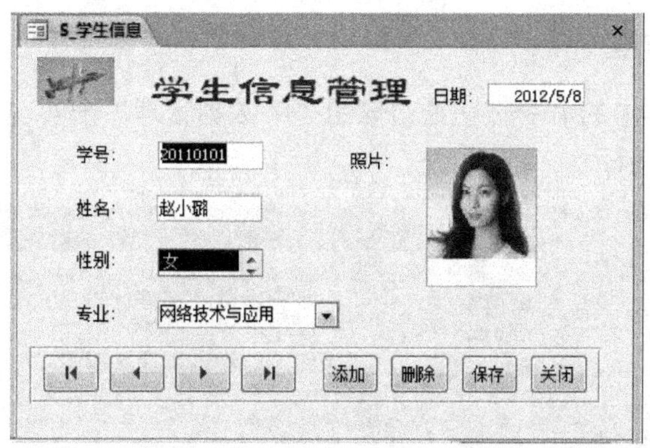

图 8-10 “S_学生信息”窗体

在该窗体中通过记录导航按钮可以浏览记录。通过按钮可以分别添加、删除、保存和关闭窗体。

单击“S_数据管理”窗体中的“学生成绩”按钮，打开如图 8-11 所示的“S_学生成绩”窗体，通过该窗体可以浏览和修改数据，其设计视图如图 8-12 所示。

图 8-11 “S_学生成绩”窗体视图

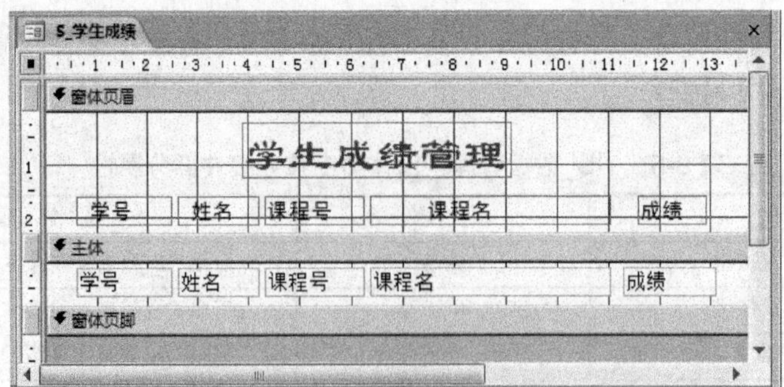

图 8-12 “S_学生成绩”设计窗体

单击“S_数据管理”窗体中的“返回”按钮，则关闭该窗体，返回到“S_主控”窗体。

2. 设计数据管理宏组

“S_数据管理”窗体中的命令按钮通过宏组“S_数据管理”来实现，宏组“S_数据管理”的设计视图如图 8-13 所示。

图 8-13 宏组“S_数据管理”的设计视图

表 8-6 列出了宏组“S_数据管理”中各宏对应的操作及属性。

表 8-6 宏组“S_数据管理”中各宏对应的操作及属性

宏 名	操 作	属 性	属 性 值
学生信息	OpenForm	窗体名称	S_学生信息
		视图	窗体
学生成绩	OpenForm	窗体名称	S_学生成绩
		视图	窗体
返回	Close	对象类型	窗体
		对象名称	S_数据管理

8.2.4 数据查询窗体设计

1. 设计数据查询窗体和查询

单击“S_主控”窗体中的“数据查询”按钮，打开“S_数据查询”窗体，如图 8-14 所示，该窗体包含“学生查询”、“成绩查询”和“返回”三个命令按钮。

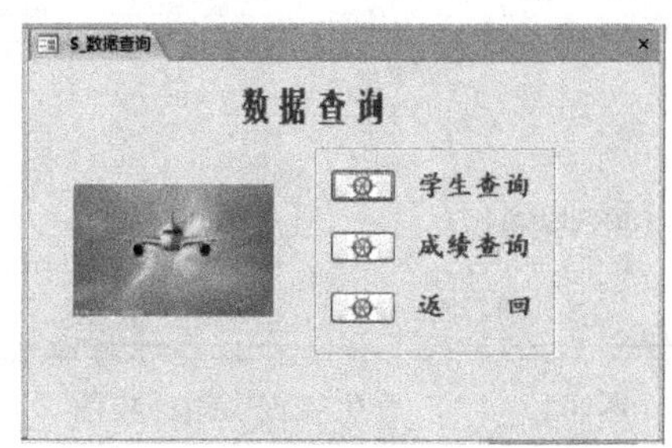

图 8-14　“数据查询”窗体视图

表 8-7 列出了“S_数据查询”窗体中命令按钮控件部分属性。

表 8-7　“S_数据查询”窗体中命令按钮控件部分属性

控　件	属　性	属 性 值
“学生查询”文本及按钮	单击	宏组“S_数据查询.学生查询”
“成绩查询”文本按钮	单击	宏组“S_数据查询.成绩查询”
“返回”文本及按钮	单击	宏组“S_数据查询.返回”

单击“S_数据查询”窗体中的“学生查询”按钮，打开如图 8-15 所示的对话框，这里按姓名进行查询，输入要查询的学生姓名，单击“确定”按钮，显示查询结果，如图 8-16 所示。

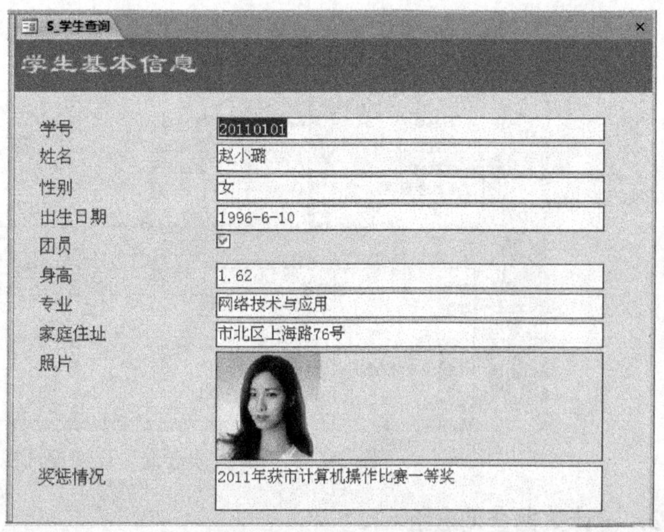

输入参数值
输入要查找的学生姓名:
赵小璐
确定　取消

图 8-15　学生姓名查找对话框　　图 8-16　学生查询结果

“S_学生查询”设计视图如图 8-17 所示。

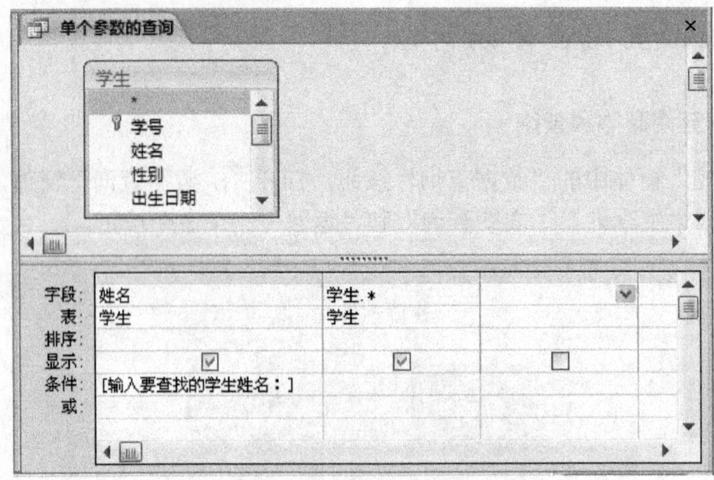

图 8-17 “S_学生查询”设计视图

单击“S_数据查询”窗体中的“成绩查询”按钮，打开如图 8-18 所示的对话框，输入要查询的学号，单击“确定”按钮，给出查询结果，如图 8-19 所示。

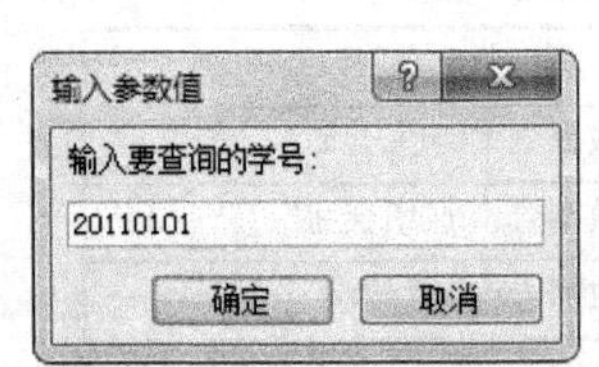

图 8-18 学生学号查询对话框

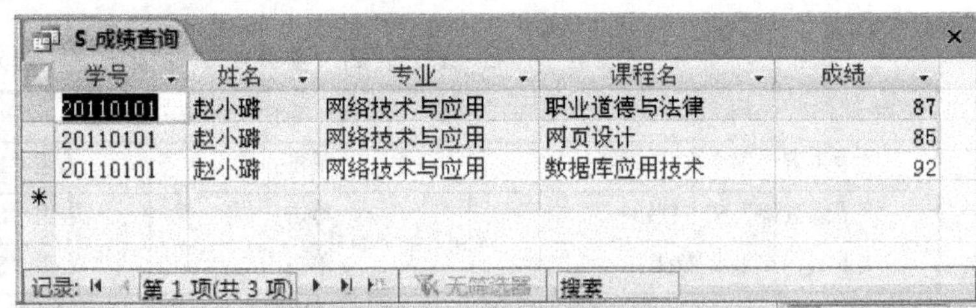

学号	姓名	专业	课程名	成绩
20110101	赵小璐	网络技术与应用	职业道德与法律	87
20110101	赵小璐	网络技术与应用	网页设计	85
20110101	赵小璐	网络技术与应用	数据库应用技术	92

图 8-19 学生成绩查询结果

“S_成绩查询”设计视图如图 8-20 所示。

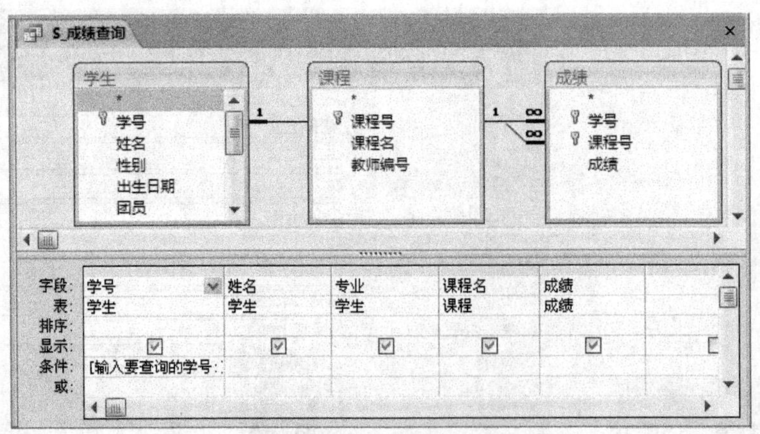

图 8-20 “S_成绩查询”查询设计视图

2. 设计数据查询宏组

“S_数据查询”窗体中的命令按钮是通过宏组“S_数据查询”来实现的，宏组“S_数据查询”的设计视图如图 8-21 所示。

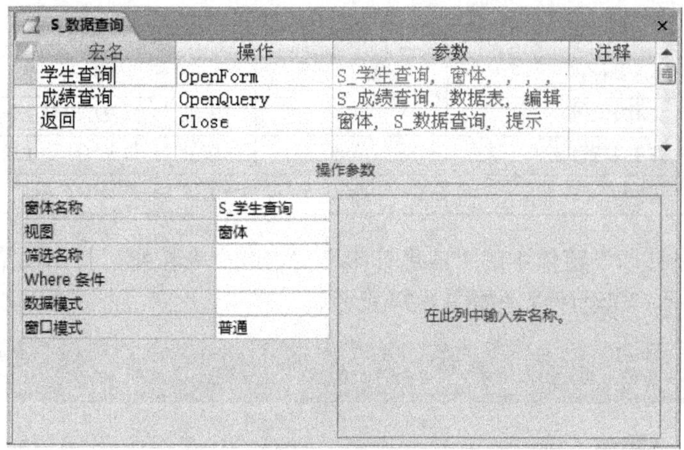

图 8-21 宏组“S_数据查询”的设计视图

表 8-8 列出了宏组“S_数据查询”中各宏对应的操作及属性。

表 8-8 宏组“S_数据查询”中各宏对应的操作及属性

宏 名	操 作	属 性	属 性 值
学生查询	OpenForm	窗体名称	S_学生查询
		视图	窗体
成绩查询	OpenQuery	查询名称	S_成绩查询
		视图	窗体
返回	Close	对象类型	窗体
		对象名称	S_数据查询

8.2.5 报表打印设计

1. 设计报表打印窗体

单击“S_主控”窗体中的“报表打印”按钮，打开“S_报表打印”窗体，如图 8-22 所示。该窗体包含“信息打印”、“成绩打印”和“返回”三个命令按钮。

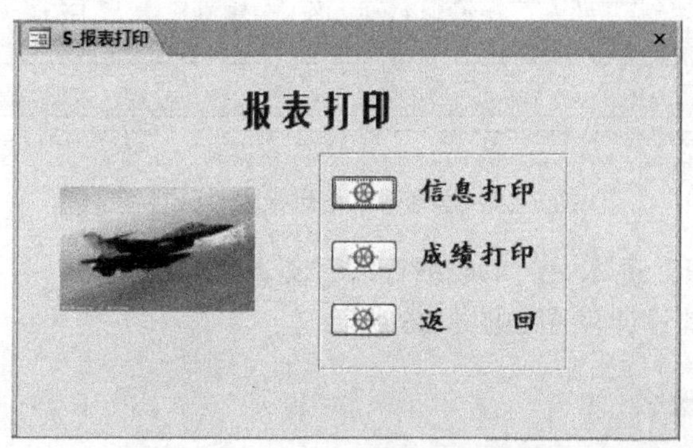

图 8-22 “S_报表打印”窗体视图

表 8-9 列出了“S_报表打印”窗体中命令按钮控件部分属性。

表 8-9 “S_报表打印”窗体中命令按钮控件部分属性

控　件	属　性	属 性 值
“信息打印”文本及按钮	单击	宏组“S_报表打印.学生信息”
“成绩打印”文本及按钮	单击	宏组“S_报表打印.学生成绩”
“返回”文本及按钮	单击	宏组“S_报表打印.返回”

单击“S_报表打印”窗体中的“信息打印”文本或命令按钮，打印预览学生基本信息报表，如图 8-23 所示，其设计视图如图 8-24 所示。

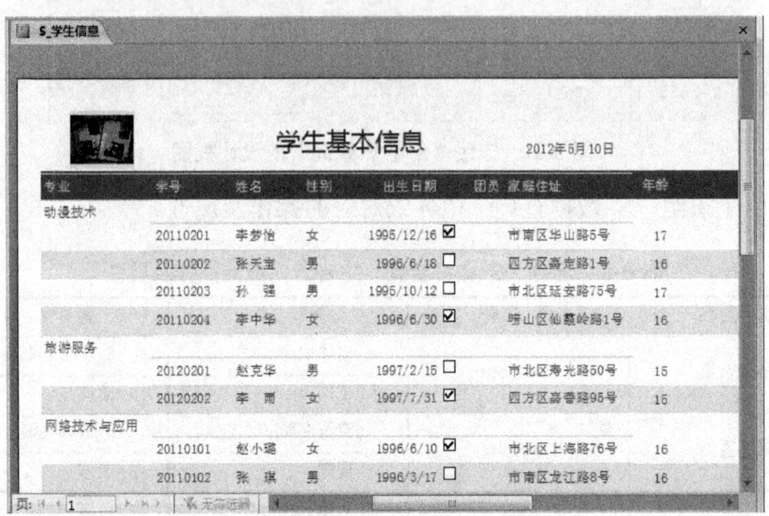

图 8-23 学生基本信息报表打印预览结果

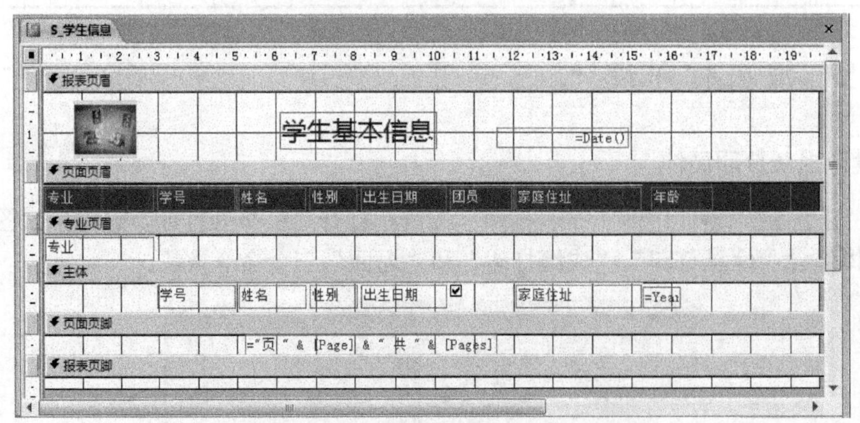

图 8-24 学生基本信息报表设计视图

单击“S_报表打印”窗体中的“成绩打印”文本或命令按钮，打印预览学生成绩报表，结果如图 8-25 所示，其设计视图如图 8-26 所示。

2．设计报表打印宏组

“S_报表打印”窗体中的命令按钮是通过宏组“S_报表打印”来实现的，宏组“S_报表打印”的设计视图如图 8-27 所示。

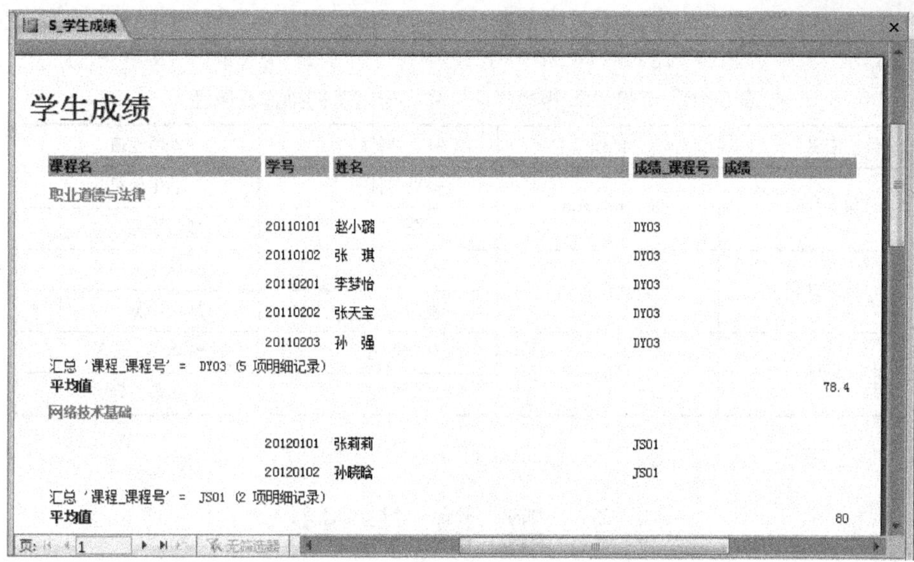

图 8-25 学生成绩报表打印预览结果

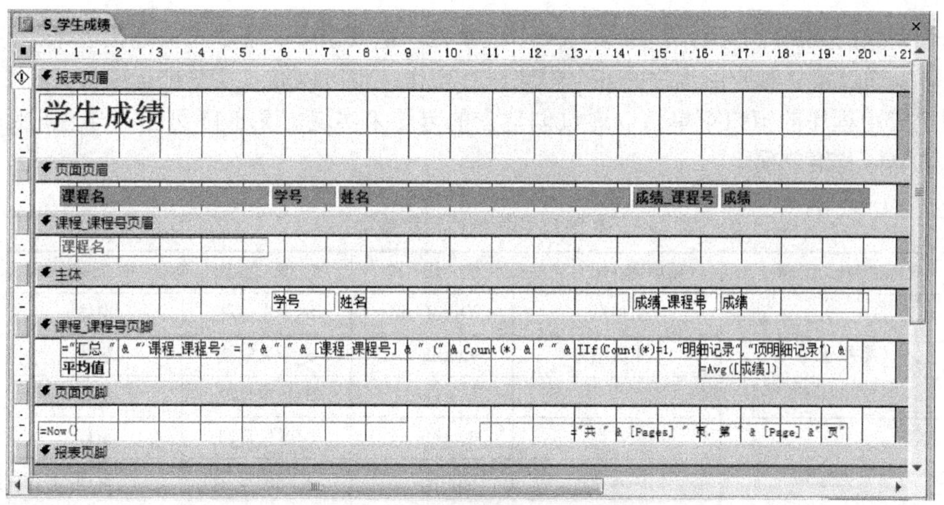

图 8-26 学生成绩报表设计视图

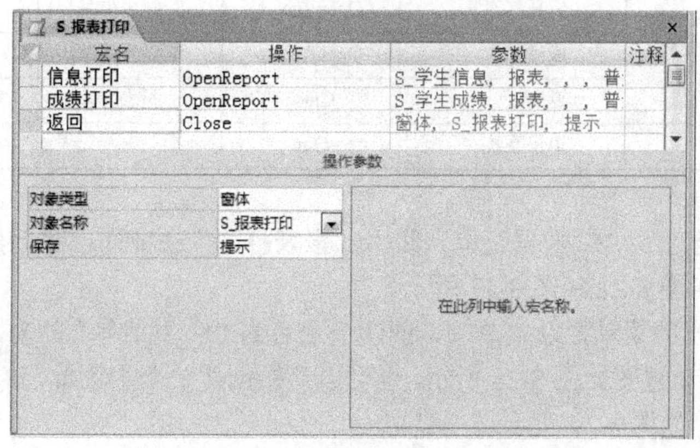

图 8-27 宏组“S_报表打印”设计视图

表 8-10 列出了宏组“S_报表打印”中各宏对应的操作及属性。

表 8-10　宏组“S_报表打印”中各宏对应的操作及属性

宏名	操作	属性	属性值
信息打印	OpenReport	报表名称	S_学生信息
		视图	打印预览
成绩打印	OpenReport	报表名称	S_学生成绩
		视图	打印预览
返回	Close	对象类型	窗体
		对象名称	S_报表打印

8.3 菜单设计

一个完整的数据库管理系统应该有一个菜单栏，把数据库的各个对象连接起来。这样，用户既可以通过窗体对应用程序的各个模块进行操作，也可以通过菜单进行操作。

创建应用程序的窗口菜单可以通过创建宏的方法来实现。表 8-11 列出了学生成绩管理系统的菜单栏及菜单项。

表 8-11　菜单栏及菜单项

菜单栏名称（宏组）	菜单项（宏名）	宏 操 作	对 象 名 称	对　象
数据管理	学生信息	OpenForm	S_学生信息	窗体
	学生成绩	OpenForm	S_学生成绩	窗体
	返回	Close	S_数据管理	窗体
数据查询	学生查询	OpenForm	S_学生查询	窗体
	成绩查询	OpenQuery	S_成绩查询	查询
	返回	Close	S_数据查询	窗体
报表打印	信息打印	OpenReport	S_学生信息	报表
	成绩打印	OpenReport	S_学生成绩	报表
	返回	Close	S_报表打印	窗体
退出系统	退出系统	Quit		

宏组“S_数据管理”、“S_数据查询”和“S_报表打印”在前面已经创建。例如，其设计视图分别如图 8-13、图 8-21 和图 8-27 所示。

根据表 8-11 列出的菜单栏及菜单项，创建一个名为“S_主菜单”的宏，将各下拉菜单组合到菜单栏中，其设计视图如图 8-28 所示，也可以直接创建一个主菜单，该菜单中只包含“S_主控”宏组中各项，如图 8-29 所示。

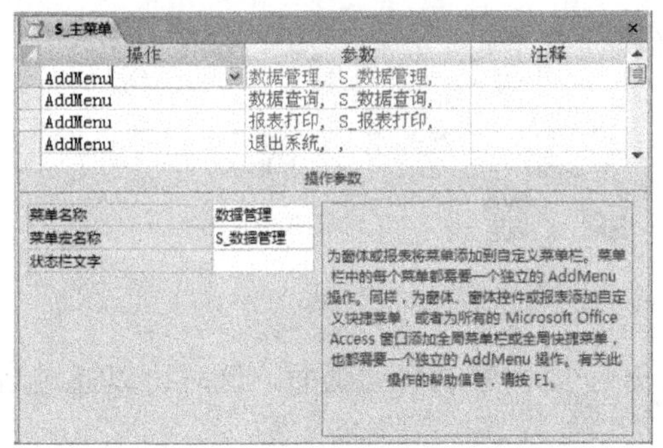

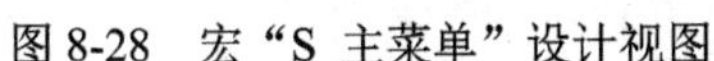

图 8-28　宏“S_主菜单”设计视图

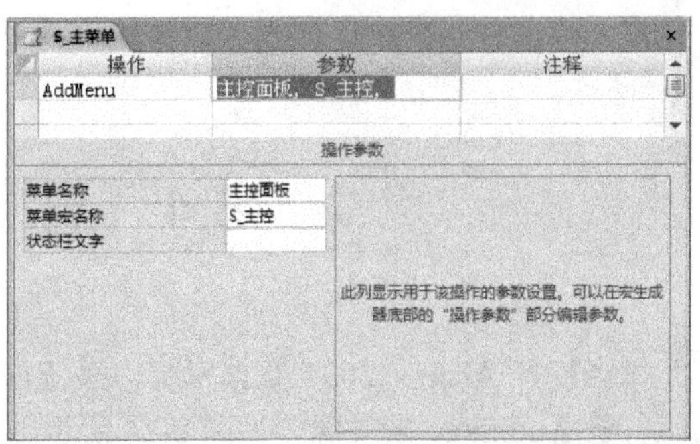

图 8-29　宏“S_主菜单”设计视图

设计好主菜单后，还需要把主菜单挂接到“S_主控”窗体上，当打开“S_主控”窗体时激活主菜单。打开“S_主控”窗体“属性表”窗口，在“菜单栏”选项中输入作为窗体菜单的菜单名，如图 8-30 所示。

至此，已经建立了学生成绩管理系统的主菜单，每当打开学生成绩管理系统的“S_主控”窗体，同时显示该系统的主菜单，如图 8-31 所示。这时可以通过“加载项”选项卡中的“主控面板”菜单，选择菜单项进行操作。

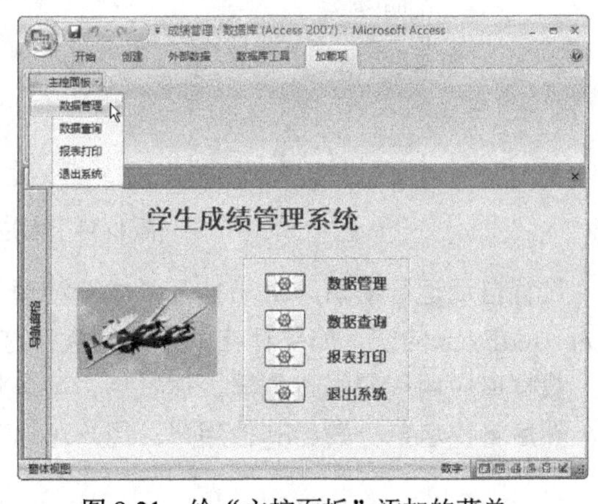

图 8-30　“S_主控”窗体“菜单栏”属性设置　　图 8-31　给“主控面板”添加的菜单

用同样的方法，可以为窗体定义快捷菜单。例如，给“S_主控”窗体添加快捷菜单，在该窗体的“属性表”窗口，在“快捷菜单栏”选项中输入快捷菜单名，如图 8-32 所示。

在窗体中打开“S_主控”窗体，右击显示自定义快捷菜单，如图 8-33 所示。

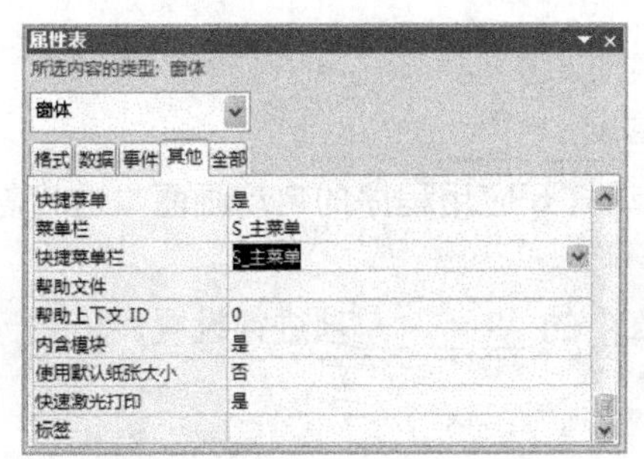

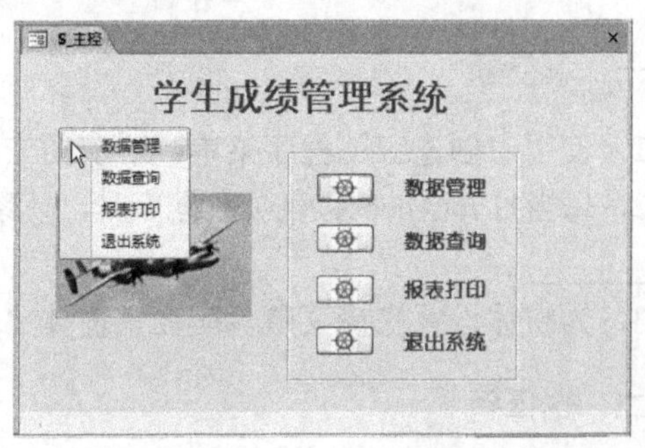

图 8-32　“S_主控”窗体“快捷菜单栏”属性设置　　图 8-33　查看“S_主控”窗体快捷菜单

用同样的方法，可以在其他窗体或报表上定义快捷菜单。

8.4 启动设置

每当打开 Access 2007 数据库时，系统自动打开应用程序的启动画面，这时可以通过自动运行宏 AutoExec 来实现，如图 8-34 所示。

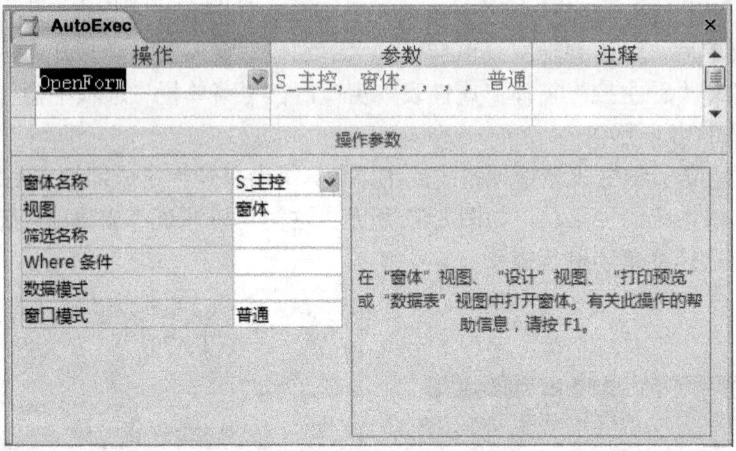

AutoExec

操作	参数	注释
OpenForm	S_主控，窗体，，，，普通	

操作参数

窗体名称	S_主控
视图	窗体
筛选名称	
Where 条件	
数据模式	
窗口模式	普通

在“窗体”视图、“设计”视图、“打印预览”或“数据表”视图中打开窗体。有关此操作的帮助信息，请按 F1。

图 8-34　创建自动运行宏

设置自动运行宏后，每当打开“成绩管理”数据库时，系统首先检查数据库中是否存在名为 AutoExec 的宏，如果存在，则首先执行这个宏，打开“S_主控”窗体，如图 8-33 所示。

数据库应用程序经过创建、调试后，可以将该数据库进行打包，再将数字签名应用于该包，然后将签名包分发给其他用户，用户可以从包中提取数据库，并使用该数据库。

习题 8

一、填空题

1．使用宏创建应用程序菜单，对应的宏操作是__________。

2．每当打开 Access 2007 数据库时，使系统自动打开应用程序的启动画面，这就需要设置__________。

3．为窗体设置快捷菜单，应在该窗体“属性表”的__________项进行设置。

二、选择题

1．关于表的说法正确的是（　　）。

A．表是数据库中实际存储数据的地方

B．一般在表中一次最多只能显示一个表记录

C．在表中可以直接显示图形记录

D．在表中的数据不可以建立超级链接

2．关于表的索引说法正确的有（　　）。

A．可以为索引指定任何有效的对象名，只要不在给定的表中使用两次即可

B．在一个表中不可以建立多个索引

C．表中的主关键字段不可以用于创建表的索引

D．表中的主关键字段一定是表的索引

3．在查询的设计网格中，如果用户要做一个按照日期顺序排列记录的查询，可以对日期字段做的属性设置是（　　）。

A．排序　　B．显示

C．设置准则为>Date（）　　D．设置准则为<Date（）

4．在表的设计视图中，可以进行的操作有（　　）。

A．排序　　B．筛选　　C．查找和替换　　D．设置字段属性

5．窗体是 Access 数据库中的一种对象，通过窗体能完成的功能有（　　）。

A．输入数据　　B．修改数据

C．删除数据　　D．显示和查询表中的数据

6．以下关于报表组成的叙述，正确的是（　　）。

A．打印在每页的底部，用来显示本页汇总说明的是页面页脚

B．用来显示整份报表的汇总说明，所有记录都被处理后，只打印在报表结束处的是报表页脚

C．报表显示数据的主要区域叫主体

D．用来显示报表中的字段名称或记录的分组名称的是报表页眉

三、操作题

1．调试并完善本章给出的学生成绩管理系统。

2．结合本校的实际，使用 Access 设计并开发一个学校图书管理系统，实现学生对图书进行借阅管理。

举报电话：（010）88254396；（010）88258888
传　　真：（010）88254397
E-mail:　dbqq@phei.com.cn
通信地址：北京市万寿路 173 信箱
　　　　　电子工业出版社总编办公室
邮　　编：100036